研究双書

Kenkyu Sosho No.616

アジアの生態危機と持続可能性

フィールドからのサステイナビリティ論

大塚健司：編

IDE-JETRO アジア経済研究所

研究双書 No. 616

大塚健司編

『アジアの生態危機と持続可能性——フィールドからのサステイナビリティ論——』

Ajia no Seitaikiki to Jizokukanousei : "Field" kara no "Sustainability" ron

(Ecological Crisis and Sustainability in Asia: A Synthesis of Field Studies)

Edited by

Kenji ŌTSUKA

Contents

Introduction Ecological Crisis and Sustainability: Perspectives of Sustainability Studies
(Kenji ŌTSUKA)

Chapter 1 "Eradication" and "Management": Measures against Dzud (cold and snow damage) in the Desert Area of Mongolia   (Tomoko NAKAMURA)

Chapter 2 The Subsistence Adaptation of Chinese Evenki Minority in the Era of "Post-northern Trinity": Case Study on the Reindeer Breeding of Daxinganling Forest Area   (Shūhei UDA)

Chapter 3 Disaster Response and Development Strategy of Chinese Villages in Semi-arid Region: Evidence from Zhangye Oasis, Gansu Province   (Nanae YAMADA)

Chapter 4 Sustainability of Mountain Rural Villages and Reponses to Marginal Community Problems: Case Study in Niyodogawa Town, Kochi Prefecture in Japan
(Kaori FUJITA)

Chapter 5 The Aral Sea "Disaster" and Fishery in the Small Aral: Initial Measures and Actions   (Tetsuro CHIDA)

Chapter 6 Policies and Practices in Water Pollution Hazard Area in China: Focus on "Ecological Disaster" in the Huai River Basin   (Kenji ŌTSUKA)

Conclusion Towards Further Development of Sustainability Studies: Synthesis of Findings and Remained Tasks   (Kenji ŌTSUKA)

〔Kenkyu Sosho (IDE Research Series) No. 616〕
Published by the Institute of Developing Economies, JETRO, 2015
3-2-2, Wakaba, Mihama-ku, Chiba-shi, Chiba 261-8545, Japan

まえがき

　本書は，アジア経済研究所において2012年度から2013年度にかけて実施した「長期化する生態危機への社会対応とガバナンス」研究会の最終成果報告書である。

　本研究会の着想の直接のきっかけになったのは，2011年3月11日に発生した東日本大震災であった。地震直後に東北地方沿岸部が広域にわたって津波によって壊滅的被害を受けたことや福島第一原子力発電所の事故によって日本社会にもたらされたさまざまな困難などをとおして，いつ来るともわからない大規模な自然災害に対する社会の脆さや目にみえない長期化する環境汚染への対処の難しさを思い知ることとなった。そして震災後，引き続き中国の水環境問題をめぐるガバナンスの研究に取り組みつつも，これまでの研究に欠けていたものは何だろうか，と熟考するなかでたどり着いたのが，「長期化する生態危機」という視点からアジアの経済成長の「中心」ではなく社会経済的に不利な条件に置かれている「周辺」におけるガバナンスの問題をみていこうということであった。またこうした視点や方法は，編者がフィールドとしている中国淮河流域の水汚染被害地域から学んできたことでもあり，2011年の東日本大震災の経験がこのような視点や方法をガバナンスの研究枠組みに組み入れていく必要性に改めて気づかせてくれたのであった。

　本書は，必ずしも先の震災の問題を直接論じたものではないものの，こうした編者の着想のもと，生態危機と表裏一体となったサステイナビリティ（維持・持続可能性）をめぐる諸問題に切り込むべく，アジアをフィールドにしている地域研究者が集まり，各自の事例研究を深めると同時に，それぞれ得られた知見を相互に交差させながら，ディシプリンの違いを乗り越えてフィールドからのサステイナビリティ論を展開することを試みたものである。このような試みが，アジアにおける生態危機とサステイナビリティをめぐる

諸問題についての理解の促進と議論の深化に少しでも貢献するとともに，われわれの足もとや周りで起きている，あるいは今後起こり得る生態危機への対応についての理論，政策，そしてさまざまな実践を（再）検討するうえでのリファレンスのひとつとなれば幸いである。

本研究会では，各委員が各自のテーマとディシプリンに沿った文献調査と現地調査を行うとともに，都内にて委員間で討論を重ねながら，事例研究の深化と問題意識の共有を図った。また，他の研究グループとの合同研究会の開催や外部講師による研究報告などをとおして，関連領域の研究者から貴重な知見や助言を得ることができた。

2012年6月16日には京都にて，総合地球環境学研究所（地球研）との合同研究会「東アジアの環境ガバナンス研究の現状と展望」を開催し，地球研における関連プロジェクト（「中国環境問題研究拠点」「人間文化研究機構連携研究『自然と文化』分担課題『中国の環境政策の変遷とガバナンス』」「東アジアにおける環境配慮型の成熟社会：社会保障と環境保障の統合」など）の紹介（地球研・窪田順平教授）に続き，「環境・流域ガバナンスの再検討――長期化する生態危機への対応――」（大塚），「アラル海縮小過程の歴史的解明に向けた課題」（地田委員），「東アジアにおける環境配慮型の成熟社会の設計に向けて」（地球研・源利文准教授［当時］），「法政策から見た中国環境ガバナンス」（龍谷大学政策学部・北川秀樹教授）と4つの報告を行い，参加者間で討論を行った。

都内の研究会では，2012年7月27日に首都大学東京教養学部・山下祐介准教授から「周辺から見た日本の地域社会の変容」，2013年4月13日に東北大学東北アジア研究センター高倉浩樹教授から「気候変動の極北人類学とレナ川中流域における人―環境システム」，2013年10月2日に慶応義塾大学大学院政策・メディア研究科・松永光平特任講師から「中国の水土流失」というテーマで研究報告をしていただき，メンバーとの討論を行った。また，『アジ研ワールド・トレンド』2013年7月号にて特集「生態危機とサステイナビリティ――フィールドからのアプローチ――」を組み，各委員による事例研

究の中間報告に加えて，窪田教授「認識から行動へ——新たな環境研究の動き"Future Earth"——」，高倉教授「シベリア・レナ川中流域の気候変動と地域社会への影響」，山下准教授「原発避難——分断とシステム強化の狭間で——」，さらには北京大学歴史系・包茂紅教授「行政命令型保護から参加型保護へ——潘文石教授による中国的自然保護の模索——」についてご寄稿いただいた（詳細はアジア経済研究所ウェブサイトの当該誌バックナンバーのページをご参照いただきたい）。そのほか，研究会に参加された所内オブザーバーならびに各自の調査研究においてご協力，ご教示いただいた方々にも感謝申し上げたい。

　最後に，多忙なスケジュールを調整して研究会に参加し，かつ大変限られた時間内にて報告書を執筆いただいた委員各位，研究会の企画・運営ならびに本書の編集・出版がスムーズにいくようご助言，ご尽力いただいた研究所スタッフ各位，さらには本書の草稿を精読したうえで貴重なコメントをいただいた所内外計4名の匿名の査読者各位に御礼申し上げる。

2014年12月

編　者

目　　次

まえがき

序　章　生態危機と持続可能性――サステイナビリティ論の視座――
　　　　　………………………………………………………大塚健司……3
　はじめに……………………………………………………………………3
　第1節　生態危機と持続可能性…………………………………………5
　第2節　環境ガバナンス論からサステイナビリティ論へ……………10
　第3節　本書の構成と論点
　　　　　――フィールドからのサステイナビリティ論に向けて――……23

第1章　根絶と対処
　　　　――モンゴル国沙漠地域におけるゾド（寒雪害）対策――
　　　　　……………………………………………………中村知子……39
　はじめに…………………………………………………………………39
　第1節　継続的生態危機としてのゾド（寒雪害）……………………42
　第2節　被害の「根絶」をめざして――社会主義時代以前・社会主義
　　　　　時代（ネグデル形成以降）のゾド対策――…………………44
　第3節　災害に「対処」する――社会主義崩壊後のゾド対応実践――
　　　　　………………………………………………………………………56
　おわりに…………………………………………………………………66

第2章　ポスト「北方の三位一体」時代の中国エヴェンキ族の生業
　　　　適応——大興安嶺におけるトナカイ飼養の事例——
　　　　　　……………………………………………………卯田宗平……73
　はじめに…………………………………………………………………73
　第1節　大興安嶺におけるトナカイ飼養………………………………76
　第2節　トナカイの角の商品化と販売…………………………………91
　第3節　ポスト「北方の三位一体」時代を生きるための技術………93
　第4節　飼養技術の「内在的な展開」…………………………………99
　おわりに…………………………………………………………………104

第3章　中国内陸半乾燥地域における災害リスク対応と「村」の
　　　　発展戦略——甘粛省張掖オアシスを例に——……山田七絵……109
　はじめに…………………………………………………………………109
　第1節　中国西北地域の自然環境と社会経済的位置づけ……………111
　第2節　関連政策と分析視角……………………………………………118
　第3節　甘粛省張掖市の事例研究………………………………………125
　おわりに…………………………………………………………………141

第4章　農山村の維持可能性と限界集落問題への対応
　　　　——高知県仁淀川町の事例から——………………藤田　香……149
　はじめに…………………………………………………………………149
　第1節　日本における過疎対策と限界集落問題………………………151
　第2節　高知県における過疎化の動態と集落対策……………………157
　第3節　コミュニティからの実践
　　　　——高知県仁淀川町を事例として——…………………………171
　おわりに…………………………………………………………………183

第5章 アラル海災害の顕在化と小アラル海漁業への初期対応策
　　　　　　　　　　　　　　　　　　　　……地田徹朗……191
- はじめに ……………………………………………………… 191
- 第1節　小アラル海漁業の組織構造 ………………………… 196
- 第2節　アラル海の水位低下と漁業への影響 ……………… 199
- 第3節　アラル海災害の顕在化による小アラル海漁業への初期対応 …… 204
- 第4節　アラル海災害下での漁民の選択とリスク認識 …… 219
- おわりに ……………………………………………………… 226

第6章 中国の水汚染被害地域における政策と実践
　　　──淮河流域の「生態災難」をめぐって──………大塚健司……237
- はじめに ……………………………………………………… 237
- 第1節　淮河流域における水汚染被害の拡大 ……………… 239
- 第2節　政府による汚染対策と被害対応 …………………… 245
- 第3節　水汚染被害の現場における NGO の実践 ………… 254
- 第4節　政策と実践の相互作用 ……………………………… 262
- おわりに ……………………………………………………… 265

終　章　サステイナビリティ論の展開に向けて
　　　──知見の総合と今後の課題──………………………大塚健司……275
- 第1節　本書の問題意識 ……………………………………… 275
- 第2節　知見の総合の試み …………………………………… 276
- 第3節　今後の展開に向けた課題 …………………………… 285

索　引 ………………………………………………………………… 291

アジアの生態危機と持続可能性

序章

生態危機と持続可能性

——サステイナビリティ論の視座——

大塚　健司

はじめに

　近年，東アジアでは，経済開発の進行，人口・地域構造の変容，気候変動による自然災害の頻発等によって環境・経済・社会の"sustainability"（サステイナビリティ，維持可能性，持続可能性。以下，それぞれの文脈でふさわしい表記を行う）が脅かされている。

　戦後，アジアのなかでいち早く高度経済成長を遂げた日本では，経済成長の陰で水俣病をはじめとする深刻な健康被害を伴う公害問題が発生した。その後に展開された環境政策によって一定の環境改善をなし得たものの，なお公害病の認定をめぐって問題が長期化している。また，農村から都市への人口移動に加えて少子高齢化が進むなかで，水源地域で成立してきた集落の「限界化」が進むなど，自然と共生してきた経済社会の維持可能性が危ぶまれている（大野2005）。さらに2011年3月の東日本大震災によって東北沿岸地域の農漁村が津波による大きな被害を受けるとともに，福島第一原子力発電所の事故によって放射性物質が東日本を中心に国土の広範囲にわたって拡散し，いまだ多くの人びとが長期にわたって仮住まいや避難を強いられている[1]。

　また，1970年代末以降，共産党の一党支配による社会主義体制を維持した

まま改革開放に転じた中国では，日本や他の東アジア諸国・地域の後を追って経済開発に邁進し，急速な経済成長の陰で，沿海地域と内陸地域，あるいは社会階層間等での経済格差が拡大するとともに，国土の広範にわたって環境汚染と環境破壊が生じている。これに対して党・政府は「和諧社会」（調和型社会）のスローガンを掲げて社会政策と環境政策を進めてきたが，農村地域ではなお1億人以上の人びとが安全で清浄な飲み水を確保できておらず[2]，水汚染に起因するとみられる健康被害の実態についても十分に明らかにされていない（大塚 2013）。今後，中国社会については，沿海地域を中心に所得水準が向上していくものの，一人っ子政策によって高齢化が進むなか，「豊かになる前に老いていく」と予測されており（WB and DRCSC 2012），持続的で調和のとれた経済社会発展に向けて難しい舵取りを迫られている。

また，日本，中国を含めて東アジア全体で気候変動による自然災害の頻発によって水害や干害が毎年のように広範囲に及ぶ影響をもたらしており，経済社会発展の制約となっている。さらに中国からアジア・ユーラシア大陸の内陸深くに目を移していくと，厳しい自然環境条件のなか，歴史的，文化的な要素も複雑に絡み合い，かつ政治・経済・社会の大きな変動にもまれながら生存を余儀なくされてきた地域社会・集団の存在が視野に入ってくる（奈良間 2012; 承 2012; 渡邊 2012）。

環境・経済・社会の持続可能性の根源を自然と人間の関係のあり方に求めるとすれば，それをめぐる諸問題は自然と人間の関係が複雑化しかつ制御が困難になってきたことに大きな要因があると考えられる。かつては近隣コミュニティで多くの欲求が自己充足されてきたが，いまや自然と人間との等身大の関係性は，情報・物流・金融の複雑で巨大化した人工的な網の目のなかでみえにくくなっている。環境・経済・社会の持続可能性を確保・実現するためには，自然生態系と人間社会との関係性からこの網の目を解きほぐしていくほかないであろう。

持続可能性をめぐる諸問題は決して新しい問題ではなく，さまざまなディシプリンやアプローチで検討されてきた。しかしながら，短期間では解決の

見通しをたてるのが困難な問題であることが明らかになりつつあるなか，これまでの分析枠組みの有効性を改めて問い直すことが求められている。本章では長期化する生態危機の視点から持続可能性の諸問題を捉え直し，生態危機への社会的・政策的対応を包括的に考えるための枠組みを検討することを目的とする。まず生態危機と持続可能性について，国際的な議論を手がかりにその基本的な認識を整理する。つぎに先行研究をもとに環境ガバナンス論から環境・経済・社会の持続可能性――サステイナビリティ――を探求するガバナンス論（サステイナビリティ論）へ発展させていくうえで必要な視点を検討する。最後に，本書の構成とおもな論点を提示する。

第1節　生態危機と持続可能性

　地球環境の危機に警鐘が鳴らされて半世紀が経つ。第二次世界大戦後，米ソを中心とした核開発競争は世界各地に核兵器の拡散をもたらすとともに，大気中核実験が繰り返し行われるなかで放射性物質による地球汚染が現実のものとなり，核実験禁止を求める国際世論が高まった。1962年，工業化による「豊かな生活」を享受しつつあったアメリカにおいてレイチェル・カーソンは『沈黙の春』を発表し，合成化学物質による生態系破壊に警鐘を鳴らし，1970年には地球環境保全を求める30万人以上が参加する「アースデイ」が全米各地で行われた。また1968年に研究者，実業家，政治家らが集まって結成されたローマ・クラブは，独自に開発したグローバル・モデルをもとにして地球環境の将来予測を行い，1972年に『成長の限界』を発表して，資源の枯渇，環境汚染，食糧不足による環境危機を回避するための対策の必要性を訴えた（マコーミック 1998）。

　1972年にはストックホルムで国連初の環境問題に関する国際会議「国連人間環境会議」が開催され，東西冷戦のさなかにもかかわらず，先進国のみならず開発途上国も含む多数の政府および非政府組織が参加し，開発と環境の

両立を謳う「人間環境宣言」が採択された（マコーミック1998）。国連人間環境会議に先だって先進諸国では工業化に伴う深刻な環境汚染・破壊に直面するなか，環境行政専門部局の設置や環境関連法制度の整備などが進められた。また中国をはじめ開発途上国においては，貧困からの脱却のための開発こそが優先課題であったものの，国連人間環境会議において先進諸国での環境問題の深刻さを目の当たりにして，自国の環境問題に向き合う契機となった。

　国連人間環境会議以降の一連の国連会議を受け，日本の提唱をきっかけに1984年に「環境と開発に関する世界委員会」が設置され，当時ノルウェー首相であったブルントラントを委員長として，東西あるいは先進国と途上国の隔てなく，世界各国の大臣級政治家や専門家が召集された。このブルントラント委員会は3年にわたる討議を経て1987年に"Our Common Future"「われら共有の未来」と題する報告書を公表し，「将来の世代のニーズを満たす能力を損ねることなく，今日の世代のニーズを満たすような開発」として"Sustainable Development"（サステイナブル・ディベロップメント。「持続可能な開発」「維持可能な開発」等と訳されるが，本章では以降，SDと表記する）という概念を打ち出した（環境と開発に関する世界委員会1987）。その後SDは1992年にリオ・デ・ジャネイロで開催された「地球サミット」（環境と開発に関する国連会議）において主要課題となった。以降，国際交渉のみならず，各国，各地方，各地域レベルでの開発と環境をめぐる諸問題を解決し得る概念として広く普及するに至っている。

　SDの学説的な位置づけについてはさまざまな議論がある[3]。また，その後の気候変動をめぐる国際交渉の成り行きをみても明らかなように，SDは開発か保全かという伝統的な思想の対立，あるいは先進国と途上国のあいだのいわゆる南北対立を背景にした政治的な妥協の産物であることは否めない[4]。他方で，環境と開発に関する世界委員会の議論は，「貧困，不平等，環境の荒廃」による現実的な危機への対応の必要性から行われたものであることも忘れてはならない。実際に委員会活動中にも，アフリカでの飢饉，チェルノブイリ原発事故，インド・ボパールにおける農薬工場からの毒ガス漏洩

事故など，深刻な環境災害が生じ，これら環境災害が委員会での議論に一定の影響を与えたとされる[5]。

また，同委員会においては，地球的危機は単に自然環境だけではなく，開発問題やエネルギー問題を含めた「相互にからみあった危機的状況」として認識されていた。それは以下のように表されている。

「今日，世界は，土壌・水系・大気の汚染，森林の破壊といった環境への生態学的負荷が，経済発展の見通しにどのような影響を及ぼすかを考えざるを得なくなっている。最近では，世界は経済的相互依存の度合を急速に高めており，我々はこれへの対処を余儀なくされたが，今日，さらに国家間に加速度的に高まっている生態学的相互依存の状況に適応せざるを得ない。生態学と経済は，地域的，国家的，地球的に織りなす因果関係の網目のない織物であり，それはますます複雑になっている」（環境と開発に関する世界委員会 1987, 25）。

具体的には，森林破壊による下流域での洪水の発生，工場汚染による漁業被害，乾燥地域における土地の荒廃による環境難民の発生，酸性雨と放射性降下物による汚染などが地域レベルだけではなく，国境を越えて広がっていること，さらに地球温暖化やオゾン層の破壊など地球規模の環境問題などが挙げられている。そして，同委員会は，地域レベルの環境問題だけではなく国境を越えた環境問題や地球環境問題へ，自然環境の危機だけではなくその背景あるいは帰結である経済的危機へ，さらには（いわゆる「伝統的な」）安全保障による軍拡競争がもたらす生存環境の危機へと関心を広げながら，「今日の世代の浪費の結果，将来の世代の選択の余地は急速に奪われつつある」と指摘している（環境と開発に関する世界委員会 1987, 27-28）。

本章ではこうした視点に立ち戻り，今日われわれ人類が直面している環境問題を「生態危機」と呼ぶことにしたい。SD の根源は，地球上の自然生態系と人間社会システムの維持存続であるという立場にたてば，SD を問うことは，すなわち自然と人間を含めた自然・社会生態システム[6]の "sustainability"（サステイナビリティ）を問うことにほかならない。また「サステイナビ

リティ」とは，環境と開発に関する世界委員会における議論に準拠すれば，人間の経済社会の持続可能性が環境の持続可能性に大きく規定されていることを前提としつつ，そのなかで地域環境と地球環境を現世代が保全・利用しながら将来世代にいかに引き継いでいけるのかを問うているのである。すなわち「生態危機」とは，ローカルからグローバルなレベルにまで「網目のない織物」のように広がった経済的かつ生態学的相互依存関係のなかで，世代内および世代間における持続可能性が脅かされた状況を指すものである。SD を考えるにあたっては，現実の生態危機への対応可能性を問い続けていくことが重要である。

　環境と開発に関する世界委員会が生態危機を克服するために SD の必要性を訴えて，すでに30年近くが経つ。その間，その根本にある環境・経済・社会の持続可能性——サステイナビリティ——をめぐる状況はどのように変化してきたのだろうか。最近の関連する包括的なレポートとしては，2001年から2005年にかけて，国連総会におけるアナン事務総長の呼びかけに応えて，生態系の変化が人間の福祉（human well-being）に与える影響を評価すべく実施された「ミレニアム生態系評価」（Millennium Ecosystem Assessment）が挙げられる（MEA 2007）。

　ミレニアム生態系評価は，生態系と人間の福祉とのつながりを文化的な要素を含んだ「生態系サービス」（ecological service）という視点からとらえたこと[7]，生態系を「非生物的な環境と，植物，動物，微生物の群集とが機能的な単位として相互作用している動的な複合体」ととらえて，人間もまた生態系の一部をなすという前提にたっていること，地方，流域，国，広域，地球規模での評価を統合したマルチスケールでの評価を行っていることなどにその特徴がある。そして，過去50年以上にわたる大規模な生態系の改変あるいは劣化があるなか，それにより人間の福祉と経済発展が大いに利する側面があったことを認めつつも，すべての地域・集団が利益を享受しているわけではなく，むしろ多くの被害をもたらしていること，また疾病の発生，水質の急激な変化，気候変動などのように，自然生態系に非線形的でかつ予測困

難な突発的な変化や不可逆的変化が生じつつあり，それが人間の福祉に重大な影響を及ぼし得ることなどが明らかにされている。すなわち，生態系サービスという点から自然と人間の関係をとらえた場合，環境・経済・社会の持続可能性（サステイナビリティ）は依然として脅かされていることが確認されているのである。この評価結果を受け入れるとするならば，われわれ人類は，「サステイナビリティ」という大きな課題を背負ったまま，長期化する生態危機のなかで「開発」や「発展」を求め続けているということになる。

　リスク社会論を提起したベック（ベック 1998）もまた，「われわれの世界でいま圧倒的な存在感をもっているのは，リスクの蓄積——エコロジカルな，金融上の，軍事上の，テロリストの，生物化学の，そして情報的な，そうしたリスク蓄積だ」と指摘している（ベック 2011, 154-155）。リスク社会論は，生態危機はいつかどこかにある危機ではなく，いまどこにでもある危機であるということ，またわれわれはそうした危機・リスクのなかで生きているという認識を示している[8]。いま，そうした危機やリスクをどのように乗り越え，あるいはそのなかでどのように・生・き・ぬ・い・て・い・く・か，という意味で自然・社会生態システムの舵取り，すなわち「ガバナンス」のあり方が問われているのである。

　もっとも本論は，そのような状況を悲観あるいは警鐘するためではなく，逆に楽観あるいは無視するのでもなく，また地球規模での生態危機を巨視的に再検討することを意図したものではない。むしろわれわれ人類を取り巻くこのような状況を前提としながら，長期化する生態危機への対応可能性という点から自然・社会生態システムのガバナンスのあり方を具体的に問う「サステイナビリティ論」を展開するための視座を得ることを目的としている。上記でみてきたように，サステイナビリティ論の背景にある国際的な議論や現状認識は，各国・各地域においてさまざまな経験と知見がローカルからグローバルなレベルに至るまで蓄積されてきたことが重要な基礎となっている。長期化する生態危機への対応可能性からサステイナビリティのあり方を追究していくにあたっては，こうした現場（フィールド）での具体的な経験と知

見に即して検討していくことが必要であろう。以下本章では,「サステイナビリティ論」を「現実の生態危機への対応に関する経験知の総合の試み」として,その経験知を具体的な事例に則して積み上げていくための視座について,環境ガバナンス論および関連する先行研究を手がかりに検討していきたい。

第2節　環境ガバナンス論からサステイナビリティ論へ

1．環境ガバナンス論再考

　これまで東アジアの環境問題は,急速な工業化のもとでの「負の経験」「奇跡の裏側」などと,アジアのなかで戦後いち早く経済復興を遂げた日本の公害経験に重ね合わせながら,欧米先進諸国へのキャッチアップによるめざましい経済成長の陰で生じた問題としてとらえ,それら諸国における環境政策,とりわけ環境汚染への対応が注目されてきた（小島・藤崎 1993; オコンナー 1996）。その後,韓国は OECD 入りを果たし,その他の諸国も新興国として国際社会において存在感を強めているなか,環境政策においても先進国と同等の水準を求める圧力が高まるとともに,国際市場における競争にさらされるなかで,先進的な環境技術の導入も図られてきた[9]。

　他方で,多くの環境問題の解決が進まない現状に対して,「上からの環境対策の問題点」（藤崎 1997），あるいは「政府の失敗」「市場の失敗」に加えて「制度の失敗」（寺西 2006）などが指摘されるなか,日本の公害対策経験をふまえて,地方分権化や民主化に基づく「下からの環境対策」を可能とする「制度」のあり方が東アジア諸国の環境問題を解く鍵として注目されてきた[10]。こうした問題意識から,政策過程に関する研究（寺尾・大塚 2002: 2005: 2008; 寺尾 2013）に加えて,政府主導の環境政策に対する補完的ないしは代替的な仕組みを探る「環境ガバナンス」の視点（松下 2006; 松下編 2007）に

たつ研究が行われてきた[11]。またヤング (2008) はガバナンスの課題におけるふたつの「フィット」(fit) の問題のひとつとして「機能的ミスフィット」を挙げている[12]。政策過程および環境ガバナンスの研究においては，行政階層間および多様なステークホルダー間の機能的ミスフィットの問題が多く取り上げられてきた。

　たとえば中国においては，経済開発特区の設置による外資の積極的導入，地方政府と企業の利益共同体の形成——「政経一体化」(張 2012)——による「地方保護主義」，GDP 主義に基づく党・政府による指導幹部の政治業績考課がもたらす地方政府間の「トラック競争」[13]など，経済成長による富の増大を優先する論理（ロジック）が，沿海地域を中心に中国全土にあまねく浸透し，中央政府主導のトップダウン的な環境政策を骨抜きにしてしまっていることがしばしば指摘されてきた。これに対して中国の環境政策研究において，法と行政システムの問題，規制執行過程，司法過程，地方政府と企業のインセンティブ，NGO の役割，情報公開と公衆参加などの視点から，経済成長優先の論理に対抗し得る環境ガバナンスのあり方が探究されてきた (Economy 2004; 大塚 2005: 2008: 2011; 北川 2008: 2012)。とりわけ NGO の役割や情報公開と公衆参加に着目した研究は，「環境民主主義」(Environmental Democracy) というグローバルな規範の中国における受容，変容，定着，発展などの過程に注目してきたといえる[14]。

　さらに中国の水環境問題に対してガバナンス論からのアプローチを試みた大塚らによる一連の研究（大塚編 2008; 2010; 2012）では，「制度」と「参加」に加えて，「流域」という視点を導入し，環境ガバナンス論を「流域・水環境ガバナンス」論として発展させてきた。

　流域・水環境ガバナンス論は，流域を「水環境を共有する地域」ととらえ，政府主導の流域管理としての水環境政策を，地域（流域）の社会，経済，環境の持続可能性の維持，回復，醸成に向けた流域ガバナンスの要となる公共政策として位置づけるとともに，政府部門だけでなく社会各層の利害関係主体（ステークホルダー）が協力・連携し，多層的なパートナーシップの形成

のもとで多様な流域資源の管理・利用・保全のあり方に焦点を当てている。さらに，流域水環境資源の多様性と相互関連性に着目して自然・社会生態システムに対する順応的管理を重視するとともに，水環境問題をめぐる政治，経済，社会的過程に着目するなかで，問題解決の現場における政策過程とともに，地域のステークホルダーによる地域共有資源――「コモンズ」の管理――をめぐる相互学習過程を重視している[15]。

そして大塚編（2010; 2012）では，2007年の水危機を経て中央および地方レベルでの水環境政策が急展開した太湖流域において，政府主導のトップダウン型ガバナンスの特徴，成果および限界とともに，一工業開発区における政府，企業，住民，専門家およびNGOによる「コミュニティ円卓会議」の実践をとおして，地域の環境問題をめぐる対話と協働の可能性と問題点を検討している。そのなかで，いったん破壊された水環境を回復し，また回復された水環境を維持していくためには，トップダウン型ガバナンスだけではなく，長期的な維持管理メカニズムの構築が求められること，またコミュニティ円卓会議の実践をとおして地域住民が強い関心をもつ身近な生活環境をめぐって地域のステークホルダー間で対話と協働を行って問題解決につなげていくことは十分可能であるものの，中国の政治・経済・社会的条件のもとで会議の組織化をどのように進めていくのか，さらには一コミュニティでの「点」での取り組みをより大きな地域あるいは流域での「面」的な取り組みにいかに発展させていくのかなどの課題が横たわっていることが指摘されている。

しかしながら，制度の失敗に対する環境民主主義的なガバナンスのアプローチは，先進諸国が経済成長過程で経験してきた一連の社会変動――民主的な制度形成，中間層の台頭，社会組織の多様化，人びとの権利意識の向上など――が参照枠組みとなっており，異なる地域社会・集団間での多様な社会変容の状況は明示的に枠組みのなかに入れられていない。日本，中国を含め経済成長を追究してきたアジア各国・地域にみられる不均等な発展という現状をふまえれば，成長の恩恵の分配（あるいはその裏返しである「不利益」の

分配）をめぐる問題を検討するにあたって，社会変容の多様な様相も視野に入れていく必要があるだろう。

　さらに，アジアでは自然災害，環境汚染・破壊，その他人為的要因が相まった複合災害が繰り返し発生していることにも目を向けなければなるまい。突発的な環境災害が環境政策にインパクトを与えた事例については，政策形成過程分析のアプローチから，その要因，対策，ロジックなどについて分析・評価するのが必要かつ有効であろう[16]。それに加えて，環境災害が繰り返され，またそれによる健康被害などの影響が長期化している状況に対しては，災害対応と政策形成の過程のみならず，災害をめぐる社会対応の過程についても長期的，重層的かつ多角的な観点からの検討が必要とされる。

　繰り返される環境災害に対しては，環境災害対応から環境政策形成へ，環境政策形成から環境改善へという単線的な経路からのアプローチではとらえきれない。2011年の東日本大震災および福島第一原子力発電所の事故をふまえ，「災害と環境経済学」の関係から持続可能性の再検討の必要性を指摘した細田（2012）は，「『持続可能性』とはまさに定常均衡の1つのあり方を示していると理解される」としたうえで，2011年3月以降の東日本大震災の経験をふまえて，「（定常経路に注目した）分析のみでは，災害という特異な非定常の状態は扱えない」と指摘するとともに，大災害時のような「特異な非定常の状態」から「定常状態」へ「可能な限り環境の質の高い持続可能な経路に収束させるような制度作り」と同時に，「特異な非定常な状態」を含むより広い範囲での制度枠組みも検討する必要があるとして，定常経路分析一辺倒の環境経済・政策論から脱却する重要性を説いている[17]。

　また災害過程は，自然環境の破壊・破局による実害だけが焦点ではない。『災害の人類学』をまとめたホフマン／オリヴァー＝スミス（2006, 8）によれば，災害とは「自然環境あるいは人が手を加えた環境あるいはまったく人工的な環境に由来し，破壊を起こす可能性のある素因／力と，社会的また経済的に作り出された脆弱性が存在する状況下にいる人間集団とが結びつき，個人また社会の，物質的身体的存続や社会秩序や意味に対する欲求の，慣習

的・相対的な満足が混乱ないしは中断したと認識されるに至った過程／事象」と定義されている。この定義に凝縮されているように災害は，単に物質的身体的被害だけではなく，社会過程や社会構築が絡み合ったものであり，「災害とは，社会的・環境的・文化的・政治的・物質的，そしてテクノロジー的な性質をもつ多様な過程と事象が集まり，交差または交錯し合ってできあがったもの」（オリヴァー＝スミス 2006, 32）としてとらえていくことが求められる[18]。

これまでの環境ガバナンス論は，もっぱらアジアの経済成長の「中心」における開発と環境をめぐる諸問題を解決していくための政策論として展開してきた。アジアの経済成長の「中心」から「周辺」に眼を移し，かつ生態危機と表裏一体となった持続可能性をめぐる諸問題を考えていくには，これまでのガバナンス論の射程に（少なくとも明示的に）入っていなかった上記のような諸側面に目を向けていくことが必要となる[19]。

2．環境ガバナンス論からサステイナビリティ論へ

第1節でみたように，そもそも開発と環境をめぐる諸問題の解決に向けて国際社会で提唱された Sustainable Development（SD）の根本には，自然生態系と人間社会システムの維持存続の危機という問題認識があった。植田（2008）はこうした危機意識が広く共有されるなかで SD の理念はすでに国際社会や地域社会において規範や制度的枠組みとして組み入れられつつあるとしたうえで，SD の実現には，環境や資源への配慮といった「エコロジカルな環境サステイナビリティ」に加えて，南北間衡平・世代間衡平を含む社会的衡平や社会的効率といった「経済のサステイナビリティや社会のサステイナビリティ」を統合した総合的な理念にしていくことが現実社会において求められていると指摘する。

以下では，アジアの経済成長の周辺から，環境・経済・社会の持続可能性（サステイナビリティ）をめぐる諸問題を人びとがどのように乗り越えてきた

のか／いるのかという経験知の総合を図りながらガバナンスの新たな視座を探っていくにあたり，関連する先行研究をもとに重要と思われる視点を検討する。

(1) 中心周辺関係

経済成長の周辺に視点を移すにあたって，まず「中心」と「周辺」の関係をどうとらえるかということが焦点となる。中心周辺関係は，日本の戦後高度経済成長下で国土にさまざまな歪みと格差を生み出してきた不均等な発展のもとで顕在化してきた。このような歪みや格差に対抗するために提唱されてきたのが「内発的発展」（Endogenous Development）である。

内発的発展論は，地球的規模の問題を地域から解いていくために，西欧型近代化論に対抗する理論として非西欧社会の視点から展開されてきた（鶴見・川田 1989）。そのなかで日本においては，自然生態系および地域社会を維持し，地域の資源・技術・産業・人材・文化を基盤としつつ，経済集積のある中心都市と選択的に連携することにより住民主体の自律的な発展を図っていくという地域の自発的な取り組みが追求されてきた（保母 1996; 宮本 2007）。それは，地域が歴史的に育んできた自然環境および人的，社会的，文化的資本の蓄積に地域固有の価値を見出しながら，中心周辺関係のあり方を捉え直す試みでもある。

また，中心周辺関係は，途上国の開発と文化をめぐる問題としてもしばしば指摘されてきた（川田ほか 1997）。内発的発展論もまた，東西冷戦時代に「第三世界」と呼ばれたアジア，アフリカ，ラテンアメリカ諸地域における代替的発展論として展開されてきた（鶴見・川田 1989）[20]。近年では，研究対象とする民族誌的世界をグローバリゼーションとの接続性に着目して記述分析する「グローバリゼーションの人類学」が提起・実践されるなかで，中心周辺関係に対して新たな解釈がなされつつある（本多・大村 2011）。湖中（2010, 56-57）は，「グローバリゼーションは，たとえ望ましいものでなくても，もはや不可避である以上，それをつくりかえていく他はない。そのため

に必要なのは，グローバルな言説空間を無批判に補強する概念補強型の記述でも，それを無視してフィールドに引きこもる概念無視型の記述でもなく，排除されてきた周縁社会の微細な生を議論に持ち込むことによって，グローバリゼーション概念それ自体を人類学的につくりかえていく概念再構築型の記述である」と述べている。

　こうした湖中の考え方は日本における過疎問題や限界集落問題に関する最近の議論と通底する。山下祐介（2012; 2013）は，日本の限界集落問題や東北地方における津波・原発災害をめぐる地域構造を中心周辺関係からなる「広域システム化」の視点からとらえ，周辺におかれた「地方地域社会」の崩壊が広域システムそのものの崩壊につながる危険性を警告している。そしてその「警告」の一部は，他地域で現実的な問題となりつつある。能登半島を中心とした過疎地域をみつめてきた佐無田（2011）は，「2000年代の過疎化は，60年代の過疎化を遠因とする影響の積み重ねの上に生じた，ポスト工業化による周辺型経済の崩壊と，国民的統合制度の削減（脱周辺化）」であると指摘している。

　日本では地域間競争のなかで，経済成長を牽引する大都市圏域に対して周辺化している地方地域社会においては，少子高齢化が急速に進むにつれて，上下水道や医療設備など基本的な社会サービスが自律できなくなりつつあるだけではなく，集落生態系の保全や自然災害への対応に対する社会的脆弱性も増しつつある。そうした「周辺」の地方地域社会の脆弱化が「中心」の中核的都市を含めた経済社会システム全体の脆弱につながり得る。それに対して山下祐介（2012）は，集落診断をとおして，集落構成員の概念を拡張し，近くの地方中核都市に転出した元構成員を家族と集落のつながりのなかで潜在的な構成員としてカウントすることで，「限界集落」は「限界化」を回避することが可能であると主張する。ここには，「中心」の大都市圏と「周辺」の地方地域社会の関係性をより広い視野から捉え直していくことが意図されている。

　こうした中心周辺関係の新たな解釈のなかで，周辺の広域システムへの

「接続」と「自律」のあり方について改めて議論がなされている。高倉（2010）は，グローバリゼーションの人類学的研究の実践例を検討するなかで，「世界システム論的な意味での中心によって包摂された周辺，外部の要因によって変化が規定される周辺というわけでもない。外部との接合性は維持されながらもフィールドの場は決して自律性を失わない状態で，維持され続ける」という共通点に着目し，「接続性」と「自律性」をめぐる二分法的な従来の視座を乗り越え得る可能性を展望している。また，日本における原発立地自治体にて長年にわたってフィールドワークを続けてきた中澤（2013）は，「主体」（subject）という言葉が有する自律性と従属性の両義性をふまえて，「開発の主体化」状況から脱した地域社会の自律的発展の可能性を議論している。こうした論点は持続可能性をめぐる諸問題に対するガバナンスのあり方を考えていくにあたって示唆に富むところである。

(2) 変化をとらえる時間軸

　生態危機は，長期にわたる環境と社会の変化から引き起こされることから，変化をどのようにとらえるかということが重要な論点となる。中国の太湖におけるアオコの大発生は，突発的な生態系変化を伴ったものであるが，その背景には長期にわたる工場，農地，下水からの排水の蓄積があった。ミレニアム生態系評価においても，「生態学的システムには慣性（システムが撹乱に反応する際の遅延）が存在する。その結果，改変を引き起こす事象の発生時と改変の結果がすべて現れる時期との間には，しばしば長い時間差が存在する」「生態学的システムの慣性と，生態改変の費用と便益の時空間的乖離の両方のために，生態系改変の悪影響を受ける人々（将来の世代や下流域の土地所有者）と改変によって利益を受ける人々が異なるという状況がしばしば生じる。そうした時空間的パターンは，生態系改変に伴う費用と便益の査定や利害関係者の特定をきわめて困難にしている。さらに，生態系管理のための現在の制度は，それらに対処できていない」（MEA 2007, 17-18）などと指摘されている。いったん破壊された生態環境を回復するのに要する時間は長期

にわたるのに対して，政策は短期的なアウトプットで評価されがちである（大塚編 2012, 262）。オラン・ヤングは，地球環境ガバナンスの問題点として，制度の失敗を意味する「機能的ミスフィット」に加えて，「時間的ミスフィット」の問題を指摘しているが（ヤング 2008），ここでも，生態系変化と政策のあいだの「時間的ミスフィット」が生じているのである[21]。

　時間的ミスフィットは，変化や問題の長期性だけではなく，周期性のずれからも生じ得る。SDも人間のライフサイクルである「世代」に着目し，世代間問題を明示したものであった（植田 2008; ダスグプタ 2007: 2008）。また，先述したような集落の限界化と維持可能性の診断には，高齢化や少子化という視点だけではなく，人間のライフサイクル，すなわち「世代」という視点が重要であると指摘されている（山下祐介 2012）。農山漁村地域において地域の自然，社会，文化的資本のサステイナビリティが脅かされているのは，世代間の継承が困難になりつつあるからと考えることができる。しかしながら，これまでの過疎対策の時間単位は往々にして予算編成上の単年度となっており，世代という周期（サイクル）が明示的に考慮されてこなかったのではないだろうか。

　さらに世代やサイクルという視点は，時間の「不可逆性」という本質を含んでいるが，必ずしも単線的な流れだけでとらえられるものではないことにも留意したい。たとえば「後から来る世代は先行する世代から何かを受け取るが，代わりに何かを先行世代に与えることはできない」のであり，「大地は子孫が貸してくれたもの」であるというアメリカン・インディアンの考え方があるとされる。こうした豊かな自然の資源と環境を「預かり，引き継ぐ」という思想には，「円環的な時間概念」が包含されている（デュピュイ 2011, 8-10）。

　このような時間の円環は，災害過程においても重要な概念となる。大災害によるショックから立ち直ってくると，被災地の中心から離れた地域では徐々に災害の記憶が薄れ，まるで災害は遠い出来事であったかのように平時と変わらぬ生活に戻っていき，そしていずれ災害の教訓も風化していきがち

である。しかしそれは，「二つの災害に挟まれたつかの間の平時＝＜災間期＞」(仁平 2012) であるかもしれない[22]。時間軸を過去に引き延ばし繰り返す災害を確認し，そしてその時間軸を未来にも引き伸ばして来るべき災害に備えていく。仁平 (2012) は，現代の日本社会を「災後」にあるのではなく「災間期」にあるととらえることにより，「厄災が何度でも回帰しうるということを前提に」し，「それに耐えうる持続可能でしなやかな社会を構想すること」が可能になると指摘する。

このように，長期化する生態危機をふまえたサステイナビリティの検討にあたっては，政策的時間単位と歴史的・生態学的時間単位のずれに留意しつつ，環境と社会の重層的な変化をもたらしている交錯する時間軸に目を向けていくことが必要となる。

(3) 社会―生態システム (SES)

前節および本節冒頭でも述べたように，本章でのサステイナビリティ論は，単に環境問題の解決をめざすだけではなく，社会経済システムを含めた自然・社会生態システムの舵取りのあり方を問うことを意図している。ここで「自然・社会生態システム」は自然生態系と人間社会系を含む複合的なシステムを指す概念であり，川喜田 (1989) の「文化生態系」，Berkes, Colding and Folke (2003) やヤング (2008) の "Social-Ecological System" (SES, 社会―生態システム) と通底する概念である。

川喜田は，文化生態系をまず「主体と環境の間に一線を画するのではなく，主体性と環境性とを相互浸透的な〔主体―環境〕系として捉え」る。そして (主体である) 社会と (自然) 環境の間の相互関係について，社会から自然環境への作用を「主体性」，自然環境から社会への作用を「環境性」ととらえ，その相互作用の場を広く「文化」とする。さらに「文化」を，自然環境に近い側から，「技術」「経済・厚生」「社会組織」「価値観・世界観」と4つの側面からとらえる同心円的な枠組みを提示している。そのうえで「人間を外し，それに対し対立しておかれたものを自然とよぶのではなく」「『自然』とよぶ

べきは,〔社会―文化―環境〕を一切含み,それより大きい全体を指すもの」と考え,「社会―文化―環境」の「動態的把握」「個性の把握」「創造性」の3つを重視する(川喜田1989, 1-10)。そして1960年代の後半から環境問題が「改めて世界的な大問題として登場してきた」のは,「社会―文化―環境」の「有機的関連性が異常な危機に曝され」「自然と人間の調和,伝統と近代化の調和,すなわち調和の喪失」に「危機の根がある」のであり,しかも「社会―文化―環境がさらに複雑・流動性を増している」という認識を示している。

このような視点から指摘される現代社会の「欠陥」のひとつが,画一化の弊害である。「中央が地方の実情を知らず,中央の都合ばかりで,そのやり方を地方・周辺に画一的に押しつける結果を招いている。それが地方の伝統的生態系を破壊ないし解体し,地方を搾取する結果となっている」と指摘する (川喜田1989, 29-31)。たとえば中国においても環境保護などを目的とする国家政策が,地域の自然・社会生態システムと摩擦を起こす例が報告されている。中国では,歴史的にさまざまなかたちで移民政策がとられてきたが,1998年の大洪水を経て開始された「退耕還林」や「退牧還草」(過放牧地の牧畜業を廃止し,草原を回復すること)などの生態環境政策によって「生態移民」が奨励されるようになった。生態移民は,生態環境の保全・回復と貧困対策をあわせて解決することを期待して行われる一方で,黒河流域では少数民族である遊牧民の生業文化が踏みにじられ,また定住先にて新たな水環境問題を引き起こすことが指摘されている(小長谷・シンジルト・中尾2005)。この画一化の弊害は,前述した中心周辺関係の一側面を現したものである。

また社会―生態システム(SES)論は,従来の生態学を乗り越え,人間と自然の関係性の変化の動態的把握を意図した概念であり,その点で川喜田の文化生態系の概念と通底する。そしてSESは,「人間と自然を統合するシステムの概念」であり,SES論は「新たな課題に対してサステイナビリティを損なうことなくSESが順応していくことを探求」するサステイナビリティ論と位置づけることができる。すなわちSES論では,「サステイナビリティは,成長・均衡・安定性よりも,新規性・記憶・不安定性から定義され

る」として,均衡論や最適化論からのパラダイム転換の必要性を説くとともに,「サステイナビリティは『最終成果』(end product)ではなく『プロセス』であり,変化を扱う社会の順応性(adaptive capacity)を要するダイナミックなプロセス」であると考える。そして社会―生態システムの変化は予測不可能でかつ不確実であることを前提に,外部からの作用に対する「順応」(adaptation)「回復(能)力」(resilience)「転移」(transformation)に関する「サステイナビリティの"backloop"研究」を重視する(Berks, Colding and Folke 2003)。とりわけ,(自然)生態システムのダイナミズムと(人間)社会システムにおけるガバナンスをともにとらえるために社会―生態システムの回復力(レジリエンス)に着目する。ここで「レジリエンス」は,「社会がいかに外発的な変化(externally imposed change)に適応・順応していくかに関する重要な要素」であり,「大きな変化や攪乱を緩和できるレジリエントな社会―生態システムは,エコロジカル,経済的,社会的なサステイナビリティと同義である」とされる(Berkes, Colding and Folke 2003)。災害を引き起こしやすい原因とされる「脆弱性」(vulnerability)もまた,長い時間をかけて自然的要因に加えて人為的要因が絡み合った「社会―生態システムにおけるサステイナビリティの脆弱性」と理解することができるであろう[23]。

　このようなSES論と共振するかたちで経済学において提唱されてきたのがノーガードらのエコロジー経済学(ecological economics)である(ノーガード 2003)。「環境・資源・開発の問題が,長期的に新しい合意が生まれるような新しい枠組みを必要としている」という認識のもと,「発展を社会システムと生態システムの共進化プロセスとみるまったく新しい歴史観」として「共進化」という概念を提示する。そしてこの「新しい考えでは,変化する生来的に不可知なシステムについて継続的にモニタリングし,学習し,適応・順応していくことが強調される。・・・人間の生態系理解が変化するにつれて実際に生態系が変化するように,人間のシステムは生態系の構造を学習し受け入れなければならない」。そして共進化という視点から人類の環境史をみていくと,「慎重にそして小規模に実験を行い,その後の進化の連鎖

について可能なかぎり観察すべきだという」教訓が導かれるとする（ノーガード 2003, 51, 67, 111, 323）。

ここには，川喜田が指摘した「文化」における主体性と環境性という双方向性を明示的に発展論に組み込むことが意図されており，また SES 論的なシステム変化の認識のもとでの「順応的ガバナンス」（adaptive governance）（Dietz, Ostrom and Stern 2003）の必要性が説かれていることが注目される。そしてガバナンスのあり方については，「現在のテクノクラシーを地理的に柔軟でフラットな統治構造に置き換えていくためには，コミュニティを強化し，信頼と理解を通じる方法しかない。より小さく，より強いコミュニティが，民主主義の拡大を補完し，個人主義への暴走とその結果生じる問題を克服する手助けとなるだろう」として，近代経済学の方法論的前提である個人主義ではなく，「コミュニティ」の重要性を指摘している（ノーガード 2003, 230）。ここで「コミュニティ」は「人々が関わりあう多様な方法」と広く定義されている（ノーガード 2003, 231）。すなわちここでいう（広義の）「コミュニティ」は社会―生態システムのなかで順応的ガバナンスの基層をなす主体であると考えられているのである[24]。

以上のような SES 論的な考え方を一部共有するような研究は，文化人類学（とくに生態人類学），ポリティカル・エコロジー論（政治生態学），コモンズ論などの各分野において，歴史的に自然資源の持続可能な管理を行ってきた基層の地域社会・集団が外的な変化や攪乱（経済開発，商品市場化など）にいかに対応し得るかという問題意識から行われてきている[25]。また基層の地域社会・集団に関する事例研究ついては，文化人類学や地域社会学などによるいわゆる「コミュニティ・スタディ」の豊富な蓄積があるが，コミュニティ・スタディの限界を批判的に乗り越えようとする研究のなかから，「コミュニティ」そのもののとらえ方を含めた議論がさまざま行われつつある[26]。とりわけ長期化する生態危機による脆弱性が顕著な周辺においては，歴史的にサステイナビリティが安定的に確保されてきたローカルレベルの仕組みとその変容のみならず，複雑化した社会のなかでサステイナビリティが脅かさ

れつつある現実にも目を向け，基層レベルだけではなく，より高次かつ広域システムにおけるガバナンスの仕組みとのクロス・スケールの関係を視野に入れながら，危機をいかに乗り越えてきたのか，あるいは乗り越え得るのかという問いへの探求と知見を総合する作業が，既存の学問領域を越えてますます求められている。

第3節　本書の構成と論点
──フィールドからのサステイナビリティ論に向けて──

　アジアの経済成長の「中心」から「周辺」のフィールドに視点を移し，長期化する生態危機による脆弱性をふまえたサステイナビリティ論を展開するにあたっては，経済成長の「中心」を主たる対象として展開されてきたこれまでの環境ガバナンス論の射程からはずれてきたさまざまな視点を取り込んでいくことが必要であることを前節で指摘してきた。すなわち，①「中心周辺関係」といった空間・社会軸，②長期的な「変化」をとらえる時間軸，③人間社会システムと自然生態系の相互作用（社会—生態システム）の3点である。第1に，「中心周辺関係」については，周辺における固有の自然的，社会的，文化的資本をふまえながら，「中心」に対する「接続性」と「自律性」をいかに舵取りしていくかという視点が重要となる。第2に「変化」については，自然生態系の遷移や世代の継承などが織り成す円環的な生態学的・歴史的な時間の変化に加えて，環境破壊や災害などの突発的な変化や不可逆的な変化，さらには長期の環境・社会変動に潜む漸進的な変化などを射程に入れていくことが求められる。第3に，人間社会システムと自然生態系の相互作用については，「社会—生態システム」（SES）論における適応・順応やレジリエンス（回復力）の視点が重要となる。これらの視点をふまえ，対象とする地域の社会・集団がいかに「危機」を乗り越え，さらには「発展」をめざしてくのかという点が，サステイナビリティ論におけるガバナン

スの新たな視座として浮かんでくる。

　これらの視点から具体的な事例を検討していくにあたっては，情報・物流・金融の複雑で巨大化した人工的な網の目のなかで自然と人間の関係がみえにくくなっている現代社会の状況をふまえると，ガバナンスの中核をなす統治の仕組みやそれに対抗する社会運動だけではなく，広く基層の地域社会・集団における経験や過程に着目していくこと，そしてそれをより高次かつ広域システムにおけるガバナンスの枠組みのなかで検証していくような複眼的な手法が求められる[27]。そして，こうして得られた「経験知」について学問領域を越えて広く社会的共有を図り，「網目のない織物」をほぐして生態危機と持続可能性をめぐる諸問題の構図を明らかにしながら，サステイナビリティ論を展開していくことが重要となる[28]。

　本書は，以上のような問題意識のもと，文化人類学，経済学，歴史地理学，環境学など異なるバックグラウンドをもつ地域研究者が，それぞれのフィールドにて行った事例研究を束ねつつ，そこで得られた知見の総合を試みるものである。以下各章における事例研究で注目している現象や問題は多様であるものの，基層の地域社会・集団だけでなく，より高次かつ広域のシステムのあいだとのクロス・スケールの関係を視野に入れていくという共通のアプローチをとっている。

　図1に本書における各章の位置づけを示した。各章で対象としている地域と事例が多様ななかで，主体（集団・社会），環境の変化（災害・変動[29]），および主たるサステイナビリティの課題（適応・順応，維持・発展，脱却・回復）については次のように相互に重なる共通要素がみられる。各共通要素と各章の対応関係は以下のとおりである。

　第1に主体については，自然生態系との緊密な関係のなかで生業を行ってきた「生業集団」（第1章の牧畜民と第2章のトナカイ飼養民），中国（第3章の内陸オアシス）や日本（第4章の山間地域）の「農山村」，漁村や農村を含めた「流域社会」（第5章の旧ソ連アラル海地域と第6章の中国淮河流域）が対象となっている。第2に環境の変化については，寒雪害（第1章）や干害

図1　本書の構成と各章間の共通要素

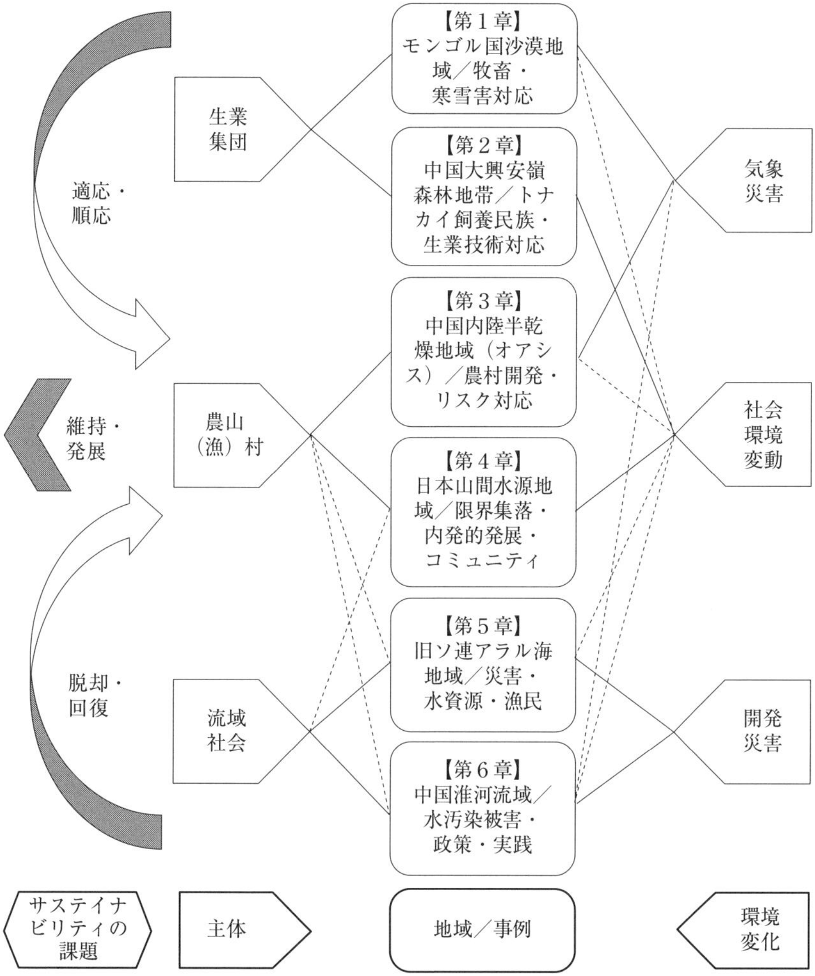

```
適応・順応
  生業集団
    【第1章】モンゴル国沙漠地域／牧畜・寒雪害対応
    【第2章】中国大興安嶺森林地帯／トナカイ飼養民族・生業技術対応
維持・発展
  農山（漁）村
    【第3章】中国内陸半乾燥地域（オアシス）／農村開発・リスク対応
    【第4章】日本山間水源地域／限界集落・内発的発展・コミュニティ
脱却・回復
  流域社会
    【第5章】旧ソ連アラル海地域／災害・水資源・漁民
    【第6章】中国淮河流域／水汚染被害・政策・実践

気象災害
社会環境変動
開発災害

サステイナビリティの課題　主体　地域／事例　環境変化
```

（出所）筆者作成。

（第3章）などの「気象災害」，水資源開発（第5章）や工業開発（第6章）による広範囲で長期にわたる環境破壊や環境被害などの「開発災害」，環境保全のための政策的移住による生業環境の変化（第2章）や人口の減少および少子高齢化がもたらす水源地域の荒廃（第4章）などの「社会環境変動」が

背景要因となっている。第3に本書の主題である「サステイナビリティの課題」については，大きく分けて，生業集団による自然生態系の変化サイクルや農村における災害などのリスクへの技術的，制度的かつ社会的な「適応・順応」過程（第1～3章）と人口・資源・環境の危機からの「脱却」や「回復」（レジリエンス）に向けた対応や対策（第4～6章）が論じられている。さらに，そうした適応・順応や回復に加えて，第3章と第4章では，農山村の維持・発展可能性が論点となっている。

本書では，対象となる主体とおもなサステイナビリティの課題に着目して章立てを構成した。以下，各章のおもな論点を概観する。

まず第1章と第2章は，自然生態系のなかで生業を営む民族集団（第1章モンゴル，第2章エヴェンキ）を対象として変化する環境への適応・順応について論じたものである。

第1章では，モンゴルの寒雪害への遊牧民の対応を通時的に検証している。モンゴルの基幹産業である牧畜は，自然環境のみならず，社会主義化とその崩壊という社会体制の変動の影響を受けてきた。そのなかで，「ゾド」と呼ばれる寒雪害に対して遊牧民が社会主義化以前から行ってきた「オトル」という移動が，社会主義化によって国家の乾草供給システムが構築され，またその後のシステム崩壊によってどのように変容してきたのかを探っている。そしてこれまで先行研究では社会主義化によってオトルは減少し，社会主義崩壊後も移動はあまりなされていないとされてきたが，現代ではさまざまなかたちで移動が行われていることが明らかになっている。すなわち，社会主義時代に自然災害を「根絶」できるという思想から牧草地の管理を通した国による災害対応システムが構築されていたものの，このようなシステムのなかで自然災害を根絶することは不可能であることを牧民が再認識するなかで，社会主義崩壊後は繰り返される寒雪害のなかで生き抜く遊牧民の実践知に基づくさまざまな「対処」が行われていることを示している。このことはまた，根絶に偏りがちな現代社会における生態危機への対応のあり方についての再考を促している。

第2章は，中国東北部・大興安嶺森林地帯においてトナカイ飼養を続けているエヴェンキ族の生業技術に焦点を当てている。この地域では，トナカイ飼養の南限という厳しい自然条件に加えて，移住・定住政策，大興安嶺天然林保護政策，地方政府による狩猟用の銃の没収などが原因で，狩猟，漁撈，荷駄運搬という北方でのトナカイ飼養にみられる「三位一体」の「三位」のうちの狩猟と漁撈の「二位」ができなくなった。その後，エヴェンキ族はトナカイの角を「中薬」として販売することでトナカイ飼養を維持しているが，それは，以前からの"odachi"といわれる人間への馴化のための一連の技術の「内在的展開」によって可能になっており，さらに郷政府によるさまざまな支援もまた重要な役割を果たしていることを明らかにしている。ここでは，エヴェンキ族の有する人間の動物に対する伝統的な馴化技術をもとにした生業が，現代の市場と政府のシステムに自律的に接続することで成立していることが示されている。

　つぎに第3章と第4章は，経済成長の「中心」となる地域に比べて自然・社会経済的条件が不利な内陸地域あるいは山間地域において，農村の維持・発展可能性をめぐる問題について中国と日本のフィールドから論じたものである。

　第3章は，中国内陸半乾燥地域における災害リスク対応と農村の発展戦略について，黒河流域の甘粛省張掖オアシスをフィールドにして検討している。中国の西部内陸地域の農村は，東部沿海地域や都市との経済格差のみならず，干ばつによる災害リスクの高い状況に置かれている。本章では，災害リスクへの対応について，政府と個人という二元的な枠組みに加えて，「村」という中国独特の行政・社会単位を取り入れて検討している。中国では「村」は行政末端の事業の受け皿であると同時に村民の自治組織でもあり，また地域の共有資源の運営管理を行う多義的な主体である。複数の村の調査結果から，対象地域では貧困からの脱却や災害リスクへの対応にあたって，個人の出稼ぎ，あるいは個人への政府および関連団体による援助という手段だけではなく，「村」による集団的な共同資源の運営管理がそれらを補完・補強する役

割を有しており，また近年種子用トウモロコシなどの新規経済作物の導入など市場経済化への対応にあたっても村が主体となって企業との交渉や村内の合意形成を行っていることが示されている。

　第4章は，日本の山間地域における過疎化および少子高齢化の進行による「限界集落」問題を生態危機の視点を取り入れて再考したものである。日本では，戦後の高度経済成長期に大都市圏の重化学工業化を進めるなか，地方都市や農山漁村地域から大都市圏への人口移動が起こり，農山漁村地域においては「過疎」が，都市部においては「過密」がそれぞれ社会問題として顕在化した。また2005年から国全体が人口減少に転じ，急速な少子高齢化が進行するなか，過疎地域ではその傾向がさらに加速しており，自然生態系の恵みのなかで成立してきた集落そのものが近い将来に成り立たなくなると予想される「限界集落」問題が提起されてきた。そのなかで高知県は，従来の過疎対策だけではなく，集落機能の維持と補完のために複数集落の共同拠点づくり——集落活動センターの設置などの集落活動支援に乗り出している。同県仁淀川町は厳しい自然条件のなかで，長期にわたって生態危機と向き合ってきた山間農村地域であるが，近年では人口減少と少子高齢化が急速に進むなかで限界集落問題を抱えている。それに対して集落活動センターを核とした取り組みや，都市コミュニティと農村コミュニティの連携への模索などコミュニティからの実践が行われていることに注目している。そして，自然環境の悪化や生態危機への対応を前提としながら過疎地域の維持可能性を確保していくためには，地域特性に応じたオン・デマンドのきめ細かな政策を展開することが重要であることが指摘されている。

　最後に第5章と第6章は，自然改造（第5章）や工業開発（第6章）に伴う環境破壊によりもたらされた災害からの脱却に向けた対応策をめぐる複雑な構図を解き明かすことを試みている。これら災害は，自然環境を媒介しながらも，寒雪害（第1章）や干ばつ（第3章）などの「気象災害」とは異なり，人為的な開発行為がもたらした災害であることから，まとめて「開発災害」と呼ぶことができるであろう。

第5章では，流域の灌漑開発のために水位の急激な低下と水域の大幅な縮小により，沿岸地域社会に大きな被害をもたらしているアラル海危機を「アラル海災害」と捉え直し，アラル海危機の緩和・救済のために打ち出されてきた技術的な対応策のみならず，漁民の行動やローカルな対応をふまえてその災害の構造的要因に迫っている。そして災害の進行とともにローカルな対応が限界に達し，そのなかで対応策としてのシベリア河川転流構想が「神話化」してゆくメカニズムについて検討している。漁業を継続するか，放棄するかをめぐって，二律背反的で，ともに「不確実」だが，どちらも科学的・技術的に「正しい」言説が同時進行で流布したことが，結果として多くの住民を災害地域にとどまらせ，対症療法的な施策が行われるなか，アラル海災害が悪化していったと指摘している。

　第6章では，水汚染被害が深刻な中国の淮河流域の事例を取り上げ，政府主導の対策とNGOによる実践の相互作用を考察している。淮河流域は，東部地域のなかでも自然条件および社会経済的条件が不利な立場に置かれてきた。1970年代以降はそこに水汚染問題が重なって「生態災難」と呼ばれるような状況に陥った。その問題解決をめぐるガバナンスは，権力および情報の垂直的重層関係のなかで政府主導によって展開され，淮河流域を対象に展開された対策が全国レベルの政策となり，それがまた同流域の対策を強化するという再帰的な政策展開がみられるものの，健康被害対応については立ち遅れている。また「周辺」から「中心」への異議申し立てが困難な現代中国の政治社会体制のなかでも，中国社会自体が，「産業社会」から「リスク社会」へ移行する過程で，現場における観察と実践を基盤とするNGOの活動可能な空間を生み，そして政府，メディア，NGOのあいだの共鳴によって「公共圏」が形成され，リスクを生産する側である企業からも協力を取り付けることが可能になってきた。他方で，それは「抑圧された公共圏」であり，そのなかでNGOの活動やメディアの報道も制約されており，このことが，生態災難の最も核心的問題である被害救済の問題に光が当てられない要因になっている可能性を指摘している。

〔注〕

(1) 2014年9月11日の内閣府緊急災害対策本部の報告によれば，死者1万5889人，行方不明者2601人，負傷者6152人に加えて，仮設住宅，公営住宅，親族・知人宅などで避難生活をしている住民はなお24万5622人に上っている（「平成23［2011］年東北地方太平洋沖地震［東日本大震災］について」平成26年9月11日17時緊急災害対策本部［http://www.bousai.go.jp/2011daishinsai/pdf/torimatome20140911.pdf］）。

(2) 「全国農村飲水安全工程"十二五"規劃」(http://www.sdpc.gov.cn/zcfb/zcfbghwb/201402/P020140221360445500781.pdf)。

(3) たとえば宮本（2007），植田（2008），佐無田（2012）などを参照。

(4) 加藤久和（1990），藤崎（1993）などを参照。

(5) 環境と開発に関する世界委員会（1987）「ブルントラント委員長の緒言」。

(6) 本章では「自然・社会生態システム」を自然生態系と人間社会系を含む複合的なシステムを指す概念として使用している。Berkes, Colding and Folke（2003）やヤング（2008）の"Social-Ecological System"，川喜田（1989）の「文化生態系」と通底する概念と考えられる（後述）。

(7) ミレニアム生態系評価では「生態系サービス」は，食糧，繊維，生物資源などの「供給サービス」，大気，気候，水，土壌などによる「調整サービス」，精神，宗教的，審美的価値やレクリエーションを提供する「文化的サービス」から構成されていると考えられている。

(8) 山下祐介（2008）もまた日本のリスク社会を災害，環境問題，人口変動などから多面的にとらえている。

(9) たとえば自動車排ガス規制の例が挙げられる（城山 2005）。

(10) 環境クズネッツ曲線（1人当たりの所得が上昇するにつれていずれ環境汚染の総量はピークを迎え，その後は徐々に汚染量が少なくなっていくことを経験的に示すとされる逆U字曲線）などをもとに経済発展によって環境問題はいずれ解消するという考え方に対し，Arrow et al.（1995）は「制度」（institutions）の重要性を指摘している。

(11) 山下英俊（2012）は，環境ガバナンス論を制度経済学的なアプローチから理論的な再検討を加えている。

(12) ヤング（2008）はもうひとつの「フィット」(fit) の問題として，「時間的ミスフィット」を挙げている（後述）。

(13) 羅（2012）は，中国では改革開放以降，上級政府の下級政府に対する考課により，GDPを中心的な評価軸とした「トラック競争」が繰り広げられているという説を展開している。羅（2012）によれば，中国では，「中央政府が設定したGDP成長率や計画出産・社会安定などの政策目標は，プリンシパル＝エージェント連鎖を通じて各級下級政府に分解・伝達されていく。上級政府

の目標を実現したかどうかは，毎年の考課対象となる」とされ，ある市では考課の指標のうち，GDP関連の指標は全体の約4～6割を占めているという．
(14) "Environmental Democracy"は，オーフス条約の合意形成・普及過程において提起された概念である．2007年に公表されたOECDによる中国環境パフォーマンス・レビューでは，環境NGOの台頭を"Environmental Democracy"の発現であると評価している（OECD 2007, 240-252）．
(15) コモンズ論については，Ostrom（1990），秋道（2004; 2010），室田（2009），Murota and Takeshita（2013），三俣・森元・室田（2008），三俣・菅・井上（2010）などを参照．
(16) 松花江汚染事件を事例とした環境災害対応と環境政策形成の相互過程の検討に関して，別稿を公刊予定である．
(17) 同様の問題点は，「環境クズネッツ曲線」（注10）についても提起されてきた．逆U字カーブは非線形的な経路を描いたものであるが，1人当たりの所得がある一定以上になると環境改善が進むとする点において，単一の発展経路に関する仮説とみなすことができよう．しかしながら環境クズネッツ曲線が当てはまらない事例があり，それを前提とした政策論の危うさが指摘されている（諸富・浅野・森 2008, 12-15）．
(18) 災害研究で提起されてきたリスク，脆弱性（vulnerability），破局（catastrophe），回復力（resilience），適応・順応（adaptation）といった概念は，後述する社会―生態システム（SES）論でも有用である．災害に関する先行研究としては，ほかにヒューイット（2006），林（2010），「総特集 災害と地域研究」（『地域研究』第11巻第2号）なども参照．
(19) 太湖流域の水環境ガバナンスにしても，あくまで「経済成長の中心」におけるガバナンス論であり，経済成長が下支えするトップダウン型ガバナンスのなかでローカル・ステークホルダー間の対話が試みられたと考えられる．またステークホルダー間の対話の試みにおいても，環境汚染による被害者や立ち退きを迫られた漁民など水環境の悪化に最も脆弱な集団の参画はなく，「公共圏」（齋藤 2000）の片隅に追いやられたままであった．流域・水環境ガバナンス論は，水環境の地域性に着目した環境ガバナンス論の発展を意図したものの，中心周辺関係のような政治・経済・社会的力学構造はあまり意識されてこなかったのである．
(20) ほかにも歴史学において溝口ほか（1994）が周縁論を論じている．
(21) さらに超長期の問題の例として「核廃棄物の時間と国家の時間」（加藤尚武 2012）のずれがある．核廃棄物のなかには半減期が100万年に及ぶ放射性物質が含まれるが，そのコストを計算するための100万年間の金利はどのような水準で考えるべきか，100万年後の世代から同意をどのように得るのか，そもそも100万年後に国家や政府，あるいは人類は存続しているのか，などわれわれ

人類はすでに超長期にわたる時間のミスフィットの問題を抱えている。
(22) 災間期に生きるトルコの人びとに関する公共人類学的研究としては木村（2013）を参照。
(23) オリヴァー＝スミス（2006, 33-36）もまた災害について，その原因となる脆弱性は「社会と環境とが出会うところに位置づけられる」ものであり，「理論上，それは，生態，政治経済，そして社会文化とかかわる」という認識を示している。
(24) コミュニティを重視することはまた，ナンシー（2012, 66-67）が指摘するように「諸々の人々，瞬間，場所，振る舞いの非等価性」を認めることでもある。
(25) 最近の事例研究としては，文化人類学を中心とした学際的な研究として中国の生態移民に関する小長谷・シンジルト・中尾（2005）を，ポリティカル・エコロジー論については島田（2007），金沢（2012）を，コモンズ論については三俣・森元・室田（2008），室田（2009），三俣・菅・井上（2010），Murota and Takeshita（2013）などを参照。
(26) たとえば，田辺（2008），竹沢（2010a; 2010b），木村（2013），田原（2012）などを参照。この点については終章において若干の議論を行う。
(27) このようなアプローチを欧米由来の普遍的指向性をもつ「環境民主主義」に対して，地域固有の文化的個性を重視した「生態民主主義」と呼ぶことができるかもしれない。
(28) 環境ガバナンスにおける経験知の重要性については，いわゆる「近代科学知」に代わる体験知や生活知などを「暗黙知」と総称してその回復を説いた佐藤（2009）などの議論が参考になる。
(29) ここで「変動」とは，個別の大小の「出来事」や「変化」ではなく，それらを束ねて観察される「大きな変化の流れ」を指している。

〔参考文献〕

<日本語文献>

MEA（Millennium Ecosystem Assessment）編 2007.（横浜国立大学21世紀 COE 翻訳委員会責任翻訳）『国連ミレニアム　エコシステム評価——生態系サービスと人類の将来——』オーム社（MEA, *Ecosystems and Human Well-being: Synthesis*, Washington, D.C.: Island Press, 2005）．
秋道智彌 2004.『コモンズの人類学——文化・歴史・生態——』人文書院．
——— 2010.『コモンズの地球史——グローバル化時代の共有論に向けて——』岩波書店．

植田和弘 2008.「環境サステイナビリティと公共政策」『公共政策研究』(8) 12月 6-18.
オコンナー，デビッド 1996.（寺西俊一・吉田文和・大島堅一訳）『東アジアの環境問題──「奇跡」の裏側──』東洋経済新報社（David O'Connor, *Managing the Environment with Rapid Industrialisation: Lessons from the East Asian Experience.* Paris: Development Centre of the Organisation for Economic Co-operation and Development, 1994）．
大塚健司 2005.「中国の環境政策実施過程における情報公開と公衆参加──工業汚染源規制をめぐる公衆監督の役割──」寺尾忠能・大塚健司編『アジアにおける環境政策と社会変動』アジア経済研究所 135-168.
─── 2008.「中国の環境政策における公衆参加の促進──上からの『宣伝と動員』と新たな動向──」北川秀樹編『中国の環境問題と法・政策──東アジアの持続可能な発展に向けて──』法律文化社 259-281.
─── 2011.「中国の環境問題をめぐるガバナンスの構図」中国環境問題研究会編『中国環境ハンドブック2011-2012年版』50-61.
─── 2013.「中国における環境汚染と健康被害に関する政策課題──淮河流域の現状を踏まえて──」『環境経済・政策研究』6(1) 3月 101-105.
─── 編 2008.『流域ガバナンス──中国・日本の課題と国際協力の展望──』アジア経済研究所.
─── 編 2010.『中国の水環境保全とガバナンス──太湖流域における制度構築に向けて──』アジア経済研究所.
─── 編 2012.『中国太湖流域の水環境ガバナンス──対話と協働による再生に向けて──』アジア経済研究所.
大野晃 2005.『山村環境社会学序説──現代山村の限界集落化と流域共同管理──』農山漁村文化協会.
オリヴァー=スミス，アンソニー 2006.「災害の理論的考察──自然，力，文化──」スザンナ・M・ホフマン／アンソニー・オリヴァー=スミス編・若林佳史訳『災害の人類学』明石書店 29-55.
加藤久和 1990.「持続可能な開発論の系譜」橋本道夫ほか編・大来佐武郎監修『地球環境と経済』中央法規出版 13-40.
加藤尚武 2012.「核廃棄物の時間と国家の時間」『現代思想』40(4) 3月 194-199.
金沢謙太郎 2012.『熱帯雨林のポリティカル・エコロジー──先住民・資源・グローバリゼーション──』昭和堂.
川喜田二郎 1989.「環境と文化」河村武・高原榮重編『環境科学Ⅱ 人間社会系』朝倉書店 1-33.
川田順造・岩井克人・鴨武彦・恒川惠市・原洋之介・山内昌之編 1997.『いま，なぜ「開発と文化」なのか』岩波書店.

環境と開発に関する世界委員会編・大来佐武郎監修 1987.『地球の未来を守るために』福武書店 (World Commission on Environment and Development, *Our Common Future*, Oxford: Oxford Univ. Press, 1987).
北川秀樹編 2008.『中国の環境問題と法・政策——東アジアの持続可能な発展に向けて——』法律文化社.
―――― 編 2012.『中国の環境法政策とガバナンス——執行の現状と課題——』晃洋書房.
木村周平 2013.『震災の公共人類学——揺れとともに生きるトルコの人びと——』世界思想社.
小島麗逸・藤崎成昭編 1993.『開発と環境——東アジアの経験——』アジア経済研究所.
湖中真哉 2010.「序『グローバリゼーション』を人類学的に乗り越えるために」『文化人類学』75(1) 6月 48-59.
小長谷有紀・シンジルト・中尾正義編 2005.『中国の環境政策 生態移民——緑の大地,内モンゴルの砂漠化を防げるか？——』昭和堂.
齋藤純一 2000.『公共性』岩波書店.
佐藤仁 2009.「環境問題と知のガバナンス——経験の無力化と暗黙知の回復——」『環境社会学研究』(15)39-53.
佐無田光 2011.「現代日本の過疎化と地域経済」『環境と公害』41(1) 7月 49-54.
―――― 2012.「サステイナビリティと地域経済学」『地域経済学研究』(23) 1月 13-35.
島田周平 2007.『アフリカ 可能性を生きる農民——環境—国家—村の比較生態研究——』京都大学学術出版会.
承志編・窪田順平監修 2012.『中央ユーラシア環境史 2 国境の出現』臨川書店.
城山英明 2005.「環境規制の国際的調和化とその限界——日米欧における自動車関連環境規制の調和化とアジアにおける含意——」寺尾忠能・大塚健司編『アジアにおける環境施策と社会変動』311-346.
高倉浩樹 2010.「コメント2——『単体主義』の可能性——」(特集「グローバリゼーション」を越えて)『文化人類学』75(1) 6月 142-145.
竹沢尚一郎 2010a.『社会とは何か——システムからプロセスへ——』中央公論新社.
―――― 2010b.「コメント1」(特集「グローバリゼーション」を越えて)『文化人類学』75(1) 6月 138-141.
ダスグプタ,パーサ 2007.(植田和弘監訳)『サステイナビリティの経済学——人間の福祉と自然環境——』岩波書店 (Partha Dasgupta, *Human Well-being and the Natural Environment*, Oxford: Oxford University Press, 2001).
―――― 2008.(植田和弘・山口臨太郎・中村裕子訳)『経済学』岩波書店 (Partha Dasgupta, *Economics*, New York: Sterling Publishing co., 2010).

田辺繁治 2008.「コミュニティを想像する──人類学的省察──」『文化人類学』73(3) 12月 289-308.
田原史起 2012.「『地域を突き抜ける』地域研究──コミュニティの可能性──」『地域研究』12(2) 3月 131-148.
鶴見和子・川田侃編 1989.『内発的発展論』東京大学出版会.
デュピュイ,ジャン・ピエール 2011.（嶋崎正樹訳）『ツナミの小形而上学』岩波書店.
寺西俊一 2006.「市場の失敗，政府の失敗，制度の失敗」環境経済・政策学会編／佐和隆光監修『環境経済・政策学の基礎知識』有斐閣 196-197.
寺尾忠能編 2013.『環境政策の形成過程──「開発と環境」の視点から──』アジア経済研究所.
寺尾忠能・大塚健司編 2002.『「開発と環境」の政策過程とダイナミズム──日本の経験・東アジアの課題──』アジア経済研究所.
─── 編 2005.『アジアにおける環境政策と社会変動──産業化・民主化・グローバル化──』アジア経済研究所.
─── 編 2008.『アジアにおける分権化と環境政策』アジア経済研究所.
中澤秀雄 2013.「原発立地自治体の連続と変容」『現代思想』41(3) 3月 234-243.
奈良間千之編・窪田順平監修 2012.『中央ユーラシア環境史 1 環境変動と人間』臨川書店.
ナンシー,ジャン＝リュック 2012.（渡名喜庸哲訳）『フクシマの後で──破局・技術・民主主義──』以文社.
仁平典宏 2012.「＜災間＞の思考──繰り返す3・11の日付のために──」赤坂憲雄・小熊英二編『辺境からはじまる 東京／東北論』明石書店 122-158.
ノーガード,リチャード・B. 2003.（竹内憲司訳）『裏切られた発展──進歩の終わりと未来への共進化ビジョン──』勁草書房（Richard B. Norgaard, *Development Betrayed: the End of Progress and a Coevolutionary Revisioning of the Future*, New York: Routledge, 1994）.
林勲男編 2010.『自然災害と復興支援』明石書店.
ヒューイット,ケネス 2006.（新田啓子訳）「災害の社会構築が除外してきた視点」『現代思想』34(1) 1月 182-201.
藤崎成昭 1993.「地球環境問題と途上国」藤崎成昭編『地球環境問題と発展途上国』アジア経済研究所 3-30.
─── 1997.「開発と環境──『上からの環境対策』とその問題点──」西平重喜・小島麗逸・岡本英雄・藤崎成昭編『発展途上国の環境意識──中国,タイの事例──』アジア経済研究所 3-13.
ベック,ウルリヒ 1998.（東廉・伊藤美登里訳）『危険社会──新しい近代への道──』法政大学出版局.

ベック，ウルリッヒ 2011.（油井清光訳）「第二の近代の多様性とコスモポリタン的構想」ウルリッヒ・ベック／鈴木宗徳／伊藤美登里編『リスク化する日本社会――ウルリッヒ・ベックとの対話――』岩波書店 143-161.
細田衛士 2012.「災害と環境経済学」『環境経済・政策研究』5 (1) 3月1-9.
ホフマン，スザンナ・M／アンソニー・オリヴァー＝スミス編 2006.（若林佳史訳）『災害の人類学――カタストロフィと文化――』明石書店（Susanna Martina Hoffman, and Anthony Oliver-Smith eds., *Catastrophe & Culture: the Anthropology of Disaster*, Santa Fe: School of American Research Press, 2002）.
保母武彦 1996.『内発的発展論と日本の農山村』岩波書店.
本多俊和・大村敬一編 2011.『グローバリゼーションの人類学――争いと和解の諸相――』放送大学教育振興会.
マコーミック，ジョン 1998.（石弘之・山口裕司訳）『地球環境運動全史』岩波書店（John McCormick, *The Global Environmental Movement: second edition*, London: John Wiley, 1995）.
松下和夫 2006.「環境ガバナンス」環境経済・政策学会編／佐和隆光監修『環境経済・政策学の基礎知識』有斐閣 420-421.
――― 編 2007.『環境ガバナンス論』京都大学学術出版会.
溝口雄三・浜下武志・平石直昭・宮嶋博史編 1994.『周縁からの歴史　アジアから考える［3］』東京大学出版会.
三俣学・菅豊・井上真編 2010.『ローカル・コモンズの可能性――自治と環境の新たな関係――』ミネルヴァ書房.
三俣学・森元早苗・室田武編 2008.『コモンズ研究のフロンティア――山野海川の共的世界――』東京大学出版会.
宮本憲一 2007.『環境経済学　新版』岩波書店.
室田武編 2009.『グローバル時代のローカル・コモンズ』ミネルヴァ書房.
諸富徹・浅野耕太・森晶寿 2008.『環境経済学講義――持続可能な発展をめざして――』有斐閣.
山下英俊 2012.「環境ガバナンスの経済理論」『環境と公害』41 (4) 4月 2-7.
山下祐介 2008.『リスク・コミュニティ論――環境社会史序説――』弘文堂.
――― 2012.『限界集落の真実――過疎の村は消えるか？――』ちくま新書.
――― 2013.『東北発の震災論――周辺から広域システムを考える――』ちくま新書.
ヤング，オラン 2008.（錦真理・小野田勝美・新澤秀則訳）「持続可能性への移行」『公共政策研究』(8) 12月 19-28.
羅歓鎮 2012.「中国の地方政府の行動ロジックと『トラック競争』」『環境と公害』41 (4) 4月 15-20.
渡邊三津子編・窪田順平監修 2012.『中央ユーラシア環境史　3 激動の近現代』臨

川書店.

＜中国語文献＞

張玉林 2012.『流動与瓦解――中国農村的演変及其動力――』北京 中国社会科学出版社.

＜英語文献＞

Arrow, Kenneth, Bert Bolin, Robert Costanza, Partha Dasgupta, Carl Folke, C.S. Holling, Bengt-Owe Jansson, Simon Levin, Karl-G Öran Mäler, Charles Perrings, and David Pimentel 1995. "Economic Growth, Carrying Capacity, and the Environment," *Science*. Vol. 268, 28 April, 520-521.

Berkes, Fikret, Johan Colding, and Carl Folke, eds. 2003. *Navigating Social-Ecological Systems: Building Resilience for Complexity and Change*, Cambridge: Cambridge University Press.

Dietz, Thomas, Elinor Ostrom, and Paul C. Stern 2003. "The Struggle to Govern the Commons," *Science*, 302 (5652), 1907-1912.

Economy, Elizabeth C. 2004. *The River Runs Black: The Environmental Challenge to China's Future*, NY: Cornell University Press（片岡夏実訳『中国環境リポート』筑地書館 2005年）.

Murota, Takeshi and Ken Takeshita, eds. 2013. *Local Commons and Democratic Environmental Governance*, New York: United Nations University Press.

OECD 2007. *Environmental Performance Reviews: China*, OECD.

Ostrom, Elinor 1990. *Governing the Commons: The Evolution of Institutions for Collective Action*, New York: Cambridge University Press.

WB and DRCSC（The World Bank and Development Research Center of the State Council, the People's Republic of China）2012. *China 2030: Building a Modern, Harmonious, and Creative Society*, Washington, D.C.: The World Bank（http://documents.worldbank.org/curated/en/2013/03/17494829/china-2030-building-modern-harmonious-creative-society）.

第 1 章

根絶と対処

——モンゴル国沙漠地域におけるゾド（寒雪害）対策——

中 村 知 子

はじめに

　未曾有の東日本大震災に直面して以降，日本の人類学においても，災害に対するさまざまな研究が行なわれつつある。海外ではより早く人類学的視野から災害を捉え直し，『災害の人類学』として出版報告されるなど災害は注目度の高い研究対象である。
　そもそも災害とは人間中心的な概念である。たとえば強い風が吹いたと仮定したとき，人間に害を及ぼす可能性が皆無であれば，その事象は「強風が吹いた」と認識されるのみである。しかし，人間に害を及ぼす可能性が生じたとき，単なる事象は「危機」へと転じる。さらに，その風によって実際に人間が死亡したり作物が収穫不可能になったりした場合には，「災害」と認識される。このように考えると，「災害に転じ得る危機，危機になり得る事象」は，われわれの周りの至る所に潜んでいるといえる。大震災のような甚大な災害から一個人に対する害まで，被害の発生が予測される大小さまざまな「危機」が身の回りには存在しているのである。つまり，人間の歴史は「危機」と折り合いをつけながら生きる歴史であり，本章で扱う牧畜民にとってのゾド（寒雪害）という自然災害も，その一例である。
　さて，近代科学的価値観が備わっているわれわれは，「危機」をどのよう

なものとして考えてきたのだろうか。たとえば東日本大震災の際にその効果が話題になったスーパー防潮堤は，波の高さを事前に想定し，構築された。このスーパー防潮堤の構築は，「危機発生の芽をいかに摘めるか」という点に比重がおかれていた。すなわち，目的は被害の根絶にあった。換言すれば，さまざまな危機を事前に予測し，それに対して被害の根絶をめざし対策を講じることが「危機」を乗り越える手段と考えられていた。

しかしながら，「危機」への対応の仕方は人類すべてにおいて一様のものであるとはいえない。オリヴァー＝スミスが指摘しているように，「生態的な危機と災害（両者は同一ではないとしても）は，社会の働きと自然の働きとの弁証法的な相互作用によって作り出される」（オリヴァー＝スミス 2006, 40-41）ものである。言い換えるならば，社会環境や自然環境によって，災害の定義や災害となる事象は変化する。そしてその「危機」や「災害」に対する姿勢も同様に変化すると考えられるのである。

そこで本節では，一見同一現象のようにみられている「災害」や「危機」，それらへの認識や対応の仕方が社会的環境によって異なり得るという側面を，モンゴル国沙漠地域（ドンドゴビ県を中心とする）におけるゾド（寒雪害）対策の通時的分析により明らかにする。すなわち，定期的に発生する同一の自然現象に対し，社会体制が変化するなかで人びとがどう対応を変容してきたのかに焦点を当て詳細に分析することにより，災害や災害対応の多様性をとらえる。

今回事例として取り上げるモンゴルは，次の点から分析事例として適切であると考えられる。まず，モンゴルでは農牧林業が就業人口の約5割，GDPの約4割を占めており，農牧林業の生産高の約9割が伝統的な遊牧による畜産業（小宮山 2003, 1）によって賄われている。この「伝統的な遊牧」とは，地域によって飼育家畜の種類や割合は変わるが，基本的に自然草を資源とし，5畜（ヒツジ，ヤギ，ウシ，ウマ，ラクダ）を組み合わせて季節ごとに移動をしながら家畜を飼育する牧畜形態である。この遊牧形態の牧畜（筆者はこの形態の牧畜を「移動式牧畜」と表記する）は自然環境の影響を直に受

ける生業形態であり，さまざまな「危機」への対応が生業の維持に大きく作用する。さらにモンゴルはここ100年のあいだで異なる社会体制を経験してきた国である。1924年からは社会主義社会を経験し，1991年に市場経済に移行してからは，資本主義社会を経験している。それゆえ牧畜を取り巻く社会環境の変化がもたらす「危機への対応」の通時的変容をとらえることができる。災害に対する異なる立ち向かい方を通じ，本書のテーマでもある「生態危機への対応」に関する考察を行うことを目論んでいる。

　また，本章はモンゴルを対象とした地域研究として，新たな知見を掲示することを第2の目的とする。本章で扱う地域は，モンゴル国の中央部に位置するドンドゴビ県マンダルゴビ周辺，およびヘンティ県ヘルレンバヤーンウラーンである。筆者は2011年から2013年にかけて断続的にこの地域で調査を行った。モンゴルは植生的特徴によって大きく3つに区分できるが，マンダルゴビ周辺はステップ地帯と沙漠地帯のボーダーに位置しており，年平均気温は0℃前後，年間降水量は100～150ミリの乾燥気候に属している。モンゴルの牧畜にかかわる研究は，これまで日本や欧米の研究者ら——小長谷有紀，尾崎孝宏，Caroline Humphrey，Maria Fernandez Gimenez，David Sneath など——によって，モンゴル全土にて多数行われており，研究蓄積も多い。それらの研究のなかで，沙漠地域の牧畜に関し分析を行った Sneath や平田らは，沙漠地域はもともとラクダやヤギといった乾燥に強い畜種を多く飼育し，少ない草資源を補うために移動を頻繁に行う特徴をもっていたものの，社会主義時代に国家主導の乾草の供給が行われるようになったことにより，その移動性が低下したと述べている。そして，この時代の影響を受け，社会主義崩壊後も人びとはあまり移動をしなくなったと報告している（Sneath 1999; 平田ほか 2005）。しかし，今回行った調査では，移動を頻繁に行わない牧畜民が確かにみられた一方で，移動を多用する牧畜民も多数に上っていることが明らかになった。もちろん Sneath や平田らは社会主義崩壊直後，すなわちおよそ20年前に調査を実施しており，現在では状況が大きく変わっていると考えられる。そこで，本章では聞き取り調査により，社会主義崩壊以降，

植生の脆弱な沙漠地域の牧畜民が，いかなる方法で移動を行っているのか，その理由も含め移動性の特徴を明らかにする[1]。

　以下，第1節では本章が扱う災害であるゾド（寒雪害）を多角的に説明する。続く第2節では社会主義時代のゾド対策を，乾草製造とその利用，また草地の保存に焦点を当てて分析する。第3節では社会主義崩壊後の社会システムの変化に伴うゾド対策の変容を記し，その特徴を分析する。最後に社会主義時代と社会主義崩壊後の災害対策の差異から，生態危機に対する姿勢として「危機の根絶」をめざすだけではなく「危機への対処」を重んじる姿勢も重要であることを示す。

第1節　継続的生態危機としてのゾド（寒雪害）

　モンゴルの牧畜民は，冬から春にかけての厳しい気象条件下で家畜が死に至る事象をゾド（寒雪害）と呼んでいる（森永 2009）。ゾドにはさまざまな現象が含まれるが，小宮山，Daniel はゾドを6種類に分類している[2]（Daniel 2011, 32-33）。そのなかでも，通常使われる「ゾド」という用語は，黒いゾド（降水量が少ないことにより，家畜が冬期間に水分補給できず衰弱すること），白いゾド（積雪が多すぎるため，家畜が雪の下にある草を食べることができないことにより衰弱すること），鉄あるいはガラスのゾド（11〜12月の降雪が気温上昇や日射で溶解し，その後の気温低下で完全に凍結した結果，家畜がその氷の下にある草を食べることができず衰弱すること）（小宮山 2005, 74-75）を指していることが多い。本章でも上記の3つの現象をまとめて「ゾド」（寒雪害）とする（以下，これを指し「ゾド」とのみ記述する）。

　ゾドの記録は古来に遡り，2000年前頃に頻発したという記録（小宮山 2005, 75）が残されている。以来，現在に至るまでゾドによる被害は後を絶たない（尾崎 2011）。社会主義崩壊以降の目立ったゾドが確認された2000年から2001年にかけての冬には，6万7000戸の牧畜民世帯が被害を受け，このなかで

7000戸の世帯が全家畜，1万3000戸の世帯が半分以上の家畜を失った。これに対し2001年だけで2090万ドルの国際援助金と250万ドル相当の物質的な国際援助が行われた（森／ブルネーバータル 2002, 67-68）ことからも，ゾドは国際的に「自然災害」として認知されていることがわかる。また近年では2009年冬から2010年春にかけてのゾドが，全国的に大きな被害を出したことで有名である。このときにはモンゴル全体の家畜のうち23％を占める1032万頭が死亡している（Монгол Улсын Үндэсний Статистикийн Газар 2010, 221）。

　ゾドは牧畜に多大な影響を与えるため，牧畜民は夏頃からゾドに注意を払う。具体的には，雨量とその年の草の量に鑑みて，良質な餌となる草の種類が多く，かつ草の量も十分な場所にて放牧をし，家畜の栄養状態を管理する。牧畜民によると，栄養価の高い草をたくさん食べ脂肪を十分に蓄えた家畜は，頑丈で保温性のある家畜囲いさえ備わっていれば，ある程度の厳しい冬を乗り越えられるという。さらにゾドが見込まれる年には，早目に家畜を売却するといった頭数管理や，妊娠する頭数のコントロールも行うという。また，その年の冬の気候が厳しくなるかどうかを占星術師（月や太陽の位置，星の動きで気候を予測する）に占ってもらう牧畜民も多い。

　その一方で，牧畜民にとって，ゾドは必ずしも被害だけを与えるマイナスの事象ではない。というのも，降雪は溶けて土壌に染み込み，翌年の草の量を豊かにすると牧畜民のあいだでは考えられているからである。

　すなわち，ゾドに対する理解には次のような特徴がある。一方で，ゾドは国際的にも国内においてもモンゴルの重大な継続的危機として認識されている。しかし他方で，とくに牧畜民にとって，ゾドは確かに生態危機でありながら，必ずしも全面的に否定すべき事象ではないものなのである。

第2節　被害の「根絶」をめざして——社会主義時代以前・社会主義時代（ネグデル形成以降）のゾド対策——

　1924年にモンゴル人民共和国が成立して以降，モンゴルは社会主義化を進めた。1920年代後半から1930年代初頭にかけては宗教弾圧が行われ，弾圧に抵抗する暴動も発生するなど，国内情勢の落ち着かない時期が続いた。また同時に，ネグデルと称する牧畜生産協同組合を全国的に普及させる，集団化計画も推進された。ネグデルはソ連のコルホーズ（協同組合形式による集団農場）を模したものであり，ブリガードと呼ばれる生産大隊，さらにソーリと呼ばれる2～3世帯からなる生産小隊に分かれる。ただし，不安定な情勢により集団化は進まず，ようやく実体を伴うものとなったのは，1950年代後半になってからであった。

　本節では災害対策につながる行動を内実ともに進めるようになった時代を対象とするため，分析対象を，社会主義時代のなかでも集団化の完成以降，すなわち1950年代後半以降とするが，はじめに，集団化時代との比較検証のために，社会主義時代以前の危機対応と自然認識に関し簡単に記す。

　また，ゾドへの対応として，牧畜のための牧草の確保に焦点を当て，乾草製造およびその利用と，家畜にとってよい条件の草地への移動を中心に分析する。

1．社会主義時代直前の危機対応と自然認識

　社会主義時代以前の牧畜を，平均寿命が短いモンゴルの人びとの聞き取りから明らかにすることは不可能に近い。しかしネグデル普及前にもみられたひとつの災害に対する対応が，次の「オトル」という手段である。

　飢饉や干ばつなどの緊急時に，通常の放牧地を離れて移動することをモンゴル語で「オトル」という言葉で表す。広義の意味ではオトルとは世帯の一

部が家畜を連れて分離し移動すること指す（利光 1983; 吉田 1982）。そのためオトルの動機はさまざまなものがあり，災害からの避難はそのひとつということになる。ただし，吉田はオトルが行われる要因が多岐にわたることを指摘し，とくに災害時のゾドが特別であることを次のように指摘している。

> 　夏と秋の各オトルの目的は家畜を太らせるという点で共通し，冬と春の各オトルの目的も，厳しい時期，状態を乗り切らせるという点で共通していることがわかる。従ってやはり，オトルの目的というのは，夏秋と冬春のそれに大別できるといえよう。
> 　私は，以上の二つのオトルから，天災すなわち暖かい時期のかんばつや寒い時期のゾドなど（特にゾドが重要）が現実に襲来したときに，家畜をそれから避難させるオトルというものを区別し，一つの独立した目的を持つものとみてよいのではないかと考えている。例えばこの，天災から家畜を避難させるオトルと，先に二つ引用した冬季の馬のオトルとでは，本来目的が異なることは明らかであろう（吉田 1982, 336）。

　吉田の記述を災害対応の面から分析すると，夏秋に栄養価の高い草をたくさん食べるためのオトルは，家畜に栄養を蓄えさせ，冬季のゾドに耐えられる体を育成するという意味においては「ゾド時の減災を目的とした行為」ということができる。その一方で，天災から家畜を逃れさせる冬，春のオトルは「災害へ対処する行為」ということができる。善隣協会調査部の記述には，現在の内モンゴル自治区において，1920年代頃には「災害へ対処する行為」としてのオトルが公的に認められており，実施されていたことが記されており（善隣協会調査部 1935, 126-127），このオトルという方法はモンゴルの移動式牧畜民のあいだに広く浸透していたことがうかがえる。
　一方で，社会主義時代にゾド時の対応として頻繁に使われるようになった乾草に関しては，詳細は地域によって大きく異なるようである。モンゴル族

が居住していた現在の中国内モンゴル自治区東部やロシアに接するモンゴル国北部の一部においては，乾草を利用していたとの記述がみられる。しかし本章が対象とするモンゴル国の沙漠地域においては状況が異なるようである。というのも，次節で詳述するように，モンゴル国では社会主義時代に乾草の製造を進めた。しかし社会主義のシステムがある程度普及した1960年頃にモンゴル国を訪れた坂本によると，「ゴビ地帯は牧草が非常に悪く，草の丈が短いので，夏季に刈り取って乾草として貯蔵することができず，そのため現在でも水草を求めて広範囲に遊牧しなければならない」(坂本 1960, 88) 状況であったという。すなわち本章が分析対象とするモンゴル国の沙漠地域においては，1960年以前から乾草製造およびその利用は極めて少なかったと考えるのが妥当である。

このように社会主義時代以前のモンゴル国沙漠地域における災害対応としてはオトルが想定可能であり，一方で危機のために乾草を備える方法は普及していたとはいえない状況であったようである。

2．社会主義と自然

一方で，社会主義時代に入ると状況は大きく変わる。モンゴルの社会主義化に大きな影響を及ぼしたソ連社会主義のイデオロギーは，「自然」を人間が征服可能なものとして考えていた。そのため，後述するようにアラル海問題のような大規模な自然改造も肯定的に実施 (清水・伊能 2004, 19) された。また，中国においても，毛沢東時代の新聞報道には，「沙漠は屈する」「自然を我々の意志に屈服させる」「どのように我々は自然の最悪の事態を打破したのか」「賢明な労働が自然を征服する」「人民の統一的な意志が自然を変え得る」(Dee 2002, 35) といった，自然に支配されるのではなく自然を支配する存在としての人間を讃えるタイトルが躍っていた。このような当時の中国における自然への姿勢には，ソ連の考え方が少なからず影響を与えていた。たとえば，毛沢東は貯水池建設のためにソ連の専門家を招致する準備をして

おり（Dee 2002, 86），ソ連の援助のもと開発を行おうとしていた。貯水池の建設は結局のところ中ソの関係悪化によって頓挫したが，自然に対する発想は脈々と今日にも受け継がれている。

ソ連の指導下で社会主義を実践したモンゴルにも，上記のような自然のとらえ方が導入されたとみられる事例がある。2012年冬にドンドゴビ県にて実施した元ネグデル長の男性からの聞き取りによれば，社会主義時代，ゾドの被害を出した責任を問われ，自らを含めた複数の人びとが実刑を受ける場面に遭遇したという。このことは，国家が災害の発生を人間の怠慢の結果ととらえていたことを示唆している事例である。すなわち，災害の発生は人間が自然を征服できなかったことによる結果ととられ，罰することにつながっており，ソ連社会主義イデオロギーにおける自然改造の考え方が根底にあるとも受け取れるのである。もちろんここでは一般の人びとのレベルにまで「自然を征服すべき存在としてとらえる」考え方が浸透していたと主張したいわけではない。というのも先のネグデル長の男性が罰に遭遇したとき，ネグデルの牧畜民はその不条理を嘆き罰の撤回を求めたという。しかし少なくとも支配者層の行動が，ソ連社会主義イデオロギーに影響を受けていた側面は否めないだろう。

さてそれでは，「自然を人間が征服する」との考えのもと，社会主義時代には災害の発生を抑えるために具体的にどの様な対応がとられたのであろうか。続く３〜５項ではその危機対応の一部を国家計画の側面および実際にその計画のなかで生きた人びとの言説からみてみたい。

３．冬季における家畜死亡現象を緩和するための乾草利用の普及

『蒙古人民共和国（翻訳）』[3]によると，モンゴル人民共和国成立当時，党および政府が最も重要な課題として考えていた事項は牧畜業の集約化であった（東亜研究所 1943, 38）。というのも，人口１人当たりの家畜数において，モンゴル人民共和国は世界第１位を占めており（東亜研究所 1943, 38），基幹産業

になり得る素地が認められていた。その一方で，社会主義イデオロギーの側からみると，従来の牧畜方法に対する評価は必ずしも高いものではなく，「粗放的」と評されていた（東亜研究所 1943, 38）。言い換えてみれば，「モンゴルにおける移動式牧畜が『粗放』であるゆえに，『粗放的なものを開発することで社会主義社会が建設可能になる』」との論理展開をし，社会主義社会の構築を進めたのである。

そのなかでも，社会主義時代以前の牧畜に関し，「特に乾草を刈ることと冬季飼料の貯蔵も，幼畜の飼育も，家畜を雨，雪，寒気，猛獣に対し（筆者注：「猛獣から」という意味と思われる）護る為の小屋も，家畜の医療設備もそれら一切に就いて何らの知識がなかった」（東亜研究所 1943, 38-39）と記されているように，冬の家畜大量死につながる不備はとくに問題とされていた。そして牧畜業発展のためにはこれらの問題点の改善が不可欠と考えられたのである。

モンゴル人民共和国建国初期には，その問題点を改善すべくさまざまな方法が国策としてとられていった。東亜研究所は当時の様子を次のように記している。

　　　　1923年には内務省所属の獣医，家畜飼育局が設置され，全国に半移動的獣医所網が張られる[4]。さらに1937年にはソ連の援助の下，モンゴル人民共和国にて最初の機械乾草刈ステーション10ヶ所が建設された。主な設備であるトラクター，草刈り機，専門家（124名）は全てソ連より提供されたものであった。その結果，草刈り取り総面積は1937年には7万1959ヘクタールに，1939年には12万6703ヘクタールに及び，その乾草は最貧遊牧民に無料で配布されることとなった（東亜研究所 1943, 40）。

ここでひとつ，乾草の製造および利用に関し言及しておきたい。研究者によっては乾草利用の目的は，後にモンゴル人民共和国が実施する定住化政策

推進のためであるとの解釈をすることもある。もちろん乾草製造およびその利用は，時代の流れとともに多種多様な目的を付随させながら行われたと解釈するべきであり，とりわけ集団化が進むにつれ乾草が定住化政策を後押しした側面はある。実際本章はその多種多様な目的のなかから災害対策につながる側面をピックアップしているわけである。しかしユムジャーギィン・ツェデンバル（Yumjaagiin Tsedenbal, モンゴル人民革命党，中央委員会の第一書記，モンゴル人民共和国の人民大会議の幹部会議長，モンゴル人民共和国科学アカデミーの名誉会員であった人物）が1961年3月に発表した論文「封建主義から社会主義へ」のなかで1957年以降の農業成長を取り上げ，「農業の社会主義的改造と農耕の発展は，牧畜民を定住化させるという重要な問題の解決にとって新しい可能性を開いた」（ユムジャーギィン 1978, 224）と述べているように，定住化と乾草製造を含む農耕の発展は，どちらかというと社会主義化が進んだのちに関係づけられたようである。一方で1937年の草刈ステーション設立当初は，次に挙げるような目的で乾草製造は実施されていた。モンゴル人民共和国の農業相であった，バダミュン・バルジンニャム（Badamyn Balzhinnyam）は1937年以降の草刈ステーションに関して次のように記している。

　　1937年に，草刈機械ステーション[5]が設立され始めた。当初は，草刈機械ステーションは，契約にもとづいて牧夫経営のために牧草を貯蔵した。それは，畜産を発展させるうえで，とくに牧夫のあいだに牧草貯蔵の新しい方法を宣伝し普及させるうえで，大きな役割をはたした。牧夫経営へのサービス供与の範囲をひろげるために，草刈機械ステーションに付属して，機械貸付所が設立された。これは後に馬匹・草刈ステーションに改組された。草刈機械ステーションそのものについていえば，その大部分は後に国営農場に改組された。1945年以前には，馬匹・草刈ステーションはもっぱら個人牧夫経営にサービスを提供したが，のちに契約にもとづいて生産組合のために牧草を貯蔵するようになった（バダミュン 1966, 27）。

このように，当初新しい牧畜方法を個人牧畜民に教示することを目的として設置されたステーションは，牧畜生産協同組合すなわちネグデルが全国的に展開した1950年代後半になると，社会主義社会システムのなかに位置づけられるようになる。というのも，集団化において核となる組織であるネグデルは，牧地選定，乾草など補助飼料の供給，井戸などの貯水設備の設置や管理などを共同で行う（湊 2004）集団であった。ネグデル内の牧畜は，複数世帯からなるソーリ（生産小隊）でまとめて行われており，基本的に1ソーリ1種1系統の家畜を飼育していた（妊娠しているウマ，仔家畜などに細かく分けられ，ソーリごとに分配されていた）[6]。このような牧畜経営の集団化がすすむと，もともと個人牧夫を対象としていた草刈ステーションは，個人ではなく集団を対象とする必要が出てくる。そのため，バダミュン・バルジンニャムが述べるように，1950年代以後は，牧草その他の飼料の国家備蓄を形成することが馬匹・草刈ステーションの最も重要な任務となった（バダミュン 1966, 27）のである。なお，乾草に関して「こうした備蓄は，わが国のきびしい気候条件のもとでは，ぜひとも必要なものである」（バダミュン 1966, 27）と指摘しているように，やはり気候条件への対処として乾草をとらえていたようである。このように近代的牧畜への転換として乾草づくりが新たに行われるようになった。

4．乾草利用の実例

ここでは乾草製造から利用までを概観する[7]。事例としては，初期の段階から乾草製造に携わっていたステーションであり，1961年に設立したヘンティ県ヘルレンバヤーンウラーン（図1）のヘルレンバヤーンウラーンオトル用飼料用（草刈）ステーション（後の飼料用国営農場）を扱う。なお，本節のヘルレンバヤーンウラーンオトル用飼料用（草刈）ステーションに関する記述は，すべて2012年，2013年に実施したモンゴル国ヘンティ県ヘルレンバヤーンウラーンでの聞き取り結果に基づくものである。

図1　調査位置

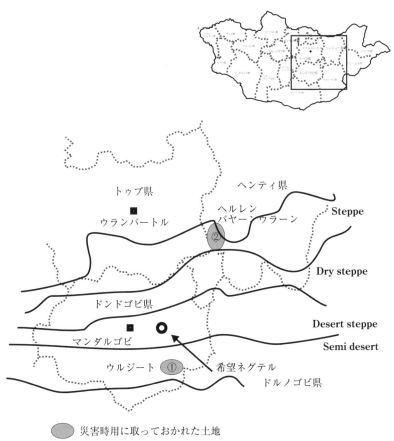

⬭　災害時用に取っておかれた土地

(出所) 筆者作成 (中村 2013c)。

　牧畜民によると，ヘルレンバヤーンウラーンは，モンゴル人民共和国設立以前から，「牧畜民が冬季のオトル先として利用していた地域」であったという[8]。そもそもオトル先として利用される地域は，大抵夏に家畜が放牧されない地域であることが多い[9]。すなわち宿営地として利用されていない無人の地域には冬になっても枯れた草が残っている。残った背丈の高い草は多少の積雪でも埋まることがなく，冬季の家畜の餌になるのはもちろんのこと，

ヤギやヒツジなどの小家畜にとっては自然の防風壁ともなるため、越冬には格好の場所となるのである。ヘルレンバヤーンウラーンは社会主義時代に入ってもオトル先としての利用が継続されていたため、冬場に多くの人と家畜が移動していた。そのため、政府はオトルにきた家畜用に乾草を備蓄し、さらには家畜や人が冬を越しやすい環境を整えるために、オトル先に飼料用（草刈）ステーションを設立したのである。しかし先に述べたように、元来無人の土地であるからステーション運営のためには労働力が必要となる。そこで、当時の農牧省が、トラクターの運転士、機械修理士、獣医など、専門的な技術をもった人を全国から集め、新しい村をつくったのである。

　1974年には国営農場化が決まり、予算も資金も増加し活動範囲も拡大する。この頃になると全国で牧畜の集約化が完成し、乾草の需用もさらに増大したため、本ステーションも沙漠地域を含む近隣ゴビ三県（ドンドゴビ、ウムヌゴビ、ドルノゴビ）の家畜用の乾草を製造することになった。

　国営農場は当時の農牧省下部組織に位置づけられていたため、乾草の刈り取り場所等はすべて上からの指示によって定められていた。興味深い点はその刈り取り場所である。刈り取りはヘルレンバヤーンウラーン内部で行われるだけではなく、近隣県にまで及んだ。乾草の収穫量を確保するため、国は毎年草の豊富な場所を調査していた。その結果は国営農場長を通じ労働者にまで伝達されたが、毎年草生のよい場所は異なるため、スフバートル県とヘンティ県の県境やセレンゲ県まで行って草を刈りとることもあった（図2参照）。

　刈り取りは7月の祭典（ナーダム）が終わってから9月半ばまで続けられた。刈り取った自然草はブロック状にまとめられ、乾燥された後、各地に設置されている国家倉庫まで運ばれる。そして国家倉庫が乾草で満たされると、乾草を牧畜民宅1軒1軒まで配布する作業に入るという具合であった。とくにゾド時には軍人も総出で全国の乾草が必要な地域まで届けていた。

　このような、システマティックな乾草の生産および運搬は、それまで乾草を利用する習慣のなかった沙漠や半沙漠地域の牧畜を大きく変えた。しかし、

図2　社会主義時代における草資源（乾草）移動ルート

（出所）聞き取りより筆者作成。

乾草生産量が増加したとはいえども，すべての家畜に乾草を与えるに十分な量ではなかったため，ドンドゴビ県ではその利用が限定的であった（中村2013c）。

たとえばドンドゴビ県の「希望ネグデル」では，弱った家畜に対し，優先的に乾草を与えていた。そのためにはまず，弱っている家畜を見極める作業が必要となる。そこでネグデルは毎年夏から秋にかけて行政担当者と獣医をソーリまで派遣し，家畜を診断した。また，牧畜民から弱った家畜の情報が申告されることもあった。このようにネグデル構成員総出で弱った家畜を登録し，その数から乾草の必要量を計算したのである。そして飼料ステーションに必要量を予約し，乾草を確保していた。乾草が必要となる冬季になると，乾草はトラックでソーリまで運ぶ。その際にもネグデルは牧畜民へ「どの家畜にどのくらいの量の乾草を与えるか」という指示を出していた。また，後で獣医がソーリを回り，乾草がノルマどおりに使用されたかどうか検査して

回るという，組織的に管理された乾草利用であった。

このように，ネグデル時代には北部で乾草製造を盛んに行い，草が少ない南部地域に運搬するシステムが機能していた。このシステムを図に示し，ステップと沙漠の境界線を加えたものが図2である。この図をみると，モンゴル国北部の良質草原ゾーンにて自然草が刈られ，ヘルレンバヤーンウラーンを介して乾燥ゾーンまで移動している実態がわかる。沙漠地域の牧畜民によると，社会主義時代に人や家畜が草を求めて気候帯や県境を越えて越境する，長距離移動を伴うオトルは多くはなかったという。しかし人と家畜の移動が少なかった一方で，草が大量に越境（自然環境ゾーン，行政区ゾーン）することで乾燥地域の草資源を補っていたと解釈できる。さらに乾草はネグデル管理下で計画的に利用されており，ゾド対策の要のひとつであったといえる。

小長谷は，社会主義時代に，秋時期の頻繁な移動を繰り返すことにより草原の高度利用化が進んだことを指摘している（利光 1983; 小長谷 2007）。本章で明らかにした社会主義時代の乾草利用の実態は，移動回数だけでは賄えないゴビ地域の草資源使用量を「草を移動させること」により補充するものであり，草原の高度利用化をさらに裏づけるものともいえる。

このように，乾草製造およびその利用からみるモンゴルのゾド対策は，冬季の家畜死亡を根絶することをめざし，国家主導でトップダウン式に実施されたものであった。

5．草地の保存による対策

同時に社会主義時代には，弱っていない家畜に対するゾド対策として，家畜そのものを移動させる方法，すなわちオトルもシステム化された。本節ではモンゴル国ドンドゴビ県での調査結果を基に，ネグデルのオトル方法に関し分析したい。

前述した，「雪害や旱害を避ける手段として，通常の放牧地を離れ環境がいい場所へ長距離移動するオトル」は，社会主義時代に季節や家畜種を問わ

ない家畜キャンプの意味へと拡大解釈されるようになり（利光 1983, 68），その方法も組織的なものへと変容した。

　ネグデル時代のオトルに関して，現地の牧畜民は次のように述べている。まず，ゾドが予想されるとネグデル長が革命党の党首や優秀な牧畜民からなる特別な委員会を構成し，ネグデル内の放牧地候補地を回って草生状況や気温等をチェックしながら牧地を選定する。そして天候が悪化すると牧畜民に移動の指示を出したという（中村 2013c）。しかしその放牧地でゾドをしのぐことができない場合，オトルのために「取っておいた土地」を利用したゾド対策がとられた。

　本章で事例として扱っているドンドゴビ県希望ネグデルでは，「取っておいた土地」は，ネグデルからの距離に応じ少なくとも2段階にわけて設置されていた。ひとつはネグデルのあるドンドゴビ県内に設置された（現在のドンドゴビ県ウルジート郡内：図2参照）。選定される場所の条件は，行政境界や，水場が近くになく通常の放牧地として好まれない，もともと人が少ない場所であった。この様な場所に見張り人をおいて，通常時にはほかの家畜が入らないよう意図的にとっておき，ゾドが見込まれるとブリガード内の家畜を移動した（中村 2013c）。

　さらなる大規模なゾドの被害が予測され，ネグデル近くの「取っておいた土地」で越冬不可能な場合には，国家管理下の「オトル用の草地」（非常時利用草地）を使った。先に例として挙げた乾草ステーションが所在するヘルレンバヤーンウラーンもこのオトル用草地のひとつであった。ヘルレンバヤーンウラーンには家畜囲い，水場，乾草といった越冬に必要な設備が備えられていたほか，演劇場などの娯楽施設等もあり，全面的にオトル生活をサポートするシステムが備わっていた（中村 2013a）。夏季の草の状態が悪い場合，9月頃にドンドゴビ県のネグデル長とヘルレンバヤーンウラーンの組織長間でオトル契約が結ばれる。その際に移動家畜予定数を伝えておき，ヘルレンバヤーンウラーン側も受入準備を行う。11月になるとネグデルはトラック1台を用意し，ゲルなど荷物を積んで出産予定家畜や弱った家畜以外を移動さ

せた（中村 2013c）。現地の牧畜民によると，この国家管理下にあった「オトル用の草地」へ移動する，長距離移動を伴うオトルの頻度は，そう多くなかった。しかしいざという時の備えとしては十分に機能するものであった。

このように草原を冬季のオトル用として明確に分け，ブリガード単位，国家単位と重層的に備える草地利用は災害に対する一種の保険のようなものであった。社会主義時代は，草と土地を重層的に蓄え，状況に応じて草や家畜を移動させ，災害に備える社会システムが確立していた。そしてそのシステムは災害被害の根絶をめざし行われていたものだった。

第3節　災害に「対処」する
―― 社会主義崩壊後のゾド対応実践 ――

このように，国家主導でシステマティックに行われていた社会主義時代のゾド対策であるが，社会主義崩壊とともにそのシステムも姿を消す。というのも，社会主義時代のシステムは，運搬用の車，燃料など，乾草支給に必要な物資が国からすべて支給されることにより初めて機能するシステムであったため，社会主義崩壊にともないそれらの物資が供給されなくなると，システムが必然的に崩壊したのである。しかしながら，牧畜民にとって危機を引き起こす自然現象は，社会体制に関係なく訪れる。そのため社会主義が崩壊した1991年以降，牧畜民はゾドに際しさまざまな対応をとるようになった。

本節では社会主義時代の危機対応の特徴であった乾草利用，草地保存利用，オトルが社会体制の変化とともにどのように変わったのか，おもにモンゴル国ドンドゴビ県在住の牧畜民3人の事例を取り上げ考察する[10]。

1．乾草利用の変化

まず，社会主義時代に力を入れていた乾草利用に関してみていきたい。先

に述べたような，北部地域を中心に乾草をつくり草が少ない南部地域へ運ぶシステムは，社会主義崩壊とともに消滅した。現在では，企業がつくった乾草や輸入飼料が販売されているものの，その用い方は牧畜民の経営スタイルによって大きく異なっている。

　移動を頻繁に行いながら家畜を多く飼養する牧畜民にとっては，身軽であることが大切である。彼らは日用品も最少限度しかもたず，必要になったときに近くの街で仕入れる。そのため夏のあいだに危機に備え乾草等を準備する世帯は少ない。もちろん彼らはなるべく草のあるところを選んで移動するため，そもそも乾草を利用しなくてもよい状態であることが多く，このような状態を維持することもひとつの危機対策ともいえる。

　しかしながら，長距離移動をしていてもゾドに遭うことがある。そのようなときには乾草を購入し危機を乗り切る。たとえばB氏（後述）は2009年，2010年のゾド時に，ウランバートルに住んでいる子どもがウランバートルにて乾草や飼料を買い求め運んでくれたという。ウランバートルから離れれば離れるほどそれらの価格が跳ね上がるため，多少の手間がかかってもウランバートルから運んだほうが安上がりになる。たとえばペレット状の飼料は1袋通常3500トゥグルク（トゥグルクとはモンゴルの通貨単位である。3500トゥグルクは204円相当）であるが，ゾドとなると同時に5000トゥグルク（292円相当）に高騰する。そのため危機対策としての飼料や乾草の購入は牧畜民にとって負担となる場合が多い。また，家畜死亡をゼロにおさえるという被害の根絶をめざすよりも，ゾドの発生を察知すると，家畜の状態をみて屠殺をし，肉として販売することにより頭数管理をして災害に備える方法もとられている。

　一方で，移動が少なく所有家畜も少ない牧畜民にとっては，乾草は重要な資源である。実際，ある牧畜民は「乾草の利用は，街の近くに住んで営地をあまり移動させない小規模の牧畜民に多い」と話している。長距離移動をしない場合，宿営地の周辺にある程度草を備蓄することが可能である。また，オトルに出るにはガソリンや車など出費がかさむので，飼育家畜頭数が少な

い牧畜民にとってはコストが見合わないのである。

2．オトル（移動）による危機への対処

　Sneathや平田らは，「社会主義崩壊後，人々はあまり移動をしなくなった」「社会主義崩壊後オトルの頻度が減っている」（Sneath 1999；平田ほか 2005）と報告しているが，今回モンゴル国ドンドゴビ県内，ヘンティ県内にて行った聞き取り調査では，確かに崩壊直後から1999年までのあいだ，オトルに相当する移動を行った牧畜民はみられなかった。この時期，オトルを行っていた牧畜民が皆無であったという訳ではないだろうが，その数が少なかったことは事実だろう。というのも，先述したように，オトルには車やガソリンなどのコストがかかる。しかし社会主義崩壊後の混乱期，とくにガソリン等の物資は全国的に不足していた。また，牧畜民からは，この期間においてはそもそもそこまでオトルを必要とする気象条件ではなかったとの話も聞かれており，複合的要因でオトルはあまり行われていなかったとみられる。
　一方で，1999年から2001年頃にかけての大規模なゾド期を契機に，オトルに関する話が多数挙がってくるようになる。以下では，ゾドの危機に直面したときにオトルという選択をした人びとの事例から，彼らがオトルを始めた経緯，オトル先として選ばれる土地の特徴，居住環境とオトル先の関連性に関し分析する。
　はじめに，彼らのようにオトルに出ている世帯がオトルを始めた当時の様子をA氏の事例からみてみたい。A氏は1959年生まれの，調査当時53歳であった人物である。ドンドゴビ県アダーツァグ郡出身であり，調査当時はトゥブ県エルデネサント郡，シレートにてオトルを行っており，複数年県外オトルを行っている人物であった。調査時，ドンドゴビ県マンダルゴビでは優秀なウマの調教師を表彰するイベントがあり，A氏は受賞のためにたまたまマンダルゴビまで戻ってきていたため，聞き取りを実施することができた。
　彼の移動経路は次のとおりである。（ルートに関しては図3参照）。

1999年10月　トゥブ県アルタンボラグ郡のエルセンナマグトに冬営地。
2000年　ドンドゴビ県アダーツァグ郡（彼の故郷）に戻って冬営。
2001年　ドンドゴビ県内のロースとホルドで冬を過ごす。
2002年6月　ドンドゴビ県→ロース郡，ホルド郡。
2003年　ドンドゴビ県のバヤンジャルガル郡で過ごす。
2005年　ウブルハンガイ県に近いサイハンオボー郡。
2007，2008年　ウブルハンガイ県のサントホジルト郡。
2009年　ボルガン県のバヤンノール郡。
2010〜2012年　トゥブ県シレート郡，ザーク郡。

1999年の夏，A氏はオトルに出ることを決めたことを，次のように話している。

　その年はドンドゴビでの夏がよくなく，家畜は痩せており草もあまり生えていなかったため夏の時点で冬に移動しなければならないことはわかっていた。

図3　A氏の移動経路

（出所）図2に同じ。

そしてその移動先として候補に挙がったのが，アルタンボラグ郡であった。彼がアルタンボラグ郡を候補とした背景には，社会主義時代の彼の経験がある。というのも彼はもともとネグデル時代，ウマとヒツジを飼うソーリに属していた。両親はヒツジを飼っており，彼ら夫婦がウマを250頭（最大で600頭）ほど飼育していた。その当時，植生が悪かったときに，彼はネグデルの命令によりアルタンボラグ郡周辺にオトルに行ったことがあった。そのため，A氏はある程度アルタンボラグ郡の牧草地がどのようなものか把握できていたそうである。彼の言葉を借りると「やはり移動するといってもできれば自分が知っているところに行きたい」という理由により，かつて使用したことがある場所を頼りに移動を決定している。A氏の場合1999年には下見をせずに家族全員で移動を開始した。しかし，下見をしていないとはいえ，彼らがまったく何の当てもなく移動した訳ではない。牧畜民は常々会話のなかで「○○周辺の草の状態はどうか，△△周辺には雨が降ったか，家畜は集まっているか」といった牧草地の情報交換をし，牧草地に関する情報をストックしている。そしてひとたび危機を察知すると，その情報のストックのなかから最適な場所を選択し，危機に対処する。A氏も同様に，アルタンボラグ郡周辺の牧草地の情報を常日頃仕入れていたため，家族で移動することに踏み切れたのである。A氏はその後，転々としながら牧畜を続ける。これは，彼の保有家畜頭数が多いため（現在の所有家畜：ウマ1000頭＋ヒツジ・ヤギ1000頭ほか），草の条件がよりよいところで生活したいという彼自身の希望に基づいている。彼は，社会主義崩壊後，家畜が分配されてからの生活を次のように語っている。

　　家畜を個人で請け負うようになってからずっと，「ここに居続けてよいのか，家畜を追っていく人は誰か，家族全員で移動するかどうか」など，自分の判断で選ぶようになった。自分がここに居続けることにより家畜を全部なくしてしまうかもしれないため，とにかく色々と考えるようになっている。

すべて自分の判断に委ねられる現在の状況は，よりいっそう情報のストックを入念に行うという危機への対処に向かわせている。

　A氏のように社会主義崩壊後個人で移動を決定した人がいる一方で，異なった方法でオトルを始めた人びともいる。B氏はドンドゴビ県ゴルバンサイハン郡に戸籍がある人物であるが，2006年以降2012年秋まで地元を離れオトルをし続けていた人物である。B氏が最初にオトルに出ると決めたとき，彼は単独で出発せず，地縁のある5，6世帯と一緒にグループになってオトルに出たという。グループとはいっても，モンゴル族特有のホトアイル[11]と呼ばれる数世帯からなる生業集団ではない。しかしB氏らは，互いに数キロ離れて居住し，放牧地の距離感を保ちながらも同じペースで同じ方向へ移動した。というのも，知らない土地へオトルに行く場合，情報を交換したり家畜飼育を協力したりできる仲間がいることは大変心強いことであったという。たとえば，次々と転じる移動先を決定するために，互いに得た草地の情報を交換することができる。また，オトルで他県に居住していても，保険等の手続きで所属県の役所所在地であるマンダルゴビに赴く用事が生じる。この様なときも，家畜を仲間に預けたり仲間の用事を引き受けたりと協力し合えるため，スムーズにオトルをすることが可能となる。次の3項で扱うC氏も，社会主義崩壊後にオトルを始めた当初は血縁関係のある3世帯と一緒に移動しており，慣れてくると自分たちの世帯のみでの移動に切り替えたという。

3．人の土地を借りるオトル

　さて，オトル先として牧畜民はさまざまな条件を考慮して土地を選択する。第2節でふれたとおり，従来は水場がないなどの理由で「夏場に利用されず，冬まで草が残っている場所」がオトル先として選ばれていた。オトルは危機への対処であるから，現在でもなお草の状態がよい場所が選ばれるのはもちろんであるが，そのような場所には他の牧畜民がいることが多い。そのため現在ではオトル先にて追い出されるなどトラブルが生じることも多々ある。

トラブルを減らすために，最近北部を中心に行われている方法が，草地使用料の支払いである。A氏はオトル先を変える都度，移動前に現地に赴き地元の人と話し合うことが多い。そこで牧草地の状態や家畜囲いの数などの情報を聞き，地元の人たちの反応をみながら「ドンドゴビの人間だが，冬営地を貸してくれないか」と交渉をもちかけるという。そして具体的に移動させる家畜の頭数を示し，許可をとってから移動を開始する。しかし現在では無償で草地を借りることは難しくなったという。そのため草地使用料として現金や家畜，もしくは冬用の食肉（一冬の備え分）を支払う。また，移動先の行政に一時滞在する旨を伝えて草地使用料を払うこともある。A氏の場合，子どもたちがウランバートルの学校に通っているため，土地代を払ってでもウランバートルからほど近い北部に住む。A氏はここ数年ウランバートルに近いトゥブ県に滞在しているが，2010年に娘がトゥブ県出身者と結婚したため血縁ができ，娘夫婦と一緒にホトアイルをつくることができるため，滞在しやすくなったとのことであった。

一方で，適切な場所に知人がおらず，一時滞在手続きをとらずにオトルをしているC氏[12]は，A氏とは異なる草地の選定をしている。C氏は，2013年現在51歳，ゴルバンサイハン郡，デルスンウスル出身の人物で，2000年以降基本的にオトルをし続けている[13]。C氏は数週間単位の短い期間で営地を動かしているため一時滞在手続きはとっていない。そのため交渉で土地を借りるのではなく，人が少ない場所を選んで移動を行っている。「移動するということは正直にいうと，ほかの人が集まっている冬営地の端を進んでいくこと」と述べるように，C氏は他人に迷惑がかからない場所を選びながら進んでいる。たとえば行政区の境界（ソム［郡］境や県境）は，区画が曖昧であり人が少ないことが多い。また，人びとから最近何年間か誰も使っていない場所の情報を仕入れ，移動することもある。さらにオオカミが沢山いる東部地域や石が多い山がちな場所も人が入りにくいためオトル先となるという。さらに人の出入りが多い街の周辺も，泥棒が多く牧畜民が敬遠するためオトル先となる。

また，興味深いのは市場とオトル先の距離感である。長くさまざまな地域へオトルに出る人びとは一様に「市場との距離はオトル地選択にあまり関与しない」と述べる。これは，収入をどの畜産品に依存しているかという収入構造と関係する。オトルに出ている世帯は腐敗が早い乳製品をほとんど商品として扱わず，一度に大量に売却可能な生畜売買で生計を立てている。

彼らは通常家畜をチェンジと呼ばれる商人に売却する。贔屓の商人がいる場合，家畜売却をしたいときに携帯電話で連絡をすると，オトル先まで商人が出向いてくれるという。そのためどこにオトルに行っても家畜販売には困らず，市場の有無を重要視せずにオトル先を決めることができる。また，贔屓の商人がいない場合もオトル先で出会った商人に売却するので市場の有無はそこまで重要ではないという。

過去と同様「夏場に人があまり入っていない場所を選ぶ」という論理は同じであるが，人が入らない原因については，行政区域の境であったり，都市の近くであったり，というような，現代的なさまざまな要因が関与している。

4．家畜が決めるオトル

これまでのオトルの話は，いわば人間が移動の方向性を定めている話である。しかし聞き取りを行っていると，オトルが必ずしも人間の都合で行われてはいないことに気づく。

2012年末から2013年にかけて，全国的にゾドは発生しなかった。しかし，人びとに良質なオトル先として知られているヘルレンバヤーンウラーンには，数世帯ではあるがオトルに来ている牧畜民がいた。彼らのなかのひとりはよい冬であったにもかかわらずオトルにきた理由を次のように話している。

> 私たちはずっと前から（10年以上前から）この場所に来ている。家畜は寒くなると自らこちらに向かい始める。以前自分たちの郡にある冬営地にて1，2回冬を過ごしてみたことはあったが大変だった。と

いうのも家畜が落ち着かず逃げようとする。結局家畜は皆ヘルレンバヤーンウラーンに向かって歩き始めるので，私たちもそれを追ってくるしかない。ヒツジは囲えば慣れていない場所でも過ごすことができるようになるが，ウシやウマは自分勝手に慣れたところにきたがる。なかなか人間のいうことをきかず，人がいて欲しい場所にいてくれない。家畜は賢いので暖かいところに行きたくなるのだ。だから，オトル先は人間が選んだ場所というより，家畜が望む場所にきている。家畜の方が，どこがよいか良く知っている。もちろん人としては住み慣れている市や中心地にいたいが。

このように家畜が自ら移動し，それに人間がついてくる話はしばしば聞かれる。第2節で記した，ドンドゴビ県の希望ネグデルがオトル先として利用していたウルジートも，もともとは冬季にウマが自ら向かう場所であったという。当時ネグデルでウマ飼いをしていた70歳の男性は次のように語っている。

　　　雪が降り始めると，ウマは自らツァガーンデルゲル（筆者注：ウルジート内のオトル先の地名）の方に行ってしまう。家畜そのものがその時期に行きたがるのだ。私たちの時代にはウマはそのように動いていた。今のウマはどうなっているかわからないけれども。

家畜はオトル先に雪が降り飲み水として使える頃になると，それを察知して歩き始めるという。この動物の行動を，牧畜民が述べるように「危機的状況からの逃避」と解するのはいささか早急かもしれない。しかし，彼らの行動のなかで，人間が動物の行動を制限することなく人間側が合わせることにより遂行されている点が興味深い。同様の事例としては半沙漠地域に住む牧畜民が，現在ステップ地域にまでオトルに行かない理由として「北部は家畜が寒がりあまり行きたがらない。また，北部の草は南部の草と味が異なるの

で家畜が好まない」と話している。本論の論旨からは離れるが，このように，家畜を支配するのではなく，家畜の意向を汲んで行われている事例はドメスティケーションとしての牧畜を考える一例としても面白い。ドメスティケーションを，一方的な支配ではなく，「そうされる側とそれを行う側（通常，人間）のあいだの相互的な適応」と説いたオダムの主張（オダム 1974, 322-324）を取り上げ，相互的な関係性を強調した重田の「ドメスティケイト」の考え方（重田 2009, 72-73）と共鳴する事例といえる。これらの事例は，オトルとは人間にとっての危機対処のひとつではあるが，家畜の選択行為でもあり，人間と家畜の相互作用によって進められていることを示している。

5．新たな非常時利用草地制度

　上記した形態に移行した結果，現在オトル先をめぐっては，条件のよい場所に人が集中することによるトラブルもみられるようになっている。また，A氏のように社会主義崩壊後，社会主義時代のオトルとなっていた場所へ人が集まることが多かったため，先に取り上げたヘルレンバヤーンウラーンではゾド時の土地をめぐるトラブルや自然環境の変化と相まった草原の劣化が報告されている（中村 2013a）。このように現在ではオトル先をめぐるさまざまな問題も発生するようになった。

　このような事態を受け，国は2007年9月に新しい制度の開始を決定した。これは社会主義時代のオトル用に保存した草地同様，国家や行政がオトル用の草地を保護し，非常時に牧畜民を受け入れることを目的とした制度である。この「県間オトル用牧草地」プロジェクトは，2011年から2017年まで実施され，国家予算のほか地方予算，個人や企業，団体の投資，外資や国際機関の無償援助等を利用している。本プロジェクトの目的は，①オトル領域内の牧草地の利用，管理・保護を改善，またそれに伴う諸問題を解決するための法的環境整備，②オトル地域の牧草地の状況を判定・測定し，合理的に利用し，管理・保護し，改善・復興させ，牧草貯蔵地域を新たに確定するための活動

強化，③オトル地域の牧草地の水供給改善，④オトル地域における牧草，飼料の備蓄，家畜群の自然災害時に耐える体力・適応力を強化，⑤オトル実施中の牧畜民たちに快適な社会環境を提供（教育サービス，医療サービス等），となっている（中村2013b）。

また，同様の制度を下位行政組織間（ソム間）で行うことも決定されており2013年夏の時点で，ドンドゴビ県内でも3カ所が非常時利用草地として設定予定となっていた[14]。これは国の政策として設置が定められているものであるという。ただし2013年夏の段階では実用までには至っていなかった。今後さまざまな県で同様の制度が整備され，新たなゾド対策として実用化される見込みである。

おわりに

以上に記した社会主義以前・社会主義時代・社会主義崩壊以降のゾド対応としての乾草利用とオトルの実態を，危機対策の構造の面から再考察してみたい。ここでは災害被害の「根絶」，災害への「対処」「減災」といった3つの概念を用いて分析する。この3つの概念は必ずしも対立するものではなく，時には共存することもあり得るが，現在の災害対応を考えるうえで鍵となる概念である。

まず，社会主義以前にもモンゴルの牧畜民のあいだでとられていたゾド対策のひとつは，人と家畜が環境の劣悪な地域から環境が良好な地域へ移動するというオトルであった。この時代のオトルは，災害をもたらす危機に対し人間が自然を改変することなく応じるものであり，いわば「災害への対処的行為」ということができるものであった。

しかし社会主義時代に入ると，環境が劣悪な地域でも人間の努力によって自然は克服できるという考え方と呼応する対策がさまざまな方法で行われる。とくに社会主義時代において普及した乾草運搬による対応は，「ゾドの発生

の一因は草の少ないこと」と考え，「無い草を増やすことにより被害をなくす」ことをめざしたものであった。災害発生の有無にかかわらず毎年決められた量の草を刈り取って，南部へ運搬し，かつ消費する構造は，発想としてはアラル海の水資源を各地へ分配し農地を増やしたソ連の自然改造と近似しているとも受け取れる。草が少ない南部の沙漠地域でも，北部の草を移動することにより家畜の死亡をなくすことを想定するという，換言すれば，ゾドの発生を「根絶」させることをめざすものであったといえる。このような，人間の努力次第で自然災害をなくすことができる，という考え方は，洪水を防ぐためのダム開発や，防潮堤を築き環境を改善することにより津波被害を防ぐ近代科学的な危機対応の発想と相通じるものがある。

一方で，牧畜民の対処手法であったオトルは，社会主義時代に入り国家による災害被害根絶のための一手段に組み込まれた。これまでと違い，オトルのための牧草地を人間が保護したことは，より効果的にオトルを実施することを目的としたものであった。さらに組織的かつ計画的な乾草利用とあわせて，行政管理下のもとで家畜を管理し移動を行うことで被害の根絶をめざすものとして利用されたのである。

社会主義が崩壊すると，人びとはゾドに対し，生活スタイルに応じて乾草を利用したり，オトルを行うことを自発的に選択したりするようになった。元ネグデル長が「ゾド被害を完全になくすことは無理なことだ」と語っていたように，彼らは社会主義時代の経験をとおし災害を根絶することが無理であることを再確認する一方で，自らが動かなくても乾草を備えることである程度の家畜頭数であれば維持することが可能との考え方を学んだ。今日牧畜民は災害被害を極力減らすためにオトルや乾草利用で災害に柔軟に対処している。また行政も，オトル先を管理する制度を整備しつつあり，「オトル」を支援する方向で動いている。この方法が果たして成功するか否かは別としても，オトルに対して一定の役割を認めていることは確かである。すなわち，現在のモンゴルにおけるゾド対応は，「根絶」をめざす危機対策に依存せず，危機の発現をある程度受け入れる，あるいは前提としたうえで，それに「対

処」するかたちで危機に対応しようとする姿勢で行われている。

　また，牧畜民のあいだではゾドは災害として認識されてはいるものの，ゾドにより草地の潜在的生産性が高まるという認識もある。このことがある程度ゾドを受け入れつつ対処しようとする遠因となっている可能性も指摘できよう。さらに，火の神を祀り，天山等に神が宿るとするモンゴルの人びとのアニミズム的考え方は，自然を管理するのではなく，自然に対処し生きて行くというオトルの姿勢と共鳴するものである。

　現在われわれの生態危機対応は，根絶にかぎりなく近づけるという考え方が主流となっている。もちろん，個人レベルで自然災害への対処を講じることはしばしばあるが，行政を含めた国家レベルでは，対処よりも根絶をめざし，より積極的に対応してきた。しかし，それでもなおわれわれは，先の東日本大震災のときのように，想定以上の災害に見舞われ自然に翻弄されている。自然からの影響を前提としたうえでの大規模な対処を基本としつつ，自然災害被害を軽減する手法も組み込んだモンゴルの総合的危機対応は，われわれの危機に対する姿勢に重要な視点を提供してくれているのではないだろうか。

〔注〕
⑴　本章で扱うフィールドデータは，2011年8月，2012年2〜3月，同年8月，2013年2〜3月，同年8月に行った調査によって得られたものである。なお，本調査は，アジア経済研究所のプロジェクトのほか，平成23年度，24年度環境省環境研究総合推進費「北東アジアの乾燥地生態系における生物多様性と遊牧の持続性についての研究」により遂行することができた。ここに深く感謝を申し上げます。
⑵　小宮山によると，ゾドは次の6種類のタイプがあるという。
　① Black dzud（黒いゾド）
　　降水量（積雪）が少ないことにより，家畜が冬期間に水分を補給できず衰弱することである。積雪がないことから表土が黒くみえるためにこの呼び名がある。
　② White dzud（白いゾド）
　　積雪が多すぎるため，家畜が雪の下にある草を食べることができないこと

により衰弱することである。積雪により一面が白くなることからこの呼び名がある。
　③Iron（glass）dzud（鉄［ガラス］のゾド）
　　昼間の気温上昇や日差しで溶解した11〜12月の降雪が，その後の気温低下で完全に凍結してしまい，家畜がその氷の下にある草を食べることができず衰弱することである。地表が凍結により鉄（ガラス）のように固くなることからこの呼び名がある。
　④Hoof dzud（ひづめのゾド）
　　不適切な家畜の移動（オトール：otor）により，特定地域に家畜が集中し，草地が荒廃することによりもたらされる被害を指す。家畜のひづめで草地が荒らされることからこの呼び名がある。
　⑤Cold dzud（寒さのゾド）
　　異常な寒さによる家畜への被害である。
　⑥Windy（storm）dzud（風［嵐］のゾド）
　　長期間の強風（嵐）による家畜への被害である（小宮山 2005, 74-75）。
⑶　『蒙古人民共和国（翻訳）』は，1941年にモスクワより刊行された『Б.Перлин:Монгол Народная Республика』を坂本是忠が翻訳したものである。坂本は本書を「ソ連の宣伝的な記述は目立つものの内容は簡単ではあるが比較的に正確」（東亜研究所 1943, 巻頭）としており，宣伝的な記述が加味されていることをふまえたうえで，本書では分析対象とすることとした。
⑷　その後1925年にはウシのペスト等に対するワクチン政策，および予防接種を行う研究所が設置され，1935年には15の医療所，1366のソム（郡）の獣医所がつくられた。
⑸　東亜研究所では「機械乾草刈ステーション」と記されているが，同様のものを指している。
⑹　ただし現地の牧畜民によると，ドンドゴビは人口が少なかったため，1世帯のなかで登記上ふたつのソーリをつくり，両親と子どもが異なった家畜を飼育することもあったという。
⑺　乾草ステーションの詳細に関しては別稿（中村 2013a）にて報告済みであるため，詳細に関してはそちらをご覧いただきたい。
⑻　1958年に出版された『宣伝員必携』書にも，「各種の樹木，草，植物が豊富で，数百の冬営地を有することで有名なヘルレン・バヤン・オラン山（ヘルレンの豊かな赤い山）がある」と記されている（外務省アジア局中国課 1962, 275）。
⑼　オトル用牧地は，夏季には水浸しになり蚊が発生するため牧地に向かない沼沢地や，井戸が近くにないため夏場に放牧ができない場所など，夏場に使用するのに向かない土地が多く選ばれるという（利光 1983, 69）。

⑽　アルファベットは本節の考察の中心となるオトルへの対処(第3節2項)の事例として挙げる順につけている。
⑾　ホトアイルとはゲルがいくつか集まって季節ごとの牧畜活動を行う集団を指す。
⑿　子ども5人(2人地方在住,1人学生,2人都会で仕事)のうち2人の子どもとともに牧畜をしている男性である。所有家畜はウマが100頭いるものの,基本は小型家畜であるヒツジとヤギで,あわせて1200頭飼育している。また30頭弱のラクダ,40頭弱のウシも飼育している。
⒀　おもなオトル先はバインツァガーンの南,ドルノゴビ県北部,ドンドゴビ県ホルド郡,ウムヌゴビ県とドルノゴビ県の県境,デレン,ドンドゴビ県ウルジートのエーチハイルハン,冬はドルノゴビの北の方,ドルノゴビ県アイラグダランである。2005年,2008年,2012年は自分たちの冬営地があるゴルバンサイハン周辺に戻ってきていたが,彼らの冬営地は使用せず,周辺の草の状態がよいところに営地を構えている。
⒁　県行政がオトル用草地の保護を必要としている事例はウブルハンガイ県でも報告されている(神谷ほか2011,864-865)。

〔参考文献〕

＜日本語文献＞

オリヴァー＝スミス,アンソニー 2006.「災害の理論的考察——自然,力,文化——」スザンナ・M・ホフマン／アンソニー・オリヴァー＝スミス編・若林佳史訳『災害の人類学』明石書店 29-55.

バダミュン・バルジンニャム 1966.「モンゴル人民共和国における農業の協同組合化の経験」日本共産党中央委員会編『平和と社会主義の諸問題』9(7)22-30.

尾崎孝宏 2011.「ゾド(寒雪害)とモンゴル地方社会——2009/2010年冬のボルガン県の事例——」『鹿大史学』58, 15-33.

オダム,E. P. 1974.(三島次郎訳)『生態学の基礎』(上)・(下)培風館.

神谷康雄・松本武司・上原有恒・小宮山博 2011.「モンゴル国におけるゾド(寒雪害)の発生」『畜産の研究』65 (8) 7月 859-869.

外務省アジア局中国課 1962.『モンゴル人民共和国(宣伝員必携)下巻』np.

小長谷有紀 2007.「モンゴル牧畜システムの特徴と変容」E-journal GEO 2 (1) 34-42.

小宮山博 2003.「モンゴル国畜産業の構造変化と開発戦略——ニュージーランド及び中国内モンゴル自治区との比較研究——」『経済研究』(6) 1-19.

――― 2005.「モンゴル国畜産業が蒙った2000〜2002年ゾド（雪寒害）の実態」『日本モンゴル学会紀要』（35）73-85.

坂本是忠 1960.「最近のモンゴル人民共和国――牧農業の集団化を中心として――」『アジア研究』6（3）3月 86-92.

重田眞義 2009.「ヒト――植物関係としてのドメスティケーション――」山本紀夫編『ドメスティケーション――その民族生物学的研究――』国立民族学博物館調査報告 84, 71-96.

清水学・伊能武次 2004.「国際河川を巡る政治経済学的分析――中東・中央アジア――」一橋大学大学院経済学研究科 Discussion Paper (2004-06).

善隣協会調査部編 1935.『外蒙古の現勢』日本公論社.

東亜研究所 1943.『蒙古人民共和国』 n,d.

利光有紀 1983.「"オトル"ノート――モンゴルの移動牧畜をめぐって――」『人文地理』35（6）68-79.

中村知子 2013a.「乾草製造からみるモンゴルの社会主義的牧畜――社会主義時代がもたらした構造的変化に関して――」（大塚健司編「長期化する生態危機への社会対応とガバナンス」 調査研究報告書 アジア経済研究所 95-110 http://www.ide.go.jp/Japanese/Publish/Download/Report/2012/2012_C36.html).

――― 2013b.「モンゴルにおける非常時利用草地制度――その変容と課題――」『アジ研ワールド・トレンド』（214）7月 19-22.

――― 2013c.「蓄えられた草と土地――モンゴル国ドンドゴビ県におけるネグデル時代の草資源利用からみた災害対策――」『沙漠研究』23（3）12月 119-125.

平田昌弘・開發一郎・バトムンフ，ダムディン・藤倉雄司・本江昭夫 2005.「モンゴル国ドントゴビ県における宿営地の季節移動システム」『沙漠研究』15（3）12月 139-149.

湊 邦生 2004.「移動牧畜と牧地管理の問題――モンゴル国を事例として――」『国際開発研究』13（2）11月 1-13.

森真一／ブルネーバータル・ガントゥムル 2002.「食肉流通革命・計画編」小長谷有紀編『遊牧がモンゴル経済を変える日』出版文化社 67-91.

森永由紀 2009.「モンゴル国の自然災害ゾド」岡洋樹・境田清隆・佐々木史郎編『朝倉世界地理講座2 東北アジア』朝倉書店 91-99.

吉田順一 1982.「モンゴルの遊牧における移動の理由と種類について」『早稲田大学大学院文学研究科紀要』28, 327-342.

ユムジャーギィン・ツェデンバル 1978.（新井進之訳）『社会主義モンゴル発展の歴史』恒文社.

＜英語文献＞
Murphy, Daniel J. 2011. *Going on OTOR: Disaster, Mobility, and the Political Ecology of Vulnerability in UGUUMUR, MONGOLIA*. University of Kentucky Doctoral Dissertations.

Sneath, David 1999. "Spatial Mobility and Inner Asian Pastoralism," In *The End of Nomadism?: Society, State and the Environment in Inner Asia*, ed. by C.Humphrey and D.Sneath, Durham: Duke University Press, 218-277.

Williams, Dee Mack 2002. *Beyond Great Walls: Environment, Identity, and Development on the Chinese Grasslands of Inner Mongolia*, Stanford: Stanford University Press.

＜モンゴル語文献＞
Монгол Улсын Үндэсний Статистикийн Газар 2010. Монгол Улсын Статистикийн Эмхтгэл 2010. (National Statistical Office of Mongolia 2010. Mongolian Statistical Yearbook 2010).

第2章

ポスト「北方の三位一体」時代の中国エヴェンキ族の生業適応
――大興安嶺におけるトナカイ飼養の事例――

卯 田 宗 平

はじめに

　中国東北部・大興安嶺森林地帯には，ツングース系言語を操り，トナカイ (*Rangifer tarandus*) を飼養しながら生計を維持するエヴェンキ族がいる[1]。ツングース系民族[2]が住むシベリア・極北から東北アジアの生業様式を調べた人類学の成果によると，この地域の生業はその特徴に応じて大きく6つに分類することができる。それは①タイガでの狩猟，②北極海沿岸での海獣の狩猟，③アムール川などの河川流域での漁撈，④小規模のトナカイ群を交通手段として利用しながら狩猟に依存するタイガでの狩猟・トナカイ飼養，⑤肉生産を主目的とするツンドラでのトナカイ牧畜，⑥ステップおよび森林での牧畜と農耕，である（岡・境田・佐々木 2009, 308）。

　このなかでトナカイ飼養はタイガとツンドラで行われている。ツンドラ地帯ではトナカイのエサとなる地衣類の繁殖が旺盛である。そのため，数千頭，数万頭のトナカイを飼養することができ，肉生産を主目的とするトナカイ牧畜のみで生活を営むことができる。

　一方，南に行くにしたがってツンドラの要素はなくなり，針葉樹林帯が出現する。そこではツンドラのように広大な平原で大規模なトナカイ牧畜を展

開することができない。しかし，森林地帯にはさまざまな野生動物が生息している。そのため，大興安嶺のエヴェンキ族らは動物資源が豊富な森林地帯での「狩猟」と「漁撈」，そして荷駄運搬用や騎乗用としての「トナカイの飼養」といういわゆる「北方の三位一体」の生業様式を選択したのである。彼らの生業様式は上記の生業類型にあてはめると④に該当した。

ここで「④に該当した」と過去形で記したのには理由がある。それは，現在のエヴェンキ族らは「北方の三位一体」の生業様式を営んでいないからである。現在，彼らは移住・定住政策や大興安嶺天然林保護政策（「天保工程」），地方政府による狩猟用の銃の没収などが原因で狩猟および漁撈活動を一切行っていない。

東北アジア地域におけるトナカイ飼養の中心は，すでに述べたように地衣類が豊富で大規模にトナカイを飼養できるツンドラである。大興安嶺ではトナカイ飼養のみで生活はできず，森林地帯での狩猟や漁撈を組み入れなければならない。その意味で，大興安嶺のトナカイ飼養は「周辺的存在」（今西・伴 1948, 147）といえる。トナカイ飼養の周辺性に関しては，「温量指数」なる気候指標[3]を用いて大興安嶺の自然環境を検討した川喜田二郎によっても指摘されている（川喜田 1996, 81-102）。川喜田は「地衣原を普遍的に見いだすのは，（筆者注：温量指数が）やはり35度線以北に限られている。そしてこの地衣原こそ，トナカイの常食飼料，とくに冬の飼料として欠くべからざるものである」（川喜田 1996, 86）とし，「トナカイを飼う民族の活動範囲がこの35度線をもって限度としている」（川喜田 1996, 89）という。すなわち，温量指数の35度線をもって取り囲まれている大興安嶺森林地帯は，東北アジア地域におけるトナカイ飼養の南限であるというのである。

このように，大興安嶺はトナカイ飼養の世界のなかでは「周辺的存在」である。それゆえ，そこでのトナカイ飼養は「後背地としてのシベリアの馴鹿もしくは馴鹿オロチョンの支持なくしては，その持続的生存が期待できない」（今西・伴 1948, 147）とまでいわれ，極めて不安定な環境で行われているのである。こうした自然条件に加えて，2003年以降は「北方の三位一体」の

なかで狩猟と漁撈という「二位」もなくなった。

　こうした生業様式の変容のなか，森林地帯で狩猟を行う際に騎乗用や荷駄運搬用として利用されてきたトナカイはその役割を終えたかにみえた。しかし，エヴェンキ族らは狩猟と漁撈を行なわなくなった現在でもトナカイの飼養を続けている。

　彼らがいまでもトナカイの飼養を続けるのはその角を採取するためである。中国ではおもに自然由来の産物からなり，体質の改善や体調の維持のために服用される薬を「中薬」と総称する[4]。中国ではこの「中薬」の市場が発達しており，トナカイの角にも「補精神」（精力を増強する）や「助腎臓」（腎臓の機能を助ける），「強筋健骨」（筋肉や骨格を強く健康的なものにする）といった効能があるとされる。そして，中国ではこれらの薬効をもつとされるトナカイの角に高い商品価値がつく。こうした状況のなか，エヴェンキ族らはかつて駄獣や乗用獣であったトナカイを殺さず，毎年生え替わるトナカイの角を仲買人や観光客に販売することで生計を維持しているのである。

　スカンジナビア三国やシベリアにおけるトナカイ飼養では1世帯当たり数百頭から数千頭ものトナカイを飼育し，その肉を得るという目的で続けられている（たとえば，葛野 1990; 吉田 2003; 高倉 2000）。また，役畜として利用する数頭の個体を除き，人びとは基本的にトナカイの生態に介入しない。

　一方，大興安嶺でトナカイ飼養を続けるエヴェンキ族らはトナカイを屠殺することはない。また，彼らは後述する odachi 技術（馴化個体をつくる技術）によってトナカイの生態に積極的に介入し，人間との親和性を確立させようとする。これは，角を採取するために至近距離で接近する人間を恐れない馴化個体をつくることが重要であると考えているからである。

　このように，とりまく生業環境が大きく変化するなかで大興安嶺のエヴェンキ族らはいかに対応したのであろうか。これまで，中国のエヴェンキ族らによる対応の実際はくわしくわかっていない。

　そこで本章では，大興安嶺でトナカイ飼養を続けるエヴェンキ族らを対象に，ポスト「北方の三位一体」時代ともいえる現代を生き抜くための飼養技

術を検討するとともに，大興安嶺においてトナカイ飼養を可能とする背景要因を明らかにする。とくに，飼養技術の検討にあたっては，彼らが既往技術を援用しながら，いかにしてトナカイの生態に介入し，親和性を確立させているのかという点に注目したい。そのうえで，エヴェンキ族らが既往技術の援用で新たな生業環境に適応できた理由を考察する[5]。

第1節　大興安嶺におけるトナカイ飼養

1．調査地の概要

まずは調査地の概要を明示しておく。調査対象地は内モンゴル自治区呼倫貝爾市根河市（図1）のE郷である。E郷がある根河市は北緯50度20分から50度30分，東経120度12分から122度55分に位置し，南北が240.4キロメートル，東西が198.8キロメートル，面積は約2万平方キロメートルである。市の平均海抜は1000メートル前後である。この市は大興安嶺森林地帯の西側に位置し，市の面積に占める森林被覆率は70％を超える。市の名前にもなっている根河は大興安嶺の伊吉奇山の西南側を水源とする全長427.9キロメートルの河川である。

この根河市のひとつの特徴は内モンゴル自治区のなかで年平均気温が最も低いことである（根河市史志編輯委員会 2007, 70）。表1は，根河市の月別の平均気温と降水量をまとめたものである。根河市の年間の平均気温はマイナス5.3℃である。1月の平均気温はマイナス30.4℃であり，年間を通じて最も低い。一方，平均気温が最も高い月は7月である。根河市が属する呼倫貝爾市の気象局は，この地域の気象条件に合わせて四季を以下のように定義している。それは，日の平均気温が0℃を上回ると「春の始まり」とし，0℃を下回ると「秋の終わり」とする。また，日の平均気温が15℃を上回ると「夏の始まり」とし，15℃を下回ると「夏の終わり」とする。

第2章 ポスト「北方の三位一体」時代の中国エヴェンキ族の生業適応 77

図1 大興安嶺森林地帯の位置

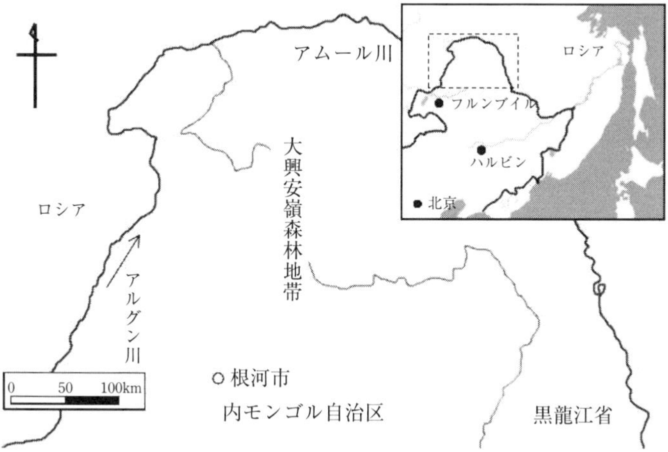

(出所)筆者作成。

表1 根河市の月別の平均気温および平均降水量

	1月	2月	3月	4月	5月	6月	7月	8月	9月	10月	11月	12月
気温（℃）	-30.4	-26.1	-15	-1.8	7.6	14.1	16.5	13.8	6.7	-3.1	-17.4	-28.2
降水量（mm）	3.2	3.5	6.8	17.4	32	67.3	126.5	101.1	53.1	12.5	8.1	5.9

(出所)根河市史志編輯委員会（2007）より筆者作成。

　呼倫貝爾市気象局の定義をふまえると，根河市の四季は夏季が約20日間，春季と秋季が約125日間，冬季が約220日間となる。また，根河市の年間の降水量は437.4ミリメートルである。6月から9月までの降水量は348ミリメートルで年間降水量の79.5％を占める。このように，根河市を含む大興安嶺の気候は雨が多くて短い夏季と寒くて長い冬季を特徴とする。

　つぎに根河市の人口をみてみたい。市の定住人口は16万7228人（男性が50.6％，女性が49.3％）である。市の総人口に占める漢族の割合は88.2％である。根河市には，大多数を占める漢族のほかにモンゴル族（根河市総人口に占めるモンゴル族の割合は5.9％）や満族（2.4％），回族（2％），ダウール族（0.5％），

朝鮮族（0.3％），エヴェンキ族（0.2％）など計17の少数民族がいる（根河市史志編輯委員会 2007, 95-96）。現在，根河市には多くの漢族が定住しているが，これは清末に入植抑制政策が崩壊し，山東省や河北省から漢族が大量に移住してきたからである。

本章で取り上げるＥ郷は根河市の中心部から4キロメートル離れた位置にある。この郷には計59戸，162人が住む（2012年時点）。表2は，Ｅ郷の住民の年齢構成と民族をまとめたものである。この郷にはエヴェンキ族が計107人（全体の66％），それ以外の人びとが計55人住んでいる。表2をみてもわかるが，29歳以下の人口は計58人であるが，そのなかでエヴェンキ族は48人（割合にして83％）である。とくに9歳以下の子どもはひとりを除いてすべてエヴェンキ族である。一方，その親世代といえる30歳から59歳までの人口は計85人であるが，そのなかでエヴェンキ族は47人（割合にして55％）である。

このように年齢区分別でエヴェンキ族の割合が大きく異なるのは，少数民族に対する中国政府の優遇政策が影響していると考えられる。現在，中央政府は民族地区における少数民族の発展を重視しており，彼らに対して各種の

表2　Ｅ郷の住民の年齢および民族構成

(人)

年齢（歳）	男性		女性	
	エヴェンキ族	それ以外	エヴェンキ族	それ以外
80〜	−	−	3	1
70〜79	2	−	1	1
60〜69	1	4	5	1
50〜59	2	4	5	1
40〜49	7	9	8	6
30〜39	12	9	13	9
20〜29	8	3	10	1
10〜19	9	1	9	4
〜9	6	1	6	−
計	47	31	60	24

(出所) 現地調査の結果より筆者作成。

優遇措置を実施している。とくに，民族の総人口が30万人を下回る28の少数民族に対しては社会保障や学校教育，医療などの面でさまざまな優遇がなされている。そのため，たとえばエヴェンキ族と漢族のふたりが結婚した場合，生まれた子どもをエヴェンキ族とすることで各種優遇措置を享受しようとすることが多いのである。

　表3はE郷内の39世帯の夫婦の民族をまとめたものである。夫婦ふたりが同じ民族の世帯は計11組ある。具体的には，エヴェンキ族同士の婚姻が8組，漢族同士の婚姻が2組，モンゴル族同士の婚姻が1組である。一方，夫婦ふたりが異なる民族の世帯は計28組ある。具体的には，夫がエヴェンキ族で妻が漢族の世帯が7組，夫がエヴェンキ族で妻がオロチョン族の世帯が1組，夫が漢族で妻がエヴェンキ族の世帯が16組，夫が漢族で妻がロシア族，夫が漢族で妻が満州族，夫がロシア族で妻がエヴェンキ族，夫がモンゴル族で妻がエヴェンキ族の世帯が各1組である。

　表3から夫婦の民族に関して以下の4点を指摘しておく。①夫婦ともエヴェンキ族の世帯は8組のみであり全体の約2割でしかない。②夫が漢族，妻がエヴェンキ族の世帯は16組ある。これは漢族の男性がE郷に婚入してくるケースが多いことを示している。③夫がエヴェンキ族，妻が漢族の世帯も7組あり，漢族の女性がE郷に婚入してきたケースも少なからずある。④E郷の人口においてオロチョン族やロシア族，モンゴル族，満州族が占める割合は，エヴェンキ族と漢族のそれに比べて少ない。

表3　E郷における夫婦ふたりの民族

(組)

夫＼妻	エヴェンキ族	漢族	オロチョン族	ロシア族	モンゴル族	満州族	計
エヴェンキ族	8	7	1	−	−	−	16
漢族	16	2	−	1	−	1	20
ロシア族	1	−	−	−	−	−	1
モンゴル族	1	−	−	−	1	−	2
計	26	9	1	1	1	1	39

(出所) 表2に同じ。

2．「北方の三位一体」の終焉

大興安嶺のエヴェンキ族らは定住や移住政策，集団化政策，天然林保護政策などの影響を大きく受けながら生活を営んできた。ここでは，大興安嶺で狩猟やトナカイ飼養に従事してきたエヴェンキ族らの生活様式がいかに変容してきたのかをみておきたい。

彼らの生活様式は定住・移住政策の実施に応じて3つの段階に分けることができる。3つの段階とは，(1)奇乾における定住（1957年から），(2)満帰鎮への移住（1965年），(3)根河市中心部への移住（2003年）である。以下では，筆者の調査および既往研究の成果（中国人民大会民族委員会辦公室 1958; 秋 1962; 卡 2006; 祁 2006; 王 2012）をふまえ，「北方の三位一体」が終焉を迎えた過程をみてみたい。

(1) 奇乾における定住（1957年から）

1957年2月，呼倫貝爾盟第2回人民代表大会においてアルグン川右岸の奇乾にE郷を建設することが決定された。旧ソ連との国境沿いに住居を新たに建設し，エヴェンキ族らを定住させる政策は，狩猟と漁撈，役畜としてのトナカイの飼養で生計を維持してきた当人たちの生活様式を大きく変えるものであった。なぜなら，彼らはそれまで定まった住居をもたず，大興安嶺森林地帯において移動を繰り返しながら狩猟活動を行っていたからである。ただ，定住先に指定された奇乾はエヴェンキ族らにとってまったく見知らぬ土地ではなかった。

旧ソ連と隣接する奇乾では，当時，交易市が1～2カ月に一度開かれていた。奇乾での交易市において，エヴェンキ族らは狩猟活動で得た肉や角，皮製品を販売し，生活用品や狩猟道具などを購入していたからである。奇乾において彼らの交易相手は旧ソ連人であった。旧ソ連人はヘラジカの角や燻製肉，女性がつくる皮製の手袋や靴，服などを購入していた。とくに，彼らは

左右対称のヘラジカの角を壁飾り用として高値で購入していたという。

　一方，エヴェンキ族らは旧ソ連人から銃や銃弾，薬きょう，タバコ，パン，酒，茶，薬，小麦粉，塩，砂糖，フライパンなどを購入していた。当時，彼らは狩猟で使用する銃弾と薬きょう，主食であるパンの原料となる小麦粉を多く購入していたという。奇乾での交易では中国人民元をもたない旧ソ連人が多くいたため，おもに物々交換によって必要品を入手していた。

　1957年に奇乾に建設されたE郷には30〜40世帯，200人前後が定住を始めた。E郷には木造の家屋のほか，寄宿制の学校や衛生院（病院），日常品を販売する商店，食料販売店などがあった。商店や食料販売店は漢族が経営していたという。この時代，狩猟活動に従事するエヴェンキ族らは奇乾に住居をもちつつも大興安嶺に点在するキャンプ地を拠点とし，そこで狩猟を続けていた。この時代，彼らは荷駄運搬用や騎乗用として1世帯当たり10頭前後のトナカイを飼育していた。そして，彼らはキャンプ地で燻製肉や皮製品を準備し，1〜2カ月に一度開かれる交易市に合わせて奇乾まで戻り，それら商品を販売していた。彼らが奇乾に定住した後もしばらくのあいだは旧ソ連人が交易のおもな相手であった。

　その後，旧ソ連のフルシチョフによる平和共存路線の提起やスターリン批判に端を発した中ソ関係の悪化は，旧ソ連人を交易の相手として成立していたエヴェンキ族らの狩猟活動にも少なからず影響を与えた。中国共産党指導部は1960年4月に旧ソ連の平和共存政策（対米接近政策）を修正主義だとして強く非難した。これに対して旧ソ連は中国指導部によるこの声明に激しく反発し，1960年7月より中国に派遣していた技術者や専門家，その家族を引き上げさせた。

　こうした中ソ関係の悪化によって，旧ソ連人は交易市が開かれる奇乾と自国との自由な往来ができなくなった。この結果，エヴェンキ族は交易の最大の相手を失うことになった。ただ，エヴェンキ族と旧ソ連人との交易が難しくなった頃から中国の漢族が奇乾までやってきて，燻製肉や皮製品を購入するようになった。その後，漢族は奇乾のE郷に商店を開き，そこで日常品

を販売するとともに狩猟の獲物や皮製品の買い取りも始めた。エヴェンキ族と漢族の売買関係は中ソ関係が悪化し始めた頃から密になったのである。

(2) 満帰鎮への移住（1965年）

1964年，根河市地方政府は奇乾に住むエヴェンキ族らに対して2回目の定住政策を実施した。政府は，根河市阿龍山鎮に住居や食堂，衛生院などを整備した臨時の居住地を建設し，まずそこにエヴェンキ族らを移住させた。その後，根河市政府は1966年5月に根河市満帰鎮[6]の中心部から17キロメートル離れた場所に新たなE郷を建設し，阿龍山鎮に住むエヴェンキ族らを満帰鎮に再度移住させた。このE郷には，30戸の木造家屋のほか，郷政府や学校，医療施設，商店，食料販売店，銀行，郵便局などがあった。このなかで商店や食糧店などは漢族が経営していた。この郷にはエヴェンキ族や漢族のほか，モンゴル族，ロシア族などの少数民族も住んでいた。

また，この時代，大興安嶺の豊かな森林資源を利用した木材加工工場も敷地内に建設された。1970年代初めにはE郷の総人口が378人であったが，そのなかで木材加工業やサービス業に従事するものが215人であった。

この地では集団化政策の影響を大きく受けることになった。具体的には，エヴェンキ族らによる大興安嶺での狩猟活動が組織化され，また狩猟活動以外にも農耕や家畜飼育も始めるようになった。

1967年，E郷では人民公社が設立され，その下部組織として「東方紅猟業生産隊」が組織された。そして，大興安嶺森林地帯で狩猟活動を続けるエヴェンキ族らはすべて東方紅猟業生産隊に所属するようになった。実際の狩猟活動は，生産隊の下部にあるいくつかの生産小隊をひとつの単位として行われるようになった。人民公社の設立以降，狩猟道具やトナカイといった生産手段の私的所有は認められず，それらはすべて集団の所有物となった。そして，集団所有となったトナカイは個々の生産小隊によって管理されるようになった。加えて，集団化政策が実施されると燻製肉や皮製品を個人で販売することも禁止され，そうした商品は東方紅猟民生産隊によって買い取られる

ことになった。

　この時代，大興安嶺には5つのキャンプ地があり，そこで狩猟が続けられていた。狩猟に従事するものに対しては日々の労働に応じた給与が支払われるようになった。また，年間を通じて多くの獲物を捕獲した生産小組には年度末（春節前）にボーナスも支給された。

　この時代のもうひとつの変化は，地方政府による「大興安嶺での狩猟活動を中心に，農業や牧畜も行うこと」という指示のもと，エヴェンキ族らも農作物の栽培や家畜動物の飼育を開始したことである。彼らは，政府の指導のもとで温室を建設し，そこでハクサイやキュウリ，トウガラシ，コムギ，トウモロコシなどを栽培した。しかし，満帰鎮は大興安嶺の北西部に位置し，年間の平均気温は0℃以下であり，夏季は短く，年間の降雪日は160日を超える。こうした厳しい気候条件下で農作物を栽培することは困難であった。上記の作物のなかでコムギとトウモロコシの栽培は成功しなかったという。このほか，彼らは畜舎を建設し，そこでウシやウマ，ブタの舎飼も始めた。

　その後，1970年代末に集団化政策が終了し，人民公社も解体された。ただ，彼らの生活様式に大きな変化はなかった。彼らは当時もE郷に住居をもちつつ，点在するキャンプ地を拠点に狩猟活動を続けていた。また，集団化時代の「東方紅猟業生産隊」は名称が変更され「猟業生産隊」となったが，その機能は維持されたままであった。集団化政策の終了後も「猟業生産隊」の職員は大興安嶺に点在するキャンプ地を定期的にトラックで回り，山で生活する人びとに日常品を届けるとともに，狩猟された肉や皮製品を回収していた。

(3) 根河市中心部への移住（2003年）

　2003年8月，それまで満帰鎮で生活していた人たちは「生態移民」として根河市中心部に新たに建設された現在のE郷に移住することになった。これは，天然林保護工程が実施されている大興安嶺で狩猟を行うエヴェンキ族らを生態移民として根河市中心部に移住させることを市政府が決定したから

である。

　ここでいう「生態移民」とは特定の人びとに対する移住政策のひとつである。特定の人びとを「生態移民」として移住させる理由は大きくふたつある。ひとつは，ある地域の自然環境を保護することを目的に，もともとそこに住んでいた人びとを別の場所に移住させることである。もうひとつは，環境劣化の影響で生活水準が低下した住民を別の場所に移住させることで生活の改善をめざすものである（孟・包 2004）。

　このように，生態移民政策は生態環境の保護と農・漁・牧民の貧困対策というふたつの目的が内包されており，「生態環境を保護するための各種政策のなかで，生態移民政策はコストが比較的少なく，かつ効果が大きいもののひとつである」（孟・包 2004, 49）とされている。満帰鎮から根河市中心部にエヴェンキ族らを移住させた生態移民政策は，森林環境の保護と少数民族の生活水準の向上をめざしたものであり，上記のふたつの目的を内包したものである。

　根河市政府は2002年に市中心部より3キロメートル離れた林場に新たな住居を建設した。敷地内に建てられた木造の家屋は1階部分が50平方メートル，2階部分が38平方メートルあり，室内にはキッチンやトイレ，温水シャワー室などが完備されている。また，上下水道や電気，有線放送（テレビ）なども整備されている。このほか，敷地内には保健所や老人ホーム，小学校，郵便局，銀行なども建設された。そして，2003年8月，この地に満帰鎮からエヴェンキ族や漢族，モンゴル族の人たちが移住してきたのである。

　根河市への移住とともにエヴェンキ族らの生活様式は大きく変化した。最大の変化は狩猟用の銃の所有が禁止されたことである[7]。それまで，銃の所有はすべて免許制であり，狩猟に従事するエヴェンキ族らの男性のみが所有していた。エヴェンキ族らはそれまでも定住や移住を繰り返してきたが，その生活の基本はあくまでも大興安嶺における狩猟活動であった。

　しかし，銃の所有が禁止されたことにより森林地帯での狩猟活動は終了し，「猟業生産隊」も解散した。また，新たに建設されたE郷は大興安嶺から離

れているため，森林地帯を流れる河川での漁撈活動も行われなくなった。こ
れにより，エヴェンキ族らが大興安嶺で長年続けていた「北方の三位一体」
の生業様式は終了したのである。

3．トナカイ飼養のいま

(1) キャンプ地におけるトナカイ飼養

　狩猟用の銃の所有が禁止された2003年以降，エヴェンキ族らは狩猟活動を
終了せざるを得なくなった。狩猟活動の終了とともに，狩猟時の荷駄運搬用
や騎乗用としてのトナカイもその役割を終えたかにみえた。しかし，彼らは
今でもトナカイの飼養を続けている。ここでは，まず中国のエヴェンキ族ら
によるトナカイ飼養の現状を概観する。つぎに，トナカイ飼養の年間の生業
暦をまとめる。そのうえで，ポスト「北方の三位一体」時代を生き抜くため
の飼養技術についてみてみたい。

　大興安嶺においてエヴェンキ族らが管理するトナカイは南モンゴルから北
モンゴルおよびアルタイ山脈に分布するもので，シベリアの森林トナカイと
呼ばれるものである。2012年現在，大興安嶺にはトナカイキャンプ地が計8
カ所ある。表4は8カ所のキャンプ地の名称とトナカイ飼養に従事している
人たちの属性，地点，所有するトナカイの頭数をまとめたものである。

　キャンプ地でトナカイ飼養に従事するものは計29人（男性14人，女性15人）
である。彼らの平均年齢は47歳である。最高齢はMLYSキャンプ地のMLYS
氏（女性）で90歳である。最も若いものはMLYSキャンプ地のMR氏（男性）
で20歳である。一般にキャンプ地の名称は，そこに滞在するメンバーのなか
で最年長の女性の名前を使用する。MLYSやDML，BDX，SYL，BLJYとい
った名称はいずれも年長女性の名前である。一方，DW，SS，YSHは最近に
なってトナカイ飼養を始めた世帯で構成されているが，彼らのキャンプ地の
名称は世帯主の男性の名前を使用している。トナカイ飼養に従事している人
たちの民族をみてみると，エヴェンキ族が21人，漢族が5人，モンゴル族が

表4　8カ所のトナカイキャンプ地の名称と構成員

名称	構成員	地点	所有数
MLYS	計6人（男性4人，女性2人），平均年齢：56.8歳 民族：エヴェンキ族5人，漢族1人	阿龍山	300〜400
DML	計7人（男性2人，女性5人），平均年齢：45.7歳 民族：エヴェンキ族6人，オロチョン族1人	達頼溝	140〜150
DW	計2人（男性1人，女性1人），平均年齢：42.5歳 民族：エヴェンキ族	嘎拉牙	80
SS	計3人（男性1人，女性2人），平均年齢：43.3歳 民族：エヴェンキ族	鳥力庫瑪	30
BDX	計3人（男性2人，女性1人），平均年齢：41.3歳 民族：漢族2人，エヴェンキ族1人	上央格気	40〜50
YSH	計2人（男性1人，女性1人），平均年齢：44.5歳 民族：モンゴル族	阿龍山	20〜30
SYL	計2人（男性1人，女性1人），平均年齢：35.5歳 民族：エヴェンキ族，漢族	得耳布	40
BLJY	計4人（男性2人，女性2人），平均年齢：51.7歳 民族：エヴェンキ族3人，漢族1人	阿龍山	40

（出所）表2に同じ。

2人，オロチョン族が1人である。

　キャンプ地の構成員が最も多いのはDMLキャンプ地であり，その数は7人である。次いでMLYSキャンプ地で6人である。一方，DW，SS，BDX，YSH，SYLキャンプ地はそれぞれ2〜3人である。構成員の多さはそこで飼育するトナカイの数の多さとも関係する。キャンプ地で飼養されているトナカイは計700〜800頭であるが，最も多くトナカイを飼育しているのはMLYSキャンプ地である。その所有数は300〜400頭である。次いでDMLキャンプ地が140頭前後を所有している。一方，トナカイ飼養に従事するものが少ないYSHやSSキャンプ地では所有数が20〜30頭程度である。

　トナカイ飼養に従事するものは郷政府が無償で提供するテントを利用できる。また，森林地帯に点在する各キャンプ地には敷地内に太陽光発電装置があり，それで得た電気でテレビやラジオも使用できる。以下でも述べるがエヴェンキ族らはキャンプ地の周辺にトナカイのエサとなるトナカイゴケ

（*Cladonia rangiferina*）が少なくなるとキャンプ地を移動する。移動にはテントやベッド，テレビ，薪を燃料とする暖房器具などの運搬を伴う。そのため，かつて彼らはキャンプ地を移動する際，荷駄運搬用のトナカイを使用していた。現在，彼らは郷政府によって貸し出される大型トラックを使用している。

(2) トナカイ飼養の年間の生業暦

つぎにトナカイ飼養の年間の生業暦をみておきたい。トナカイ飼養の基本はエヴェンキ族らの言葉を借りれば onno と sanfang である。onno とは山中でエサを食むトナカイを探して，群れをキャンプ地に寄せ集めてくる作業のことである。この onno 作業は年間を通じて行われる。一方，sanfang とはキャンプ地においてトナカイを無理には繋留をせず，ほうっておくという意味である。ここでは DML キャンプ地の事例を中心としながら onno と sanfang に特徴づけられるトナカイの年間の生業暦をみてみたい。

エヴェンキ族らは山中でエサを食むトナカイを探す作業（onno）を繰り返し行う。大興安嶺が雪に覆われる11月から3月にかけて，彼らは雪上に残された足跡（oja）などを手がかりにしながら徒歩でトナカイを探す。森林のなかで群れているトナカイをみつけると，5～7人が一組となってその群れを囲い込み，群れのなかにいる数頭のメスをまず捕まえる。そして，捕まえたメスを紐で引きながらキャンプ地まで連れ戻す。すると，ほかのトナカイも先導するメスを追随するかたちでキャンプ地まで戻ってくる。

トナカイの群れをキャンプ地まで連れ戻した後，彼らはそのトナカイに塩を与える。手のひらの塩をなめにきたトナカイを1頭1頭なでてやりながら，各個体の体調や怪我の有無などを確認する。彼らは，トナカイをキャンプ地まで連れ戻した後，数頭のメスを紐で木に繋ぎ止める。一方，オスは繋留せずにほうっておく。このため，連れ戻されたトナカイのなかにはすぐにエサを求めて森林のなかに戻る個体もいる。彼らは再び森林のなかに入っていくトナカイに対してとくに何もしない。

トナカイを連れ戻した後，数日が過ぎると木に繋留していたメスも放つ。

するとそのメスも森林のなかに入っていく。やがてキャンプ地のまわりにトナカイが1頭もいなくなる。その後，彼らはどこかに移動したトナカイを探しに出るのである。冬季，onno作業は7～10日に一度ほど行われる。彼らはスノーモービルなどを使用せず，雪上を徒歩で移動する。時には何日もトナカイを発見できない日が続くこともある。

　4月中旬になるとトナカイは出産のシーズンを迎える。トナカイは平坦な場所を好んで出産する。そのため，エヴェンキ族らは毎年4月上旬になるとキャンプ地を平坦な場所に移動させる。また，この時期になると，出産を控えた腹の大きな母トナカイ（nyanmi）を探し，キャンプ地まで連れ戻す。これは，母トナカイにできるだけキャンプ地の近くで出産させるためである。母トナカイがキャンプ地から遠く離れた場所で出産すると，つぎに述べるodachi作業（人間に馴らす作業）ができないからである。

　出産シーズンが終わり，5月下旬になるとトナカイの角を切る作業が行われる。トナカイの角は毎年晩冬のころに脱落したあと新生し，5～7月にかけてさらに大きくなる。この時期の角は皮膚に覆われており，柔らかいこぶ状である。8月を過ぎると角を覆う皮膚が落ちる。皮膚が落ちた角の商品価値は5～7月頃の柔らかい角のそれよりも低い。そのため，5～7月にトナカイの角を切断し，仲買人に販売するのである。

　トナカイの角を切断する作業はすべて男性によって行われる。この時期，彼らは大きな角をもつトナカイを群れのなかから探し出して捕まえ，数人の男性が抱え込む。そして，小型のノコギリで角を切断するのである（写真①）。血液が循環しているこの時期の角はノコギリで根元から簡単に切断できる。角を切断したあと，彼らはトナカイの頭部の切断面が化膿しないように灰を擦りつける。その後，切り取った角の重さを量り，その角を仲買人に販売するか加工工場に運ぶのである。

　6月下旬になり気温が上昇すると山中では蚊やアブ，ブユが発生する。森林内で蚊が発生するこの季節，彼らはrarupukaと呼ぶオオミズゴケ（*phagnum palustre*）を集め，キャンプ地周辺で乾燥させる。そして，ある程度乾燥

第 2 章　ポスト「北方の三位一体」時代の中国エヴェンキ族の生業適応　89

写真①　トナカイの角を採取する作業。数人の男性がトナ
　　　　カイを押さえ込み，ノコギリで角を切断する。
　　　　　　　　　　　　　　　（2010年7月，筆者撮影）

させたオオミズゴケに火をつけて煙を起こす。煙には除虫効果があるという。実際，キャンプ地周辺の3～4カ所で煙を起こすと，蚊やアブを嫌がるトナカイが森林内から煙のまわりに集まる。この時期，彼らは1日中 rarupuka を燃やし続ける。

　もちろん，トナカイのなかにはキャンプ地から遠く離れた場所にエサを求めて移動し，キャンプ地に戻らない個体もいる。そのため，彼らは3～5日に一度ほどonno作業を行う。夏季にトナカイを探す作業は冬季のそれよりも難しいという。それは，冬季になると雪上に残されているトナカイの足跡を追って移動ルートをある程度特定できるが，夏季はトナカイの足跡をほとんど判別できないからである。トナカイの移動の痕跡が少ない夏季になると，彼らは遠くで聞こえる鈴の音やトナカイの移動によって倒されたと思われる草木を手がかりに湿地のなかを徒歩で探し続ける必要がある（写真②）。

　9月はトナカイの交配の季節である。彼らはトナカイが発情期を迎える前に直径約30メートル，高さ約2メートルの柵（kure）をつくる。そして，彼

写真②　山中でエサを食むトナカイを探す作業。トナカイの足跡（oja）のみを手がかりに徒歩で探し続ける。
（2011年7月，筆者撮影）

らは毎日夕方になると柵のなかに仔トナカイ（onnagan）を入れ，発情期で攻撃的になったオスから守ろうとする。夜間，母トナカイは柵のなかに入れず，外に放しておく。そして，彼らは朝になると柵のまわりにいる母トナカイを捕まえて柵のなかにいれ，仔トナカイを柵の外に出す。仔トナカイはやがてエサを求めて森林のなかに消えるが2～3時間もすると再び母トナカイのいる柵に戻ってくる。すると，彼らは仔トナカイを捕まえて柵のなかに入れ，母トナカイを柵の外に出す。この時期，彼らは母子のトナカイをこのように飼育する（繁殖期の仔トナカイの飼育方法に関しては後述する）。

　トナカイの繁殖シーズンが終わり，10月を過ぎると大興安嶺の気温は急激に下がる。エヴェンキ族は長く厳しい冬を迎える前にキャンプ地を再び移動させる。冬季のキャンプ地に適した場所は，①水源が近くにあり，②トナカイのエサとなるトナカイゴケが多く，③木が密生しており北風を防ぐことができる地点である。彼らは，郷政府が用意する大型トラックにテントや太陽光発電装置，テレビ，寝具，生活用品などを載せて新たなキャンプ地に移動

する。その後，トナカイの群れも新たなキャンプ地に引き連れてくる。キャンプ地を移動したあと，彼らは上に述べたようにonno作業を繰り返す。

第2節　トナカイの角の商品化と販売

　エヴェンキ族らがトナカイ飼養を続けるのは毎年生え替わる角を採取し，仲買人に販売するためである。ここでは，彼らの生計維持に重要なトナカイの角に関して，その商品化のプロセスや加工，販売の実際をみてみたい。

　エヴェンキ族らが奇乾に住み，大興安嶺で狩猟活動を行っていた頃，トナカイの角に商品価値はほとんどなかった。当時，交易の対象であった旧ソ連人はヘラジカの角を購入していたが，それは室内の壁飾り用として価値があったからである。エヴェンキ族らがトナカイの角に商品価値を見出したのは1980年代末である。この時期，郷政府の幹部L氏がトナカイの角を北京の研究所に持ち込みその成分を調べた。すると，トナカイの角にはさまざまな薬効[8]があることがわかった。この結果を受けて郷政府はトナカイの角を加工し，「中薬」の一種として販売することを考えたのである。

　その後，郷政府はトナカイの角の専売制を実施し，角の採取から運搬，加工，販売までの全過程を管理した。毎年，5～7月になると郷政府は大興安嶺に点在するキャンプ地に政府関係者を派遣し，そこで採取した角の重さと所有者を記録し，すべての角を加工工場まで運んでいた。そして，加工後の角を仲買人に販売していたのである。トナカイを飼養するものはその年に政府に販売した角の重さに応じた金額を年度末（春節前）に受け取ることになっていた。ただ，当時はトナカイの角が認知されておらず，取引量は少なかったという。この時期，エヴェンキ族の生活は大興安嶺における狩猟が中心であった。

　トナカイの角は1990年代中頃から徐々にその存在が認知され，「中薬」として角を購入する仲買人も増えてきたという。そして，根河市に移住した

2003年以降，エヴェンキ族らは狩猟ができなくなり，角の加工と販売を本格的に行うようになった。地方政府による角の専売制は2011年まで続けられた。それ以降，各々の世帯が自主裁量によって角を採取，加工，販売できるようになった。

さて，エヴェンキ族らはトナカイの角を以下のように加工し，商品化する。彼らはまず切り取った角を70～80℃の湯のなかに短時間入れ，角の殺菌と血液凝固を行う。その後，湯から取り出した角を室内につるして乾燥させる。角が乾燥した後，再び70～80℃の湯のなかに入れ，湯から取り出して乾燥させる。彼らはこうした煮沸殺菌と乾燥を繰り返し，最後に角が完全に乾燥するまで室内につり下げておく。その後，乾燥して軽くなった角を薄くチップ状に切って袋詰めにし，仲買人に販売するのである（写真③）。また，加工したトナカイの角を自宅で民族工芸品や「中草薬」と一緒に観光客に販売する世帯もある[9]。

トナカイの角の販売価格は角の部位によって大きく異なる。トナカイの角

写真③　チップ状に加工されたトナカイの角。仲買人に販売される。

（2011年7月，筆者撮影）

は先端部分が一番よいとされ，その販売価格（加工後のチップ状のもの）は500グラムで1000元（1元＝約14円，2012年8月時点）以上である。一方，角の付け根の部分は安く，販売価格は500グラムで100元前後である。また，角は大きくて軽く，弾力性のあるものがよいとされ，そうした角の価格も高い。

　角の重さはトナカイの個体によって大きなばらつきがある。体格が大きなトナカイからは1頭当たりおよそ10キログラムの角がとれるが，体格の小さなトナカイだと1頭当たり1〜2キログラムしかとれない。E郷におけるトナカイの角の流通量は1998年に計548斤（1斤＝500グラム），2007年に1140斤であった（根河市史志編輯委員会 2007, 107）。現在，個々の世帯が自主裁量で角を採取し，それを仲買人に販売しているため，E郷全体で角がどれだけ流通しているのかはわからない。

第3節　ポスト「北方の三位一体」時代を生きるための技術

　エヴェンキ族らは2003年に狩猟活動を止めてから角を採取するためだけにトナカイを飼育するようになった。彼らにとってトナカイは狩猟時の移動の手段から角を生産する対象になったのである。このように，トナカイの利用目的が「生業の手段」から「生業の対象」に変化するなかで，彼らはどのような技術をもってトナカイを飼育し続けているのであろうか。

　本章では，ポスト「北方の三位一体」時代を生きるうえで重要だと考えられる3つの技術に注目する。その技術とは，①仔トナカイへの人為的な介入，②未馴化個体（jikei）への人為的な介入，③繁殖期に未去勢オスから仔トナカイを守る技術である。上記①と②は馴化個体を増やすための働きかけであり，③は角の商品価値を高めるための働きかけである。以下ではこれら3つの技術を具体的にみていきたい。

１．仔トナカイへの人為的な介入

　エヴェンキ族らはトナカイの所有数を増やすことで角の採取量を増やしたいと考えている。とくに，彼らがboracha と呼ぶ馴化個体は角の採取の際に至近距離で接近する人間を恐れない[10]。そのため，より多くのboracha をつくり，より効率よく角の採取作業を行いたいのである。彼らはトナカイを人間に馴らす作業を odachi と呼ぶ。仔トナカイと未馴化のまま成長した個体に対してこの odachi 技術によって人間とのあいだに親和性を確立させるのである。以下では，まず仔トナカイへの介入の事例をみてみたい。

　仔トナカイへの介入は生後間もない時期に行われる。通常，人目につかないところで出産した母トナカイは，出産日から１～３日後に仔トナカイを連れてキャンプ地に戻ってくる。その際，エヴェンキ族らは手に塩をもち，それを舐めに来る母トナカイを捕まえ，木に繋留する。母トナカイはすでに人間とのあいだに親和性を確立しているため簡単に捕まえることができる。

　その後，彼らは母トナカイのまわりにいる仔トナカイを捕まえようとする。しかし，人間に馴れていない仔トナカイは人間が少し接近するだけで遠くに逃げてしまう。彼らは６～７人が一組となり，両手を大きく広げて仔トナカイに近づき，逃げまわる仔トナカイを徐々に囲い込む。そして，仔トナカイを捕まえ，暴れる仔トナカイを男性数人で抑え込み，首紐（comatton）をつける。

　彼らは捕まえた仔トナカイを母トナカイの近くに繋ぎ止め，授乳を自然に任せる。その後，母トナカイを放つ。母トナカイはやがてエサを探しに森林のなかに入るが，数時間もすると仔トナカイのところに戻ってくる。彼らは戻ってきた母トナカイを捕まえて仔トナカイの近くに繋ぎ止める。そして，再び授乳を自然に任せ，仔トナカイを自由にする。その後，仔トナカイもエサを探しに森林のなかに入るが，数時間後には再び母トナカイの近くに戻ってくる。すると，彼らは６～７人が一組となり戻ってきた仔トナカイを再び

捕まえる。そして、仔トナカイを母トナカイの近くに繋ぎ止め、再び母トナカイを放つ。

この期間、彼らは母子トナカイの紐帯を利用し、まずは人間とのあいだに親和性が確立されている母トナカイを捕まえる。そして、捕まえた母トナカイをおとりにし、母トナカイからは離れないが人間を怖がる仔トナカイを大勢で囲い込んで捕まえる作業を何度も繰り返す。彼らはトナカイの母子をそれぞれ捕まえては放つ作業を繰り返すことで仔トナカイに「人間に触れ得る親和性」を確立させるのである。

彼らはこの odachi 技術を「仔トナカイがおとなしくなるまで続ける」という。ここでいう「おとなしくなるまで」とは人間が至近距離で近づいても逃げず、片手で仔トナカイの腹を抱きかかえて持ち上げても暴れないようになるまでである。仔トナカイは何度も人間に捕まえられることで徐々に人間に馴れ、人間が近づいても忌避反応を示さないようになる。こうした行動特性は、もちろん野生のトナカイにはみられない。

この odachi 技術は生後4～5日目の仔トナカイに行うことが重要であるとされる。生後すぐの仔トナカイに人間が介入すると「仔トナカイに人間の匂いがついてしまい、母トナカイは人間の匂いがついたわが子への授乳を拒否するから」であるという。そのため、彼らは生後すぐの仔トナカイには odachi をしない。一方、生後6～7日を過ぎると仔トナカイは人間を避けて逃げる速度が速くなるため、仔トナカイを捕まえるのに手間がかかる。そのため、彼らは生後4～5日後の仔トナカイに odachi を行うのである。

2．未馴化個体（jikei）への人為的な介入

エヴェンキ族らは生後間もない時期に odachi ができず、そのまま成長した未馴化個体を jikei と呼ぶ。彼らに jikei とは何かを問うと「仔トナカイのときに首紐をつけなかった個体」や「野生の方向に成長していく個体」「人間のいうことを聞かない個体」という答えが返ってくる。いずれにせよ、

jikeiと呼ばれる個体は人間に馴れておらず，人間が近づくと強い忌避行動を示して遠くに逃げるトナカイのことである。

一般に，母トナカイがjikeiである場合，その仔もjikeiになることが多いという。これはjikeiである母トナカイはキャンプ地から遠く離れた場所で出産し，その後もキャンプ地に近寄ってこない。そのため，適切な時期に仔トナカイにodachiができないからである。

未馴化個体の角を採取する作業は非常に手間がかかる。未馴化個体は人間が接近するだけで逃げてしまうし，仮に数人の男性が捕まえたとしても激しく暴れる。そのため，彼らは暴れる未馴化個体を抑え込み，その臀部に麻酔注射を打つ。その後，しばらくして麻酔が効き，動きが緩慢になった未馴化個体の角を切る。暴れる未馴化個体を抑え込み，麻酔を打つ作業は危険を伴うため，彼らは手間のかかる未馴化個体にodachiを行いたいと考えている。

一般に，未馴化個体は人間の居住地に現れないためその発見と捕獲が困難である。しかし，蚊やアブ，ブユ，ハエが大量に発生する夏季，キャンプ地の周囲でオオミズゴケを燻していると「害虫」を嫌がる未馴化個体も煙のまわり（shamenと呼ばれる）にやってくることがある。彼らは煙のまわりに現れるトナカイを絶えず観察しており，未馴化個体がshamenに来た場合，6～7人の男性で囲い込み，投げ縄で捕まえようとする。

その後，彼らは未馴化個体を人間が生活するテントの周辺に繋留し，トナカイゴケや塩などを与える。人間からの給餌は未馴化個体の身体に人間がふれたり，腹を抱きかかえて持ち上げたりしても忌避反応を示さなくなるまで続けられる。こうすることで人間とのあいだに親和性を確立させようとするのである。

3．繁殖期に未去勢オスから仔トナカイを守る

かつてエヴェンキ族らは所有するトナカイのなかで身体の大きな数頭のオスを種オス（shieru）として残し，それ以外のすべてのオスを去勢していた。

彼らがオスを去勢するのは，発情期（9月頃）を迎えると未去勢オスの気性が荒くなるからである。時には未去勢オス同士の衝突によって致命傷を受ける個体がいたり，人間に衝突したりする場合もある。一方，オスを去勢すると気性がおとなしくなり，より容易に扱える。そのため，彼らはほぼすべてのオスを去勢し，騎乗用や荷駄運搬用として利用していた。

　ユーラシア北部のトナカイ飼養における去勢には大きくふたつの方法があるとされる（中田 2012, 54）。ひとつは，陰囊を切開して睾丸を取り除いたり，潰したりする放血法であり，いまひとつは歯などで睾丸を嚙み潰す無血法である。エヴェンキ族らによるかつての去勢方法は男性数人がオスを倒して抑え込み，睾丸を潰す無血法であった。1980年代初めからナイフで切り取る方法になった。彼らは去勢のことを otta と呼び，去勢オスを inikki と呼ぶ。

　彼らはかつて去勢オスに生活用品を載せ，また老人や子どもも乗せてキャンプ地を移動していた。1992年以降，キャンプ地の移動にはトラックを利用するようになった。しかし，彼らは当時も狩猟時の荷駄運搬用として去勢オスを利用していたため，引き続き所有するオスに去勢を施していた。

　その後，彼らは2003年からオスへの去勢をすべて止めた。それは，根河市への移住と同時に狩猟活動ができなくなり，狩猟時の荷駄運搬用としてトナカイを利用することがなくなったからである。オスへの去勢を止めた理由はほかにもある。それは，オスを去勢すると角の成長が遅くなり，角のサイズも小さくなる。そのため，角の採取と販売によって生活を営むようになった彼らは，より大きな角をより多く採取するためにオスへの去勢を止めたのである。

　一般に，未去勢オスは発情期になると気性が荒くなり，群れとして管理することが難しい。そのため，動物の群れ管理で重要なのは所有するオスを去勢して扱いやすくすることである。ただ，現在のトナカイ飼養の場合，群れ管理を容易にするためにオスに去勢を施すと，その個体の角のサイズが小さくなり，角の商品価値が低下する。したがって，彼らは「発情期における群れ管理」と「角の商品価値の確保」とのあいだにある矛盾にどう対処するの

かを悩んでいる。

　現在，彼らはこの矛盾に対して以下のように対応している。それは，トナカイが発情期を迎える前に落葉針葉樹であるカラマツ（*Larix kaempferi*）を切り倒し，それを組み合わせて大きな柵（kure と呼ばれる）をつくる（写真④）。そして，その柵のなかに仔トナカイを入れ，発情した未去勢オスから守るのである。彼らがつくる柵は直径約30メートル，高さ約2メートルの円形状のものである。

　オスが発情期を迎えると，毎日，夜間に2歳以下の仔トナカイを柵のなかに入れる。夜間，母トナカイは柵の外に放ち，採食と交配を自由にさせる。早朝6時頃になると母トナカイは仔トナカイがいる柵の周りに戻ってくる。彼らは戻ってきた母トナカイを捕まえて柵のなかに入れ，母子の授乳を自然に任せる。その後，仔トナカイを柵の外に出す。仔トナカイはやがてエサを求めて森林のなかに入る。夕方になると仔トナカイは再び母トナカイのいる

写真④　繁殖期前（8月中旬）に造られた柵（kure）。繁殖期に攻撃的になった雄個体から仔トナカイを守るために使用される。

（2011年7月，筆者撮影）

柵に戻ってくる。彼らは仔トナカイを捕まえて柵のなかに入れ，授乳を自然に任せたあと母トナカイを柵の外に出す。この時期，彼らは母子トナカイをこのように飼育することで，発情して攻撃的になったオスから仔トナカイを守るのである。柵を使用した仔トナカイの管理は毎年8月末から10月初めまで行われる。

　エヴェンキ族らは柵を少し離れた場所に2カ所つくる。そして，1カ所の柵を10～15日間ほど使用すると，群れをもうひとつの柵に移す。これは，同じ柵を使用し続けると，トナカイの糞などで地面が汚れるからである。彼らは，柵のなかが汚れると仔トナカイの健康に良くないと考えている。群れを別の柵に移した後，彼らは使わなくなった柵のなかの糞を処理したり，発情したオスの衝突によって壊れた部分を修理したりする。なお，彼らは2013年から柵のまわりに格子状の鉄線を張り巡らすようになった。これは鉄線を張ることで柵の強度を高め，未去勢オスによる衝突から柵自体を守るためである。

第4節　飼養技術の「内在的な展開」

　以上，大興安嶺におけるエヴェンキ族らの飼養技術をみてきた。彼らはodachi技術によって馴化個体を増やし，かつ所有するトナカイに対して去勢を施さないことで角の商品価値を確保していることがわかった。

　こうしたエヴェンキ族らの対応をみてみると，彼らは狩猟と漁撈を止め，トナカイの飼養のみを続けるというポスト「北方の三位一体」時代を迎えたなかで，独自の新たな飼養技術を確立したわけではなかった。むしろ，彼らはかつての飼養技術を援用し，いわば技術の「内在的な展開」によって対応してきたのである。

　ここでは，エヴェンキ族らが新たな状況に直面したなかでいかに既往技術の援用を行ってきたのか，またなぜそれが可能であったのかについて，前節までの記述をふまえながら改めて考えてみたい。

1. 既往技術の援用

　第3節で明らかにしたように，エヴェンキ族らがこれまでの技術をもって対応できたのは，①もともと彼らは odachi 技術によって馴化個体をつくり，個体を識別していたこと，②トナカイは群れの輪郭が明確でなく，未馴化個体が馴化個体の群れのなかに入り混じること，がおもな理由として考えられる。

　大興安嶺で生きるエヴェンキ族らはかつてトナカイを駄獣や乗用獣として利用していた。当時，彼らは狩猟の際に森林内を頻繁に移動する必要があったため，交通手段としてのトナカイをたえず手元に確保していた。また，自家消費用の紅茶に入れる乳を得るために雌トナカイも確保していた。いずれの個体も生後間もない時期に odachi が行われ，人間を恐れない。エヴェンキ族らは人間とのあいだに親和性を確立した馴化個体を1世帯当たり数頭から数十頭ほど所有し，森林で点在するキャンプ地で飼育していた。逆にいえば，当時，騎乗用や荷駄運搬用，搾乳用として必要な個体以外，トナカイを所有していなかった。

　その後，彼らはトナカイの角の販売によって生活を営むようになった。そこで，生後間もない仔トナカイに引き続き odachi という人為的な介入をすることで，角を採取する際に容易に捕まえることができる馴化個体を所有し続けたのである。

　また，角の販売に生計を依存するようになってから，彼らはトナカイの所有数の多さが収入の多さに結びつくと考えるようになり，より多くの未馴化個体に odachi を行うことで馴化個体の所有数を増やそうとした。しかし，一般に人間に馴れていない動物はその発見と捕獲が困難である。ただ，トナカイがほかの家畜動物と異なるのは「群としての輪郭が外に対して開いている」（谷 1997, 44）ことである。つまり，トナカイの群れには明確な輪郭がなく，未馴化個体が馴化個体の群れのなかに入り混じることが多いのである。

実際，トナカイ飼養の現場では，家畜トナカイの群れのなかに野生のトナカイの個体が混入することがある。ときには家畜トナカイが逃げ出して再野生化することや野生のオスとの交配さえ起こることもある。

　大興安嶺のトナカイ飼養の場合でも，夏場になるとキャンプ地周辺でオオミズゴケを燻すと，蚊やアブ，ブユを嫌がる未馴化個体がやってくることがある（写真⑤）。エヴェンキ族らは煙の周辺にやってくるトナカイに注意を払っており，未馴化個体が確認されれば数人の大人が囲い込んで捕まえて上述のような odachi を行う。彼らはこのようにして馴化個体を増やしていったのである。

　未馴化個体に人為的な介入ができたのにはもうひとつの理由がある。それは，エヴェンキ族らが馴化個体を識別しており，キャンプ地周辺にやってきた未馴化個体を見分けることができるからである。

　たとえば，スカンジナビア半島でトナカイを放牧管理するサーメの人たちはトナカイの仔の出産の現場に居合わせないため新生子がどの母雌の仔であ

写真⑤　煙のまわり（shamen）に集まるトナカイ。蚊やブユを嫌がる未馴化個体もやってくることがある。
　　　　　　　　　　　　　　　　　（2011年7月，筆者撮影）

るかわからない。このため,新生子の所有帰属を確定するために群れを柵に追い込んで,母子の随伴の事実に注目する(葛野 1990; 谷 2010)。また,1世帯当たり数百頭,数千頭のトナカイを所有する人たちは各個体に耳印を刻むことで所有帰属を表示する。

　一方,ロシアのエヴェンの人たちは「大規模飼育にそれほど必要とされない分類・識別原理を,自ら所有する家トナカイに対して適用し個体識別を行い,個人トナカイをつくり続けてきた」(高倉 2000, 202) という。中国のエヴェンキ族もトナカイの色模様や体格に応じて名称をつけ,各個体を識別している[11]。加えて,母子トナカイの紐帯を利用して生後間もない仔トナカイに odachi を行う彼らは,トナカイの母子関係も把握している。

　このように,エヴェンキ族らは自らが管理するトナカイをそれぞれ識別している。いうならば,彼らはトナカイの「認識上の群れの輪郭」をかたちづくっている。一方で,トナカイは群れに明確な輪郭がなく,さまざまな個体が入り混じる。そのため,彼らはキャンプ地に近づいてきた見慣れない未馴化個体をすぐに発見できるのである。言い換えれば,トナカイに対するエヴェンキ族らの個体認識とトナカイそれ自身の行動生態との関係が未馴化個体の発見と捕獲,馴化を可能にしているのである。

2. 郷政府の役割

　これまでエヴェンキ族らの技術的な対応についてみてきた。ただ,大興安嶺のトナカイ飼養は何も彼らの対応だけで維持されてきたわけではない。彼らがトナカイ飼養を続けられるのは郷政府の働きかけがあったからでもある。いうまでもないが,中国のトナカイ飼養は採取された角を購入する側が存在して初めて生業として成り立つ。つまり,トナカイ飼養では生業技術的な対応によってトナカイの所有数を増やすだけでなく,角の買い手や市場との関係の確立も重要となる。

　しかし,大興安嶺でトナカイ飼養に従事するエヴェンキ族らは,採取した

角を加工したり，市場を新たに開拓したり，漢族を中心とした仲買人と交渉したりする時間や手段がないことが多い。そのため，郷政府は職員を大興安嶺に点在するキャンプ地に派遣し，角の採取を手伝い，採取量を記録し，角を加工施設まで運び込む作業を行ってきた。また，トナカイの販売経路の開拓も主導的に行った。加えて，2003年に根河市に移住した際，郷政府は角を乾燥させ商品化する加工施設も建設した。

また，エヴェンキ族らはキャンプ地周辺においてトナカイのエサとなるトナカイゴケが少なくなると生活の拠点を移動する。移動には煙突を備えたテントや鉄製のベッド，太陽光発電装置，薪を燃料とする暖房器具のほか，日常生活用品などの運搬を伴う。移動には多大な労力が必要となる。こうしたなか，郷政府は山中を移動する彼らに大型トラックを貸し出し，移動をより円滑に行えるようにしている。このほか，郷政府は限られた集団内で交配を続けることによるトナカイの近交退化を回避するためにロシアから新たな種オスを導入したこともある。

こうした郷政府の働きかけに対して当初から「角の購入価格の設定が不透明である」や「販売の自由を認めてほしい」といった声もあったという。もちろん，郷政府による一方的な政策の決定や実施には問題点もあったと考えられる。しかし，トナカイの角の採取から輸送，加工，販売に至るプロセスを政府主導で請け負ったことで，エヴェンキ族らは大興安嶺でトナカイ飼養に専念できたことも事実である。

郷政府が大興安嶺で生活をするエヴェンキ族らを支援したり，角を商品化して販売経路を開拓したり，トナカイの生態を管理したりするのには理由がある。それは，トナカイ飼養にかかわる観光開発を推し進めているからである。郷政府は，根河市に移住した際，エヴェンキ族らの歴史や生活を紹介する博物館を建設し，館内にはトナカイの角や大興安嶺の薬草を販売する店も併設した。そして，「中国唯一のトナカイ飼養の村」という宣伝文句で全国から観光客を呼び込もうとしているのである。

もともと，中国では中央から地方政府への財政支援が十分でないことが多

い。そのため，地方政府は独自の財源を求めてさまざまな事業を展開することがある。本章で取り上げた郷政府も1990年代よりトナカイの角の専売制を実施し，観光資源として重要なトナカイ飼養を支援することで観光事業を発展させ，独自の収益を得ようとしているのである。このように，ポスト「北方の三位一体」時代にエヴェンキ族らがトナカイ飼養で生活を営むことができたのは，その背後にトナカイをめぐって観光開発を推し進める郷政府の存在があったからでもある。

おわりに

　大興安嶺において狩猟，漁撈，交通手段としてのトナカイの飼養という「北方の三位一体」の生業様式を長年続けてきたエヴェンキ族らは，2003年以降，トナカイの飼養のみで生計を維持するようになった。彼らがトナカイ飼養を続けるのは，簡単にいえばトナカイの角を採取し，それを販売するためである。つまり，エヴェンキ族らにとってのトナカイは荷駄運搬用や騎乗用としての「生業の手段」から，角を採取するための「生業の対象」に大きく変化したのである。
　こうした変化のなか，彼らは新たな技術を導入したり，飼養技術を革新したりすることはなかった。むしろ，彼らは既往の飼養技術を援用することで引き続きトナカイを所有している。前節では彼らがこうした対応を選択できた要因を述べた。
　すなわち，エヴェンキ族らがこれまでの技術をもって対応できたのは，①もともと彼らはodachi技術によって馴化個体をつくり，個体を識別していたこと，②トナカイは群れの輪郭が明確でなく，未馴化個体が馴化個体の群れのなかに入り混じること，がおもな理由であると指摘した。これに加えて，大興安嶺で生活をするエヴェンキ族らを支援し，角の商品化を積極的に行ってきた郷政府の役割も重要であり，その背景には郷政府がトナカイ飼養をめ

ぐって観光開発を推し進めていることを指摘した。

　最後に，エヴェンキ族らがもつトナカイの馴化技術に関して，今後の課題を記しておきたい。それは，大興安嶺の事例とシベリアやスカンジナビア地域の事例との対比である。前者は角を生産するため，後者は肉を生産するためにトナカイを飼養している。いずれもトナカイが「生産の対象」であることは共通しているが，飼養技術に関してはさまざまな点で違いがあることが想像される。今後は，トナカイの飼養技術の地域的な同質性と異質性，差異を生み出す背景を検討する必要がある[12]。なぜなら，トナカイの馴化や飼養技術には，寒冷な気候や積雪，それに伴う農業生産の難しさといった環境のなかで各地の人びとが自らの生活をサステイナブルに営むための知恵が隠されていると考えるからである。

　〔注〕
(1)　中国の大興安嶺でトナカイ飼養に従事するのはエヴェンキ族のほか，漢族やオロチョン族，モンゴル族もいる。そのため，以下では「エヴェンキ族ら」と記す。
(2)　ツングース系言語を操る人たちは，ロシアのエニセイ川からオホーツク海に至る地域に広く散居しており，自称に基づいて北極沿岸のエヴェンと南方のエヴェンキというふたつの民族に大きく区分される（岡・境田・佐々木 2009, 252）。このなかで，中国のエヴェンキ族は1950年代に政府主導で行われた「民族識別工作」（民族カテゴリーの分析と認定作業）によって認定された少数民族である。この民族識別は中国独自の方法で行われたものである。そのため，エヴェンキ族としてひとつの民族集団にまとめられた人たちのなかには，ロシアの同じツングース系民族であるナナイやエヴェン，エヴェンキといった民族集団と言語や生活習慣の面で強い結びつきをもつ人たちもいる。
(3)　「温量指数」は一種の積算温度を指数としたものである（川喜田 1996, 81）。すなわち，月平均気温が5℃以上になると植物が生育可能であると考え，ある地点の毎月平均気温から5℃を引いた値を積算した指数である。この指数は植物分布と密接に関係するとされる。「暖かさの指数」（warmth index）ともいわれる。
(4)　中国における「中薬」は中医学に基づいている。日本の「漢方」も基本的には中医学に基づいているが，中医学が日本に伝わってから日本独自の発展を遂げた。そのため，「中薬」と「漢方」では病気のとらえ方や成分の配合が

異なることが多い。

(5) 本章のフィールドデータはおもに2010年7～8月，2011年7～8月，2012年8月，2013年8月，2014年4月に行った調査に基づいている。なお，調査にあたっては，アジア経済研究所のプロジェクトのほか，JSPS科研費（25870187）の助成を受けた。

(6) 満帰とはエヴェンキ語で「モンゴル人が以前に来た場所」という意味がある。満帰鎮は，根河市中心部から北に約200キロメートルの位置にある。鎮の総面積は3071.8平方キロメートルであり，森林被覆率は92.4％に達する。満帰鎮の総人口は2万665人である（2005年時点）。住民の多くは漢族であるが，漢族以外にもモンゴル族や満州族，回族，ロシア族，朝鮮族などの少数民族が2986人いる。

(7) 郷政府は根河市内にエヴェンキ族らが移住してきたことをきっかけに，市民の安全を考慮して狩猟銃の没収を行った。

(8) トナカイの角には「益気養血，強筋健骨，抗衰老，延年益寿」の効果があるとされ，また「腰膝酸軟，滑精，子宮虚冷，神経衰弱，不眠，健忘」の改善にもよいとされる。角はチップ状に加工されており，それを温水や酒のなかに入れて飲むと効果があるとされる。

(9) このほか，E郷では観光を目的にトナカイを飼養する世帯もある。本章ではそうした観光用のトナカイ飼養にはふれない。

(10) エヴェンキ族らはトナカイを馴化個体（boracha）と未馴化個体（jikei），野生個体（yesheng）の3つに分類している。borachaとは生後間もない仔トナカイにodachiを行い，人間とのあいだに親和性を確立させた個体である。jikeiは，仔トナカイの時期にodachiが行えず「野生の方向」に成長していく個体である。yeshengはロシア等にいるとされる野生個体のことである。

(11) トナカイに対するエヴェンキ族らの個体認識に関しては別稿を準備している。

(12) もうひとつの課題はトナカイの家畜化や馴化に関することである。もともと，トナカイは狩猟民の手で家畜化された（野澤1987, 74）。そして現在，トナカイのなかには野生の個体もいれば，逆に人間の管理下で成長し，騎乗用や搾乳といった牧畜的な利用がなされている個体もいる。現在のトナカイには家畜化のさまざまな段階を見て取ることができるのである。このため，動物の家畜化を考えるうえでトナカイを取り上げる意義は「（トナカイは）動物家畜化の発端から完成に至るヒト―動物関係の発展の中で，動物の側とヒトの側の双方にどのような進化／変化がおこったかを，生物学的，社会学的に追究するためのモデルとなり得る好適な資格を備えている」（在来家畜研究会2009, 29）という。こうしたなか，今回は取り上げなかったが，大興安嶺のエヴェンキ族らが野生の個体を馴化した事例やトナカイの舎飼を試みて失敗

した事例，トナカイゴケの分布域以外でのトナカイ飼養の事例，移動を伴わないトナカイ飼養の事例にかかわる情報を得ることができた．今後は，これら事例をふまえ，人間によるトナカイの家畜化を再検討してみたい．

〔参考文献〕

<日本語文献>
今西錦司・伴豊 1948．「大興安嶺におけるオロチョンの生態（二）」『民族学研究』13(2) 12月 140-159．
岡洋樹・境田清隆・佐々木史郎 2009．『朝倉世界地理講座2 東北アジア』朝倉書店．
川喜田二郎 1996．「農業・林業の北限および馴鹿飼養の南限などを画する気候的境界線について」『川喜田二郎著作集第2巻（地域の生態史）』中央公論社 79-104．
葛野浩昭 1990．『トナカイの社会誌——北緯70度の放牧者たち——』河合出版．
在来家畜研究会編 2009．『アジアの在来家畜——家畜の起源と系統史——』名古屋大学出版会．
高倉浩樹 2000．『社会主義の民族誌——シベリア・トナカイ飼育の風景——』東京都立大学出版会．
谷泰 1997．『神・人・家畜——牧畜文化と聖書世界——』平凡社．
——— 2010．『牧夫の誕生——羊・山羊の家畜化の開始とその展開——』岩波書店．
中田篤 2012．「トナカイ牧畜の歴史的展開と家畜化の起源」高倉浩樹編『極寒のシベリアに生きる——トナカイと氷と先住民——』新泉社 49-68．
野澤謙 1987．「家畜化の生物学的意義」福井勝義・谷泰編『牧畜文化の原像——生態・社会・歴史——』日本放送出版協会 63-107．
吉田睦 2003．「シベリア・ネネツのトナカイ飼育の現在——個人経営の現状とその特徴——」井上紘一編『社会人類学からみた北方ユーラシア世界』北海道大学スラブ研究センター 67-77．

<中国語文献>
根河市史志編輯委員会編 2007．『根河市志』呼倫貝爾 内蒙古文化出版社．
卡麗娜 2006．『馴鹿鄂温克人文化研究』瀋陽 遼寧民族出版社．
孟琳琳・包智明 2004．「生態移民研究綜述」『中央民族大学学報（哲学社会科学版）』(6) 48-52．
祁恵君 2006．「馴鹿鄂温克人生態移民的民族学考察」『満語研究』42(1) 98-105．
秋浦 1962．『鄂温克人的原始社会形態』北京 中華書局．
王衛平 2012．『社会変遷中的使鹿鄂温克族』中央民族大学博士論文．

中国人民大会民族委員会辦公室編 1958. 『内蒙古自治区額爾古納旗使用馴鹿的鄂温克人的社会情況』北京 中国人民大会民族委員会辦公室.

第3章

中国内陸半乾燥地域における災害リスク対応と「村」の発展戦略

——甘粛省張掖オアシスを例に——

山田 七絵

はじめに

　世界最大の人口を有する中国において，食料の安定的な供給は最も重要な政策課題のひとつである。中国はその広大な国土面積にかかわらず，農業に適さない山地や乾燥地域を多く抱えている。そのため古来国家が水資源開発を主導し，灌漑農業によって多くの人口を養ってきた。中国の農業生産における灌漑の重要性は，中国の全耕地面積に占める有効灌漑面積が約半分であるにもかかわらず，そこで糧食の75％，経済作物の90％が生産されている事実によっても明らかである（羅 2011, 46）[1]。現在農地の大部分が分布する長江以北，とくに本章が分析対象とする内陸の西北部は干ばつをはじめとする自然災害が頻発する寒冷な乾燥地域であり，農業灌漑が必須である。

　一般的に農業は，他産業と比較して天候や自然災害などの環境の変化による収量の変動リスク（以下，「生産リスク」）や市場価格の変動によるリスク（「市場リスク」）を受けやすい。中国や日本を含むアジアでは生産主体が小規模な家族経営体であることが多く，とくに家計が農業収入に依存しがちな貧困地域ではリスクに対する脆弱性が懸念される。農業の生産リスクは農業水利の整備，品種改良や技術普及，市場リスクは生産者組織および企業との契

約取引への参加,農村金融サービスの利用,といった手段で緩和することが可能である。とりわけ貧しい地域や世帯に対しては社会保障制度の整備も有効である。

中国は1980年代初頭の市場経済化後急速な経済発展を遂げたが,2000年代以降は国内の地域格差の拡大を背景に,従来の都市・工業重視型の開発戦略から農村・農業の発展を重視する「以工哺農」(工業利潤の農村への移転により農業に恩返しをする)政策への転換が図られた。第16回党大会(2002年)以降,農民負担の軽減と三農(農業,農村,農民)問題に対するさまざまな財政支出をおもな内容とする農業保護政策が本格的に実施された(池上 2009)。この時期以降の農業保護政策の柱は「多予,少取,放活」(多く与え,少なく取り,規制を緩め活性化する),すなわち農村に対する財政支出の増加,「税費改革」の本格化と直接補助金の支給による農民負担の軽減,労働力や土地に関する規制緩和による農村経済の活性化,であった[2]。同時に,従来中央政府による貧困削減政策を除いて都市住民のみを対象としてきた中国の社会保障制度が,農村においてもしだいに整備された[3]。

こうしたマクロ政策の変化によって農村向け財政投資が増加したことを受け,災害リスク対策を含めた農業,農村発展のためのさまざまな開発事業のメニューが準備された。このような農村開発プロジェクトとして,農協の一種である「農民専業合作経済組織」や水利組織「農民用水者(戸)協会」などの参加型組織の育成,住民の協議に基づく公共事業補助金の申請制度「一事一議」,マイクロクレジットなどがある。このように,中国では政策資金の効率的利用や住民のニーズのくみ上げを目的として従来のトップダウン方式から地方政府,民間,基層自治組織が主体となった住民参加型の農村開発事業が増えており(牧野 2001),受け皿となる農村基層の運営能力が重要となっている。

本章では,中国でも自然条件が厳しく,災害のリスクの高い中国西北部の半乾燥地域農村での聞き取り調査に基づき,農業リスクへの対応を含んだ農村開発政策の実施過程および基層の内発的な発展戦略の実態を明らかにする。

現在の中国農村では，農業開発政策の末端の実施主体は基本的に「村」（第2節で詳述する行政村と村民小組）となっている。その基本的な性格をふまえたうえで，基層レベルの政策実施過程や財務内容などを手掛かりに，「村」のもつリスク対応機能，社会保障機能を考察する。

本章の構成は以下のとおりである。第1節では，中国における西北地域の位置づけを理解するため，中国の地域区分と水資源の分布，干ばつ被害の発生状況，各地域の社会経済発展状況を概観する。第2節では中国農村の行政機構および本章で着目する「村」の制度的特徴と関連政策を概説した後，先行研究をふまえ本章の分析視角を提示する。第3節では，甘粛省張掖市農村での聞き取り調査結果と行政村の財務分析に基づき，調査地の政策環境や市場環境の変化のもと，災害リスクへの対応を含めた持続可能な農村発展のために「村」と個人がどのような役割を果たしているかについて考察を行う。

第1節　中国西北地域の自然環境と社会経済的位置づけ

1．地域区分と水資源分布

まず，中国の地域区分を確認しよう。図1に中国の地域区分，省・自治区の位置と地域区分，調査地の位置を示した（図の下方に示した調査地の地図については第3節を参照）。中国は23の省（台湾を含む），5の自治区，4の直轄市と2特別行政区からなり，地理的な位置から東北，西北，華北，華東，華南，西南地域に区分される。統計上は「東部」「中部」「西部」と区分されることもあり，「東部」は北京や上海などの直轄市および遼寧省から海南省に至る沿岸の省，「西部」は上記の西北，西南地域に広西チワン族自治区と内蒙古自治区を加えたもの，中部は残りの内陸の省を指す[4]。近年は東北3省を「東北」として区別する場合もある。一般的に中国で経済が発達した地域として「東部沿海地域」という言葉が使われるが，これは上記の「東部」地

図1　中国における張掖市の位置および調査村の地図

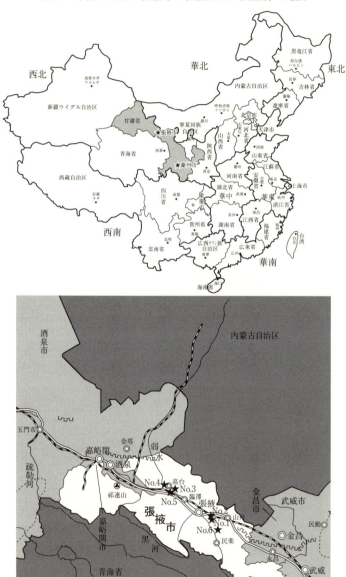

（出所）「中国まるごと百科事典」(http://www.allchinainfo.com/map) をもとに筆者作成。
（注）地図中の番号は表4の「調査村番号」に一致。

域に一致する。また，一般に長江以北を「北部」，以南を「南部」と総称する。本文中の中国の地域に関する表記は，以上の定義に従う。

つぎに，中国の水資源の賦存状況と分布について述べたい。中国の利用可能な水資源量（2812立方キロメートル）は世界の国・地域のなかで6番目に多い資源量であるが，2007年時点の人口1人当たり淡水の年間使用可能量は2156立方メートルにすぎず，これは主要国のなかで最も少ない（Xie et al. 2009）。広大な国土を有する中国では水資源の空間的な偏在が著しく，水資源の希少な北部と比較的豊富な南部の格差が大きい。Liu（2002）によれば北部にはわずか19.6％の水資源しか分布していないにもかかわらず，46.5％の人口，64.8％の農地が分布し，GDPの45.2％を生み出している。

表1に，2010年の地区別の供水量と用水量の用途別構成を示した。まず供

表1　地区別供水量と用水量の用途別構成（2010年）

（単位：億立方メートル，％）

地域	供水量				用水量					
	地表水	地下水	その他	合計	生活	工業	うち発電	農業	生態環境	合計
全国	4,953.3	1,109.1	44.8	6,107.2	789.9	1,461.8	437.5	3,743.6	111.9	6,107.2
	81.1	18.2	0.7	100.0	12.9	23.9	7.2	61.3	1.8	100.0
華北	187.2	312.7	14.1	514.0	76.0	73.6	1.1	341.6	22.6	513.8
	36.4	60.8	2.7	100.0	14.8	14.3	0.2	66.5	4.4	100.0
東北	365.5	257.9	4.9	628.3	62.2	103.8	17.2	443.6	18.4	628.0
	58.2	41.0	0.8	100.0	9.9	16.5	2.7	70.6	2.9	100.0
華東	1,707.7	152.3	9.7	1,869.7	240.8	601.8	282.1	1,003.8	23.2	1,869.6
	91.3	8.1	0.5	100.0	12.9	32.2	15.1	53.7	1.2	100.0
華南	1,463.4	191.9	7.5	1,662.8	266.1	467.6	120.3	901.2	28.0	1,662.9
	88.0	11.5	0.5	100.0	16.0	28.1	7.2	54.2	1.7	100.0
西南	559.4	28.6	5.9	593.9	98.6	165.5	15.5	325.2	4.5	593.8
	94.2	4.8	1.0	100.0	16.6	27.9	2.6	54.8	0.8	100.0
西北	670.3	165.8	2.8	838.9	46.2	49.3	1.4	728.0	15.3	838.8
	79.9	19.8	0.3	100.0	5.5	5.9	0.2	86.8	1.8	100.0

（出所）中国水利部（2011）より筆者作成。
（注）下の欄に示されている比率は，それぞれの地域において各用途が供水・用水量全体に占める比率。

水量をみると合計6107億2000万立方メートルのうち67.6%が南部（華東，華南，西南）に集中している。水源は南部では河川など地表水からの供給割合が8割以上を占めているのに対し，とくに華北（60.8%），東北（41.0%）の地下水からの供水割合が高い。続いて産業セクター別の用水量の構成をみると，全国平均では農業が61.3%，工業が23.9%，生活用水が12.9%となっているが，地域による違いが大きい。工業化の進んでいない西北地域では工業用水の比率はわずか5.9%，農業部門では86.8%もの水が利用されている。

　季節的な水資源量の変動が大きいことも，中国の水資源問題の特徴のひとつである。中国の大部分の気候は大陸性モンスーン気候で，降水量は夏季に集中し季節変動が大きい。とりわけ乾燥した西北の黄土高原や内モンゴル自治区などでは年間降水量はわずか150〜750ミリにすぎず，安定的な農業を行うためには灌漑が必須である（山中 2008）。

2．干ばつ被害の発生状況

　図2は1950〜2010年の中国における干ばつの発生と農業への被害状況を示している。被害農地面積，糧食の損失量は年ごとの変動が大きいが毎年コンスタントに発生しており，2000年代に至っても年によっては甚大な糧食の損失をもたらしていることが読み取れる。一方，飲用水へのアクセスが困難な人口，家畜頭数は1991年以降公表されており，2011年までの平均で毎年それぞれ2780万9000人，2128万6000頭も発生している。1990年代中盤以降やや減少傾向にあるが，その要因のひとつとして同時期に行われてきた政策的な供水インフラの整備が考えられる。

　趙等（2010）は全国28省・自治区の1951〜2007年のデータを用いて，干ばつによる農産物への被害発生の傾向，地理的な分布を分析した。同論文の推計結果によれば，干ばつによる農業被害はおもに華北，東北，西北で発生しており，乾燥地域の河北，陝西，内蒙古，甘粛および山西省の5省（区）で発生率が最も高かった。とくに程度の深刻な干ばつの発生は上述の地域に集

第3章 中国内陸半乾燥地域における災害リスク対応と「村」の発展戦略 115

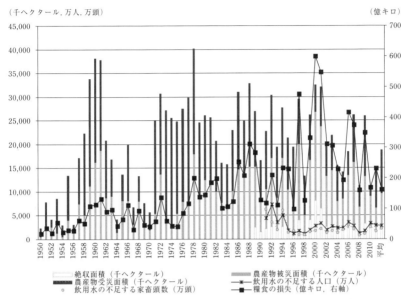

図2 中国における干ばつの発生と被害状況（1950～2010年）

(出所) 中国水利部（各年版）より筆者作成。
(注) 1)「農産物受災面積」とは降水量や河川流水量の減少により干ばつが発生している地域のなかで，例年の収量より1割以上収量が減少した農地面積。同じ土地で同一年内に複数回被災した場合も1回と数える。「農産物被災面積」と「絶収面積」とは，干ばつが原因で平常年よりそれぞれ3割以上，8割以上収量が減少した面積。「絶収面積」は1989年以降公表されている。
2)「飲用水の不足する人口」「飲用水の不足する家畜頭数」とは，干ばつが原因で一時的に人と家畜の飲用水が不足していることで，慢性的な飲用水不足は含めない。大家畜はヒツジを原単位として換算する。

中しており，特定の乾燥地域の災害リスクが深刻化する傾向がみられ，これらの地域における貧困の定着化が懸念される。上掲論文は有効灌漑率の高い地域ほど干ばつに対する耐性が高いことも示唆しており，適切な灌漑システムの整備は農業被害のリスクの軽減に有効であると考えられる[5]。

3．地域による経済格差

　ここで中国全体からみた西北地域の経済・社会的位置づけを確認する。表2に2012年の中国における主要な経済社会発展指標を，東北，東部，中部，西部および調査対象地の甘粛省（西部に含まれる）について示した。経済が最も発展している東部沿海地域と内陸の西部地域を比較してみよう。総人口に占める東部・西部地区の人口の割合はそれぞれ38.0％，26.9％であるが，経済規模をみるとGDPに占める比率はそれぞれ57.0％と21.9％，輸出入総額に至っては84.6％と6.1％と，東部に経済活動が集中していることが明らかである。1人当たりGDPは東部が最も高く6万元近くに達している一方，西部，中部は3万元台にとどまる。1人当たりGDPの構成をみると，西部の第一次産業の比率は12.6％であり，これは全国平均の10.1％，東部の6.2％を上回り，相対的に第一次産業への依存度が高いことがわかる。

　1人当たり平均所得の地域による格差も顕著で，都市住民1人当たり平均可処分所得は最も多い東部で2万9622元，最も低い西部で2万600元，農村住民1人当たり平均純収入では東部で1万817元，西部で6027元となっており，最も所得の高い東部地区の都市住民と最も低い西部地区の農村住民を比較すると，その所得格差は4.9倍に達する。甘粛省の農村住民1人当たり純収入はさらに低く4507元で，全国の省・直轄市のなかで最下位である。また，農村住民1人当たり平均純収入の内訳をみると，東部地区では給与所得が全体の5割強を占め，農業や畜産などの自営収入の比率は3割程度である。一方西部地区ではその比率は逆転し，給与所得は全体の4割程度，自営収入が収入全体の半分近くを占めており，依然として農畜産業に依存した収入構造になっていることがわかる。

表2 地域別の経済社会発展状況（2012年）

項目	全国	東北地区	東部地区	中部地区	西部地区	甘粛省
年末総人口（万人）	135,404	10,973	51,461	35,927	36,428	2,578
GDP（億元）	518,942	50,477	295,892	116,278	113,905	5,650
1人当たりGDP（元）	38,420	46,014	57,722	32,427	31,357	21,978
1人当たりGDPに占める第一次産業の割合（％）	10.1	11.3	6.2	12.1	12.6	13.8
輸出入総額（億ドル）	38,671	1,662	32,711	1,934	2,364	89
輸出額（億ドル）	20,487	784	17,010	1,206	1,487	36
輸入額（億ドル）	18,184	879	15,700	728	877	53
鉄道運行距離（キロメートル）	97,625	15,427	22,457	22,402	37,340	2,149
道路距離（キロメートル）	4,237,508	357,833	1,038,592	1,155,363	1,685,719	118,879
うち高速道路	96,200	10,248	30,518	26,243	29,190	1,993
普通高等学校数（校）	2,442	248	955	644	595	35
入学者数（万人）	689	62	268	189	170	11
在校生数（万人）	2,391	222	949	654	567	38
卒業生数（万人）	625	59	254	176	137	9
医療機関数（所）	950,297	76,684	307,272	266,086	300,255	26,401
うち病院（所）	23,170	2,432	8,105	5,426	7,207	401
都市住民1人当たり平均可処分所得（元）	24,565	20,759	29,622	20,697	20,600	17,157
農村住民1人当たり平均純収入（元）	7,917	8,846	10,817	7,435	6,027	4,507
うち給与所得（元）	3,447	2,378	5,791	3,328	2,124	1,788
うち自営収入（元）	3,533	5,283	3,711	3,783	3,084	2,115
地方財政収入（億元）	61,078	5,310	32,679	10,327	12,763	521
地方財政支出（億元）	107,188	10,201	42,093	22,625	32,269	2,063

（出所）中華人民共和国国家統計局（各年版），甘粛省部分は甘粛省統計局・国家統計局甘粛調査総隊（2012），「鉄道運行距離」「道路距離」「普通高等学校数」とその学生数のみ甘粛発展年鑑編委会（2011）の2010年の数字。
（注）「普通高等学校」は日本の大学，専門学校に相当。

第2節　関連政策と分析視角

1．中国農村基層の組織と制度

　1980年代初頭の市場経済化後の中国の行政機構を，図3に示した。政府は中央以下，省級，地区級，県級，郷鎮級までの5段階あり，その下に住民自治組織である行政村とその補助組織の村民小組が置かれている。なお，人民公社期は現在の郷鎮政府レベルに人民公社，行政村に生産大隊，村民小組に生産隊が置かれていた。行政村は政府と農村住民をつなぐ普遍的な窓口であり，行政の末端組織（党村支部）と住民自治組織（村民委員会）のふたつの組織が設置されている。村幹部および村民小組長は，3年に1度の住民選挙で選出される。

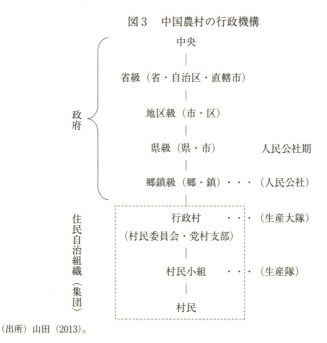

図3　中国農村の行政機構

（出所）山田（2013）。

本章で注目する中国の「村」の制度的特徴について，所有制度と財政制度の側面から説明しておきたい。まず，中国農村では集団所有制がとられており，「集団」とも呼ばれる行政村または村民小組が農地や水利施設などの集団所有資産の所有主体とされている。なお，第一次全国農業センサスによれば，農村の土地の所有主体は行政村と村民小組が約半数であり，どちらが所有主体となるかはそれぞれの地域の歴史的な経緯，自然集落の規模や形態によって異なる[6]。集団所有資産の運用方法に関する意思決定は，行政村が所有主体の場合は村民代表会議，村民小組固有の資産である場合は小組内の話し合いを通じて行われる。

　第2に，中国の財政制度上行政村には徴税権がなく，上級政府からの再分配機能も弱い。とはいえ，行政村は一人っ子政策の実施などの行政の下請業務，末端インフラの供給などの財源を自ら確保しなければならない。そのため，「村」は集団所有資産の経営により収入を得る，一種の企業経営体のような性格をもつ。中国の「村」のこのような性質は，たとえば長江デルタで1980年代以降集団所有制企業（いわゆる郷鎮企業）の成功により飛躍的に豊かになった「村」や，近年東部沿海地域で農地の非農業転用により莫大な地代収入を得て豊かになった「村」，といった事例にも表れている（たとえばHou 2013）。

　2000年代に本格化した税費改革により，2006年に各種農業関連の税および分担金が全面的に廃止された。それまで，基層政府はフォーマルな予算の不足分をこのような分担金等で補填することで公共事業の財源を確保していたため，とくに財源の乏しい中西部の農村において農民の過重な負担が深刻であった[7]。税費改革によって農民負担の削減という目的は達成されたが，一方で貧しい中西部の行政村の補助金依存度が高まり，県，郷鎮政府および行政村の負債問題も明るみにでた（滝田 2005; 陳・斉・羅 2009）。

2. 関連政策

中国農村で災害リスク対応を含めた持続的な地域発展のために,どのような政策的措置がとられているだろうか。改革解放後の関連政策として,(1)農業政策（農業部）,(2)水利政策（水利部）,(3)社会保障・貧困削減政策（扶貧弁公室）,の3つがある（カッコ内は主要な管轄部門）。以下では甘粛省の調査地で実施されているものを中心に,政策の概要を紹介する。なお,各政策には全国共通で実施されているものと,特定の地域のみを対象に実施されているものとがある。

(1) 農業政策

1990年代後半以降の農村開発政策の柱として,「農業産業化政策」と呼ばれる契約農業や農業インテグレーションをとおした農業振興策が行われている。農業産業化政策では,「龍頭企業」とよばれる農業関連産業のリーディングカンパニーに対し税制上の優遇や補助金を重点的に与えることにより,契約農業や関連産業での就業をとおして周辺地域の農家の所得を向上・安定化させ,地域農業を振興する地域開発政策である。農家への技術普及や生産管理,土地の集積,生産物の集荷などを行う,農民専業合作経済組織と呼ばれる参加型組織の設立も奨励されており,2007年の「農民専業合作社法」により,農民専業合作経済組織に対する税制上の優遇や補助金などの政策的支援措置が正式に法制化された。契約農業や合作社への参加により,小規模農家が個別に生産や販売を行うよりも経営が安定化することが見込まれる。

農業経営を支える金融サービスは,やや遅れて整備された。馮等（2012, 186）によれば,2007年からモデル地域での農業保険補助金が始まった。開始以来中央政府による補助の対象は拡大しており,2010年までに14種類となった[8]。耕種作物への補助は当初の6省からすべての糧食主産地へ拡大し,畜産については中部,西北部の全地域が含まれている。とはいえ,2009年時

点での全国の農産物播種面積に対する農業保険のカバー率は，面積ベースでわずか25.7％にとどまっている。ただし普及率の地域格差が大きく，上海市が99.97％と突出して高く，第２位の内蒙古58.2％，第３位の江蘇省56.9％に大きく差をつけている。本章が対象とする甘粛省では総作付面積5908万ムーのうち，わずか２万ムー（0.18％に相当）しかカバーしておらず，普及率は全国で下から第４位となっている（馮等 2012, 187-189，原資料は中国保監会財産保険部 年次不詳）。国務院発展研究中心金融所「中国農業保険：現状，問題与政策」課題組（2010）によれば，保険料は中央，省，県レベルの政府および受益農家が負担しており，負担比率は作物や地域によりさまざまであるが，中央政府が35～40％，省政府が35～40％，県政府が10～30％，農家は20％程度を負担するのが一般的である。

(2) 水利政策

　安定的な農業生産には，農業灌漑施設への適切な投資と維持管理が不可欠である。2011年の中央政府による一号文件で農業水利建設が謳われるなど，食料の安定的な供給という観点から農業水利は近年政策的に重視されている[9]。その背景には，1980年代初頭の市場経済化以降，全国で農業水利システムへの投資や維持管理が適切に行われず，機能不全に陥るという事態が発生したことがある。1950～1970年代の計画経済時代に強制的な資源動員によって農業水利施設が急ピッチで建設されたが，市場経済化後に人民公社体制に代わる水利施設の管理システムが構築されていなかったことがおもな要因と考えられている（山田 2008）。

　このような状況を解決するため，1990年代初頭に世界銀行により湖南省，湖北省の水利プロジェクトに参加型灌漑管理（Participatory Irrigation Management: PIM）モデルが導入された。これをきっかけに，2000年代以降中国政府は従来の上意下達型の水資源管理からボトムアップ型管理への転換をめざし，管理体制の分権化，民営化の制度実験を行い，中国版 PIM モデルとして農民用水者（戸）協会の設立を政策的に推進した。中国における PIM モ

デル導入の主要な目的は，農業用水の節水と，水利施設の維持管理の適正化である。

このようにフォーマルな制度が整備されつつあるにもかかわらず，PIMとしての農民用水者協会の設立は順調に進んでいるとはいえない。援助機関は水系ごとの農民用水者協会の自発的な設立によって水資源管理に関する民主的な意思決定と業務内容の情報公開を促進し，受益者である農民の水に対する権利を強化すべきであると主張する（Xie et al. 2009, 63）。ところが実際には農民用水者協会を農民が自発的に組織した事例はほとんどみられず，政府や水利部門の指導のもと組織されている。また，ほとんどが流域単位ではなく行政村の範囲に組織されている（仝 2005）。

水利部農村水利司副司長の李遠華によれば，2009年時点の全国の農民用水者協会は5万2700組織（うち2万600組織はすでに民政部登録済み），管理面積は1353万平方メートルで，全国の有効灌漑面積の23％を占める。ところが協会が十分に機能しているとはいえず，現在成立している農民用水者協会のうち，運営が良好，改善が必要，不良（一部は有名無実）の割合は約3分の1ずつである（李 2009）[10]。

(3) 社会保障・貧困削減政策

中国政府が1978年以来継続して行ってきた貧困削減政策として，国務院扶貧開発領導小組弁公室が定める国家級貧困県を中心に実施されている貧困削減政策がある[11]。2006年に指定された国家級貧困県は21省・自治区の592県で，おもに中西部に分布している。甘粛省には全国で4番目に多い43の貧困県が認定されている（ただし，本章の調査地である張掖市には存在しない）[12]。

全国で実施されている公的な災害時補償制度としては，1999年に始まった自然災害補償制度がある。自然災害補助金は民政部の「救済金の使用管理の一層の強化に関する通知」（1999年），財政部の「農業防災救災資金管理法」（2001年）により規定され，生活補助（民政部門），生産補助（農業部門），洪水貯留区域補償（水利部門）の3種類があり，中央政府と地方政府が被害状

況に応じて負担する。生活補助は自然災害によって失った家屋等の復旧に対する補助，食料や生活物資の支援，移転費用の支給を含む。生産補助は，自然災害や広範囲の病虫害による農畜産業への被害が生じた場合の生産資材補助，家畜疫病発生時の大量殺処分補助である。洪水貯留区域補償は洪水貯留区域内で発生した水害への補償金である。中国では従来災害対策に関する法整備が遅れていたが，2010年7月に国務院が「自然災害救助条例」を公布し，今後の制度整備への基盤が整えられた。

　農村の社会保障制度の整備はさらに遅く，第16回党大会以降「社会主義新農村建設」のスローガンのもとようやく整備が始められた。2007年に国務院「全国農村最低生活保障制度の整備に関する通知」により最低生活保障制度が本格的に整備された。おもな対象者は，病気や災害により生活が困難とみなされた人びとである。各地の支給額は各地の経済水準，財政負担能力，物価などを総合的に考慮して決定される。2010年第3四半期の全国1人当たり平均支給額は毎月100.8元であるが，地域による格差が大きい（上海市では300.0元，甘粛省では72.6元）[13]。同制度を導入している地域は2004年時点でわずか8省にすぎなかったが，2009年末時点では全国の県の99％に相当する2879県が導入している。

　他方，マイクロクレジットは1970年代のグラミン銀行の成功で国際的に広く知られるようになったが，中国においても1990年代前半から国際援助機関，中国政府，金融機関，NGO 等により広がった（孫 2005, 50-59）。初期はUNDP 等の国際援助機関や国際慈善団体などによる事業が多かったが，1998年の「中央中共関於農業和農村工作若干重大問題的決定」（中央中共による農業と農村の若干の重要問題に関する決定）により中国の農村開発の政策的手法のひとつとして正式に奨励されるようになり，扶貧部門主導で陝西省，雲南省，河北省，広西省，貴州省等の貧困地域を皮切りに事業が広がった。個別のマイクロクレジット事業の内容は地域により異なる。

3．本章の分析視角——高リスク地域における「村」の発展戦略——

　近年開発経済学等の研究分野では，災害や気候変動などのリスクに農家や農村コミュニティがどのように対応しているかを明らかにしたり，あるいはその脆弱性（vulnerability）や回復力（resilience）を計測・評価する研究が盛んに行われ（たとえば梅津ほか 2010; 黒崎 2011），農村開発事業や政策のデザインに反映されている。このような国際的な流れを受け，中国国内でも先進国の分析モデルを分析枠組みとして援用し，家計データ分析による生計リスク要因の分析を行う研究（蘇・尚 2012; 許・楽 2012）や，農村金融サービスや貧困削減プロジェクトへの参加による所得向上効果の評価研究（左等 2007; Huang and Lu 2013）がみられるようになった。農家によるリスク対応戦略に関する事例研究としては，たとえば内蒙古自治区の 1 カ村かつ単年の分析ではあるが，吉田ほか（2003）がある。

　先行研究はいずれも農家を分析対象としており，代表的なリスク対応方法として家計内消費の節約や出稼ぎ（蘇・尚 2012），家族経営内の作付構成の転換（吉田ほか 2003）を指摘している。また，プロジェクトの評価研究では，農家あるいは地域コミュニティ自身の主体的な取り組みや能力は十分に分析されないことが多い。そのため，先行研究では中国の農村社会に固有の制度や組織の機能は考慮されづらく，一般的な結論を導きがちである。

　本章では，すでに述べた独特の制度的特徴をもつ中国の「村」という単位に着目しつつ，自然災害の発生リスクが高い西北地域農村で「村」およびその構成員である個人が，与えられた政策環境や市場環境のなかでどのようにリスクに対応し，持続可能な発展をめざしているかを明らかにしたい。その際，乾燥地域である調査地の災害リスク対応として重要な農業水利建設や維持管理，技術普及や契約をとおした所得の安定化をめざす契約農業とそれを支える金融サービスや農業組織，そして「村」による社会保障，を中心にみていく。

第3節　甘粛省張掖市の事例研究

1．調査地および農村開発政策の概要

(1) 調査地の概要

　筆者は2013年3月と同年10月の2度にわたり，甘粛省張掖市の1区・3県で現地調査を実施した[14]。現地調査および収集資料に基づき，調査地の概要を紹介する。

　前述の図1の下に，中国における甘粛省と調査地の位置を示した。甘粛省は中国西北部の内陸に位置し，東は陝西省と寧夏回族自治区，西は新疆ウイグル自治区と青海省，北は内蒙古自治区，南は四川省に接している。省都は黄河沿いに発展した蘭州市である。南側に位置する祁連山脈に沿って河西回廊と呼ばれる西北から東南方向に900キロメートルに及ぶ平地が続いており，黒河，石羊河等の内陸河川が複数存在する。内陸河川の流域には，古代シルクロードの要衝として栄えた武威，張掖，酒泉，敦煌といったオアシス都市が点在している。張掖オアシスは河西回廊（原語は「河西走廊」）の中部，黒河中流域に位置する。黒河は祁連山脈の雪解け水を水源とし，中流はオアシスや沙漠湖を形成し，最下流は沙漠で消滅する。黒河流域の開発は紀元前に始まったが，新中国建国後の計画経済期にダムや用水路の建設が急ピッチで進められた。その結果，1949～1985年のあいだに黒河流域に建設されたダムは2施設から95施設へ，有効灌漑面積は8万2600ヘクタールから23万5900ヘクタールへ，流域人口は54万9200人から105万1200人へと急速に拡大した（Wang and Cheng 1999）。おもに中流域の農牧地域の用水量増加と人口増加，加えて気候変動による上流からの水の流入量が減少した結果，黒河の断流や沙漠湖の消滅といった問題が発生している。

　張掖市は行政上，甘州区，高台県，臨澤県，民楽県，山丹県，粛南県の1区5県を管轄しており，2012年末時点の総人口は120万7600人である。温帯

大陸性乾燥気候区に属し，市政府所在地の甘州区の平均気温は7.7℃，年間降水量は区・県によって異なるが125.1～364.0ミリ，年間蒸発量は1491.7～2093.1ミリと乾燥している（張掖市統計局・国家統計局張掖調査隊 2012）。降雨は5～8月の夏季に集中し，年間降水量の70％以上を占める（胡等 2008, 209）。

張掖市の2012年 GDP に占める三次産業比率はそれぞれ28.1％，35.5％，36.4％となっており，第一次産業比率は1995年の50.4％から大幅に低下したとはいえ，依然として地域経済のなかで重要な位置を占めている。就業においても，2012年の就業人口72万9300人のうち第一次産業就業者は35万2200人と約半数を占めている（張掖市統計局・国家統計局張掖調査隊 2012）。

表3は2012年の張掖市の農産物作付面積を，区・県別に示したものである。全体でみると農産物作付面積394万9000ムーのうち，糧食が約3分の2を占めているが，糧食作付面積270万9000ムーのうち種子用穀物が104万3000ムー（「種子用トウモロコシ」と「その他穀物種子」の合計値）と4割近くを占めている。種子用トウモロコシは企業契約により生産されており，平地が多く灌漑施設の整った甘州区と臨澤県に集中している。他方，遠隔地で山がちな民楽県，山丹県では自給向けの糧食のほか，ナタネなどの油料作物，温室野菜，テンサイ，傾斜地でも栽培可能な薬草などの生産がみられる。

続いて張掖市の灌漑用水利施設の整備状況を述べたい。2012年の耕地面積387万5000ムーのうち，有効灌漑面積は264万2000ムーを占めている（有効灌漑率68.2％）[15]。河川からの地表水灌漑と井戸灌漑が行われており，揚水式井戸も6804カ所整備されている。張掖市の1区4県（甘州区，高台県，臨澤県，民楽県，山丹県）で2006年に行った実地測量に基づきリモートセンシング技術を用いて各地域の農業用水路の整備状況を推計した胡等（2008）によれば，張掖市には24の灌漑区があり，灌漑用水路は6300本，水路の総延長は8749.5キロメートルに及ぶ。用水路は甘州区に集中しており，同区の水路の総延長は全体の約3分の1を占めている。民楽県，山丹県は地形上の理由から水へのアクセスは他県に劣る。

表3　張掖市における区・県別農産物作付面積の構成（2012年）

(単位：万ムー)

	張掖市	甘州区	粛南県	民楽県	臨澤県	高台県	山丹県
糧食作物	270.9	72.7	6.7	61.8	32.1	32.0	40.6
小麦	72.2	9.3	2.4	28.4	1.1	7.9	20.4
大麦	22.6	1.1	1.2	3.0	0.1	0.2	5.2
夏雑穀	10.5	0.1	0.4	0.8	0.1	0.6	1.1
水稲	0.0	0.0	0.0	0.0	0.0	0.0	0.0
トウモロコシ	118.3	58.7	2.5	4.6	30.0	21.5	1.1
種子用トウモロコシ	99.6	53.5	0.6	4.5	26.7	13.6	0.8
その他穀物種子	4.7	0.0	0.0	3.4	0.0	0.0	0.0
谷子	1.6	0.2	0.0	1.0	0.1	0.1	0.3
大豆	0.4	0.0	0.0	0.0	0.3	0.1	0.0
イモ類	44.8	3.1	0.3	24.1	0.3	1.6	12.5
その他	0.5	0.2	0.0	0.0	0.2	0.2	0.0
経済作物	109.1	17.9	1.1	27.4	8.6	20.1	12.9
綿花	4.2	0.0	0.0	0.0	0.2	4.0	0.0
油料作物	37.2	1.1	0.0	6.8	0.0	0.3	7.6
テンサイ	1.1	0.5	0.0	0.0	0.0	0.0	0.2
薬草	17.4	0.8	0.4	15.0	0.2	0.2	0.8
野菜	32.7	11.8	0.5	2.2	7.1	9.8	1.3
ウリ類	1.4	0.5	0.0	0.1	0.0	0.1	0.6
野菜等の種子	10.6	2.1	0.0	3.3	0.3	4.0	0.9
その他	4.6	1.1	0.1	0.0	0.6	1.5	1.4
飼料作物	14.9	2.1	2.7	2.7	0.4	0.0	7.1
合計	394.9	92.7	10.5	91.9	41.1	52.1	60.5

(出所）張掖市統計局・国家統計局張掖調査隊（2012）。

　図4は，1990年から2012年までの張掖市各県の農業被災状況をまとめたものである。黒河調水（後述）の始まった2002年以降は全体としてやや被害が軽減される傾向にあるが，2，3年周期で発生していることが見て取れる。地域による被災状況にも差があり，山がちで水へのアクセスの悪い民楽県での発生面積が他県より顕著に多く，同じく丘陵地の山丹県，低地だが灌漑施設の整備率の低い高台県が続いている。一方，灌漑システムの最も発達した

図 4　張掖市における県別暦年農業被災状況

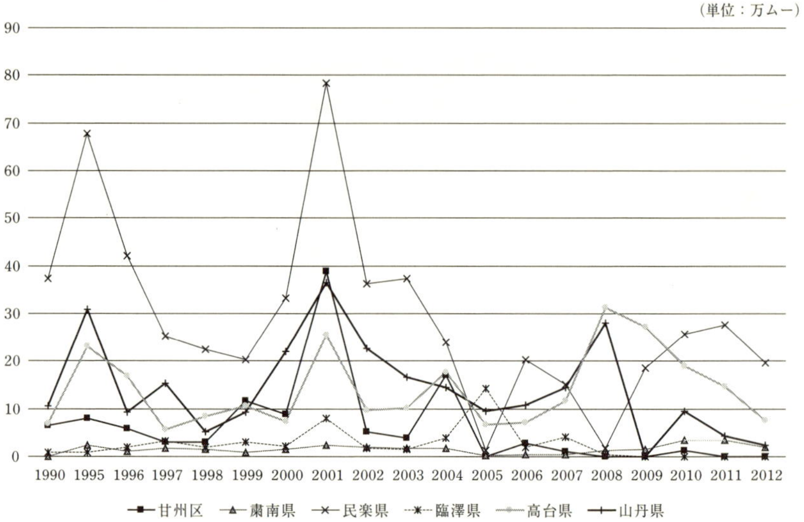

(単位:万ムー)

(出所) 表3に同じ。

　甘州区は農地面積が最大であるにもかかわらず被災面積は小さく，臨澤県も水へのアクセスが比較的よいため被災面積は小さい。粛南県はそもそも農地面積が小さいため，被災面積が小さくなっている。

(2) 調査地における農村開発政策の実施状況

　ここで近年張掖市で実施されている農村開発政策を，水利，農業，農村金融について整理したい。まず，水利政策については，2002年3月張掖市は水利部により全国初の「節水型社会」モデルに指定され，以降農業節水，水利権の明確化，水価格等の政策実験が行われてきた（張掖市節水型社会試点建設領導小組弁公室 2004）。窪田・中村 (2010) によれば，1990年代から人口増加や近郊農業の発展にともない地下水の利用量が増加し，とくに張掖市周辺地域では地下水位の低下が進行した。1999年には黒河流域管理局が設立され，上流の甘粛省，下流の内蒙古自治区間で流域の利水調整が始まった。2002

に張掖市が全国レベルの節水型社会建設モデル地域に指定されると，黒河の河川水の利用を厳しく制限し下流への配水を行った。これを「黒河調水」と呼ぶ。地元政府は黒河調水の開始後，モデル地域としての節水目標を達成するために地下水利用を許可したため，地下水への依存がますます強まった。2013年3月に張掖市水利局で行ったヒアリングによれば，新規の井戸掘削禁止，節水農業の普及によって，2000年時点と比較して農業用水量は1億3000万立方メートル減少した。その結果地下水位の低下は緩和されたが，調査時点でなおも毎年0.2～1メートルの速度で低下し続けている。

　2002年のモデル地域指定以来，張掖市では灌漑区の水利権改革が実験的に進められてきた。その具体的な内容は，水票制度と農民用水者協会の設立である。灌漑区ごとに村民に水利権証書を発行し，経営農地面積，家族人数に基づき灌漑用水，生活用水の使用権を保証するもので，75％の灌漑区で実施されている。農業用水の使用料は上述のとおり水票によって支払うが，村民間の水票の売買も認められている。末端の水管理適正化のために農民用水者協会の設立が行われ，調査時点で灌漑区内の98％の行政村で設立されている[16]。

　農業政策としては，農業構造の改革が進められている。用水量の多い伝統的なトウモロコシ・小麦の混作を禁止するとともに，補助金やマイクロクレジットなどの政策手段により水消費が少なく経済性の高い種子用トウモロコシ，施設園芸への転作を促している。張掖市統計局・国家統計局張掖調査隊（2012, 15）によれば，張掖市では種子用トウモロコシ，ジャガイモ，夏期の温室野菜，肉牛飼育などによる，産地育成が進められている。2012年の農業産業化プロジェクトにより指定特産物の生産農場に指定された農地面積は290万7000ムーにもおよび，全農地面積の75％を占めるに至っている。年間販売額2000万元以上の「龍頭企業」は60社に達し，同様の規模の企業総数の46.9％を占める。「龍頭企業」による農産物加工量は178万トン，農産物の生産量に対する加工比率は55.9％に達した。

　甘粛省全体でみると河西回廊は種子用トウモロコシ等の主要産地に指定さ

れており，政府の援助が行われている[17]。甘州区には調査時点で70社以上の種子用トウモロコシ企業が進出しており，企業間の競合が激しい[18]。2013年に農業部は臨澤県を全国で26番目の国家級ハイブリッドトウモロコシの種子生産基地に指定した。臨澤県の2013年の種子用トウモロコシ作付面積は29万6000ムーに達しており，農地を集約化して4万2000ムーのモデル農場を設立している。2013年時点で県内には種子用トウモロコシ製造企業24社と加工センター10社が立地し，生産契約79件が締結されており，16万5000トン，7億8000万元の販売が見込まれている[19]。

農村金融プロジェクトとしては，婦女連マイクロクレジットが行われている。財政部，人力資源和社会保障部，中国人民銀行，全国婦女連が「関於完善小額担保貸款財政貼息政策推動婦女創業就業工作的通知」(小額担保融資・財政補填による低利子融資による婦女の就業機会創出に関する通知，財金［2009］72号）を公布し，近年農業の担い手の多くが女性となっている実態に鑑み，無職の女性を支援する融資事業を開始した。全国婦女連は東部沿海地域の7省を除くすべての地域で2009年よりマイクロクレジット事業を開始し，融資の利子は国家財政から補填されるため免除となっている。報道によれば貸出金額は1件当たり通常5～8万元，最高で10万元であり，2011年時点の甘粛省での返済率は約100％である[20]。

2．調査村のリスク対応と発展戦略

(1) 調査村の概要

表4は，筆者が2013年10月に張掖市甘州区，高台県，民楽県の6行政村と農家を対象に実施した聞き取り調査の結果を整理したものである。調査では，行政村リーダーに対し，行政村の組織（社の数，人口），村民の就業と収入，農業水利（灌漑方式，施設管理の方法），土地利用と農業，農村開発事業の実施状況等について，村民に対し農業経営や災害リスクへの対応等について，インタビュー形式で行った。高台県の調査地は市政府所在地から黒河のもと

第3章 中国内陸半乾燥地域における災害リスク対応と「村」の発展戦略

表4 調査村の概況（2013年）

調査村番号	1	2	3	4	5	6
県区	甘州	甘州	高台	高台	高台	民楽
郷鎮，行政村	鹸灘鎮普家村	党寨鎮下寨村	巷道郷八一村	巷道郷東聯村	南華鎮明永村	六壩鎮柴庄村
灌漑区	大満	大満	友聯	友聯	三清渠	洪水河
張掖市街からの距離（km）	14.2	10.8	70.3	76.3	60.4	44.4
各県城からの距離（km）	14.2	10.8	2.6	4.7	13.5	22.6
地形	平地	平地	平地	平地	平地	丘陵地
社数（社）	6	13	8	5	3	6
人口（人）	1,350	2,580	1,478	1,022	890	1,108
1戸当たり人口（人）	4.1	5.0	4.0	3.9	4.0	4.1
農地面積（ムー）	9,000	8,600	3,009	3,120	2,700	8,000
1人当たり農地面積	6.7	3.3	2.0	3.1	3.0	7.2
通年出稼ぎが労働人口に占める比率（％）	N.A.	30.0	50.0	47.6	55.3	30.8
1人当たり平均純収入（元）	7,953	7,953	7,555	7,555	7,555	6,393
灌漑水源（主要な順に）	河川，井戸	河川，井戸	井戸，河川	井戸，河川	井戸	井戸，河川
おもな農産物	種子用トウモロコシ	種子用トウモロコシ，温室野菜	食料作物，温室野菜	タマネギ，露地野菜，温室野菜（過去に種子用トウモロコシ）	食料作物，香辛料，温室野菜，温室ブドウ	種子用トウモロコシ，食料作物，ヒマワリ，タマネギ，薬草
経済作物の導入時期	2000年	2000年	N.A.	1990年代初（温室），2006年（種子用トウモロコシ）	2009年（温室ブドウ），2011年（温室野菜）	2000年（種子用トウモロコシ）
村の経済活動の概要	なし	3合作社，7割参加。村営牧場	1合作社	1合作社	なし	2合作社
作付の決定主体	行政村	行政村	個人	行政村，社	個人	行政村
社長への種子企業からの補助の有無	あり	あり	なし	なし	なし	あり
水路の共同管理の回数，出不足金の有無	年2回，出不足金あり	年1回，出不足金なし	あり	あり	あり	あり
水票の有無	なし	あり	あり	あり	あり	あり
マイクロクレジット事業への参加率（％）	50.0	あり	80.0	あり	あり	21.9
低利融資の有無	なし	N.A.	あり	あり	あり	あり
食糧備蓄の有無	なし	なし	あり	あり	なし	あり

（出所）1人当たり平均純収入は甘粛省統計局・国家統計局甘粛調査総隊（2012）。その他は2013年10月に実施した聞き取り調査をもとに筆者作成，ただし距離データは佐藤赳氏（東京大学大学院農学生命科学研究科博士課程）がgoogle earthをもとに計算した直線距離。

流方向へ約70キロメートル，民楽県の調査地は黒河流域からは外れて南東方向へ約40キロメートルの地点にある。

　まず，調査村の組織的特徴について述べたい。すべての調査村で，行政村の下に補助組織として200〜300人程度の村民小組（現地では「社」と呼ばれる）があり，社ごとに社長と呼ばれるリーダーがひとりずつ置かれている。社長も行政村の幹部同様，3年に1度の選挙で選出され，上級政府の補助金から手当が支払われる。すべての調査村に2000年代初頭に農民用水者協会が設立されているが，行政村と実質的に同一組織であり，農民用水者協会リーダーを行政村リーダー，その下の「会員」と呼ばれる役員を社長が兼任している[21]。なお，調査地において自然集落と行政村の範囲は一致しており，土地等の集団所有資産の所有主体と運用の意思決定主体は行政村である。

　つぎに村民の就業については，農閑期に周辺で在地のまま非農業就業するケースと，村を離れ周辺都市で通年就労するケース，のふたつがみられる。前者についてはほとんどの農家が行っているが，後者の労働人口に占める村外での就労者数の比率は，甘州区と民楽県の調査村で30％台，高台県の調査村で比較的高く50％前後に達するとの回答が得られた。出稼ぎ先は省内の張掖市，酒泉市，蘭州市以外に，新疆ウイグル自治区，青海省，広東省などが多い。甘州区の調査村で出稼ぎが少ない理由は，張掖市に近いため通いで就業可能であること，後述する契約農業が普及しており，農業収入が比較的多くかつ安定していること，などが考えられる。これに対し民楽県の調査村で出稼ぎ比率が低い理由は，民楽県内で2011〜2014年の期間鉄道敷設工事が行われているため県内に就業機会が存在したことである。通年出稼ぎが増加し始めた時期は2007年頃と比較的遅く，周辺都市部での労賃が急上昇したことが契機であったという[22]。インタビューによれば，調査地は主要道路や鉄道から一定の距離があり，農村地域の道路の整備が遅れていたこともあり，遠隔地への出稼ぎが始まる時期が相対的に遅かったと考えられる。村民の純収入に関しては十分な回答が得られなかったが，張掖市統計局・国家統計局張掖調査隊（2012, 15）によれば2012年張掖市1人当たり平均純収入は7504元，

非農業就業による収入はそのわずか28.6%，農林畜産業による収入は64.1%を占めている。

(2) 調査村のリスク対応と発展戦略
① 農業水利の利用と管理

　農業水利の利用と管理の状況は，以下のとおりである。灌漑の水源は，灌漑システムの発達した甘州区の2村は黒河からの表流水をおもな水源とし，井戸水で補給灌漑を行っているが，ほかの村は井戸水が主で水資源は不足している。とくに高台県明永村は1980年代後半に山西省からの移民によって新たに形成された集落であり，政府の補助金で建設した井戸のみに頼って灌漑を行っている。

　末端水利施設の管理は農民用水者協会が行っており，おもな任務は毎年灌漑期前に上部組織である水管所から通達される各村の割当用水量の村民への伝達，それに基づいた水票の発行，水利費の徴収と水管所への上納，村民に対する財務の公開，村民同士の水紛争の調停である。社長はまとめて協会から水票を購入し，割り当てられた水量に基づいて小組内の生産計画をとりまとめ，小組メンバーから水利費を徴収するとともに水票を配布する。村民は作物ごとの割当用水量に関する情報を提供されており，それに基づいて年間の栽培計画を立て，水票を購入する。灌漑期には小組内の配水管理を行うほか，日常的な維持管理を担当する。揚水式井戸はICチップカードによる水量管理を行っており，社長立会いのもと囲場ごとに順番に取水を行っている。末端用水路は定期的な補修，清掃作業が必要であるが，年に1～2回，村民が協会と社長の指示のもと労働を提供することで行っている。甘州区では，出稼ぎなどの事情で労働を提供できなかった農家に対しては出不足金の支払いを義務づけるなど，平等主義的な共同管理が徹底している。このように，末端水管理の運営体制は行政村という既存の行政組織と，村民小組の顔見知り関係を利用したものとなっている。

　中国の多くの地域と異なり，調査地では住民は積極的に水利管理に参加し

ている。その理由として，まず水が極めて希少であり農業収入が水へのアクセスの是非に大きく依存しているため，村が一定の強制力で村民を参加させることが可能となっていること，第2に，出稼ぎ人口がまだそれほど多くないため，村民の動員が比較的容易であること，の2点が指摘できる。

② 契約農業への参加

各村の土地利用と農業の特徴は以下のとおりである。甘州区の村では従来おもに小麦とトウモロコシの混作のほか，野菜，ウリ類，マメ類等を生産していたが，2000年頃から企業契約による種子用トウモロコシが普及し始め，調査時点では大部分の農家が種子用トウモロコシを栽培していた。種子用トウモロコシ生産の技術的な特徴のひとつは，一般のトウモロコシと異なり遺伝子操作されたハイブリッド種であるため目的とする種以外とは受粉させてはならず，一定のまとまりをもった連坦の土地で生産する必要がある点である。企業側のこのような要求に応えるため，調査村では行政村リーダーが行政村全体で種子用トウモロコシを作付するよう村内で合意をとり，そのうえで一括して企業と契約を行っていることが明らかになった。

村と企業は最低買取価格，契約面積，品質などについて書面で契約を交わし，用途が特殊なため基本的に全量買取の契約を結んでいる。種子企業は播種から収穫まで技術指導員を村内に常駐させ細かな技術指導を行うため，収量と品質の向上が見込まれる。その結果，小規模な家族経営で生産・販売を行うよりも経営は安定化する。なお，契約をしている村では社長が村民に対する指導の補助を行うため，企業が契約面積1ムーにつき2元の手当を支給している。

これに対し，高台県の村はおもに井戸灌漑に依存しており，作物もよりバリエーションに富んでいる。高台県の調査村では，企業やプロジェクトにより歴史的に野菜，香辛料，果物など多様な新規作物がもたらされたが，長続きしないものもあり，品目構成の変化が大きい。たとえば高台県巷道郷東聯村では，1990年代に温室野菜（ズッキーニ，トマト，ナス等）の生産が始まり，

2012年には120ムーまで順調に拡大していた。一方，種子用トウモロコシは2006年の導入以来2000ムー（村の農地面積の約3分の2）の農地で生産されていたが，企業側の都合で2012年に突如契約が打ち切られ，他の畑作物への転作を余儀なくされた。同県南華鎮明永村は貧しい移民村ということもあり，自給用の糧食以外に，政府プロジェクトで2009年，2011年の2度にわたり導入された温室ブドウや温室野菜，香辛料（クミン），タマネギなどの新規作物が生産されている。2008年頃から畜産振興のための政府の支援も増加しており，農業用水や電気等の基礎インフラ整備，畜舎建設等への投資，畜牧局によるヒツジやウシの飼養，防疫技術の指導が行われている。

民楽県の村は農業の生産条件は地形や水へのアクセス，災害リスクなどの点で他の地域より不利な条件におかれている。六垻鎮柴庄村の作付構成は，総農地面積8000ムーのうち自給用食料作物2000ムー，2000年に導入された種子用トウモロコシ3000ムー，ジャガイモ，ヒマワリ，薬草が1000ムーずつとなっている。同村では2～3年に1度干ばつが発生し，深刻な年は5割減産することもあるため，多品目を生産することによりリスクを分散していると考えられる。県政府は毎年地域の自然条件に適した作物を普及しており，県内では近年企業契約による油料作物（ナタネやベニバナ），薬草など乾燥した気候に適した作物の試験的栽培を行っている。その他，マイクロクレジット事業を利用し，村内の6戸の農家が畜産業を開始した。こうした新規事業の導入に合わせ，各調査村では生産技術指導や共同出荷を目的とした農民専業合作社が設立されていた。

農村金融サービスとしては，すべての調査村で婦女連によるマイクロクレジット事業が行われていた。開始時期は2010年前後で，家庭を単位としたもの，3～5戸のグループを対象としたもののふたつのタイプがある。借り入れ上限額は30万元で，農業機械の購入，畜舎や温室の建設などの初期投資に充てる利用者が多い。返済期間は5年間であり，返済率はほぼ100％であるという。このほか3年間の低利融資サービスもあり，畜産業や温室園芸作物生産への新規参入を支援している。たとえば高台県巷道郷八一村で2012年に

行われた3年間の低利融資事業では，温室1棟の建設費の約5分の1に当たる7000元を借り入れることが可能となった。

では，上記の経済作物の導入により，どの程度の収入の増加が可能となるだろうか。まず，各作物の収益性の違いを確認したい。甘州区でのヒアリングによれば，一般のトウモロコシから得られる1ムー当たり純収入は1000〜1200元程度であるが，種子用トウモロコシは2000〜2400元と約2倍の収益がある。国家発展和改革委員会価格司（2012）の2011年の各作物の1ムー当たり純収入（甘粛省平均）をみると，小麦400.0元，（種子用でない）トウモロコシ952.7元，露地トマト3701.6元，温室トマト9112.4元となっており，糧食と比較して温室野菜は3〜10倍の収益性があることがわかる。

このように，調査村ではマイクロクレジットなどの金融サービスや農民専業合作社を利用して初期投資資金を調達し，新規経済作物の生産へ参入している。ただし，企業契約の機会の多寡はその村の立地や水利条件によって異なる。また，作物選択には村が一定の影響力を及ぼしており，種子用トウモロコシにみられるように村単位でなければ契約に参加できないケースもある。

③ 災害対応

災害への対応については，調査地域では個人が一部の地域で食糧備蓄を行っていた。高台県の調査村のうち2村の農家で1年分の食糧備蓄を行っていたが，これは災害対策というより計画経済時代に食料流通システム上の問題から食料不足に陥った経験があり習慣的に備蓄を行っているとのことであった。近年の食料流通システムの安定化により近い将来行わなくなるとみられる（うち1村はちょうど2013年から行わなくなっていた）。調査地のうち最も災害の多発する民楽県の村では，調査時点でも2年分の糧食の備蓄を行う習慣があるとの回答が得られた。2001年の干ばつは比較的深刻であったが，当時は干ばつ時には収穫をあきらめ，自家消費や支出を抑えることで対応した。近年人びとの意識に変化が生じ，農業収入の減少が予想される場合は出稼ぎという選択肢を考えるようになったという。

(3)「村」の社会保障機能——高台県巷道郷八一村の財政分析から——

　高台県巷道郷八一村を例に，調査地の行政村の行っている事業の内容，社会保障機能について考察してみたい。同村の所有している集団所有資産をみるため，入手資料をもとに土地利用状況を示した（表5）。農用地4687ムーのうち，6割近くを占める2670ムーが「請負農地」として各戸に使用権を分配されている土地である。このほかの農地は村営農場として村が留保しており，そのうち712ムーは「個人請負農地」として特定の個人に貸し出され，また一部は「林地」として木材の生産に利用されている。他方，建設用地は宅地，道路用地，水利施設用地として利用されている。

　2012年の同村の財務状況を示したものが表6である。行政村の収入37万8854元のうち，農業や教育施設に対する「政策補助金」，インフラ建設に関する「一事一議」の補助金が半分近くを占めているが，残りは集団所有資産である村営農場のレンタル収入やそこからの生産物による販売収入である。他方，支出32万6703元のうち，インフラ建設に関する「一事一議」が85％を

表5　八一村土地利用状況（2012年5月10日）
（単位：ムー）

項目		面積
	小計	4,687
農用地	請負農地	2,670
	個人請負農地	712
	林地	721
	草地	0
	水面	0
	荒れ地	0
	その他	584
	小計	1,432
建設用地	宅地	221
	公益用地	11
	道路用地	700
	水利施設用地	500
	その他	0

（出所）現地調査で入手した資料より筆者作成。

占めており，その他の支出は村民委員会の管理費，福利厚生等となっている。社会保障機能として注目すべき点は，「その他」のなかで村営農場を請け負

表6　巷道郷八一村財務状況（2012年）

（単位：元）

前年繰越金			337,472
1．収入			378,854
	政策補助金	小計	34,350
		2010年村営農場優良種子補助	24,500
		学校清掃補助	700
		幼稚園補助	2,000
		2011年事務経費補助	7,150
	集団所有資産レンタルおよび上納金	小計	21,174
		2012年農場土地レンタル料	20,000
		芝販売収入	1,174
	「一事一議」補助金	小計	143,330
		道路修理費補助	143,330
	営利事業	小計	180,000
		農場木材販売	180,000
2．支出			326,703
	「一事一議」補助金	小計	278,020
		2012年道路建設費	278,020
	村民委員会管理費	小計	32,836
		事務経費	13,067
		水道光熱費	3,254
		新聞・雑誌購読，資料購入費	4,095
		労賃（会議開催，人口センサス協力手当等）	7,020
		通信費	300
		清掃費（2009～2011年）	300
		交通費	4,800
	福利厚生	小計	11,647
		学校運営費	3,300
		党活動費・幹部等慰問費	8,347
	その他	小計	4,200
		寄付金	1,900
		集団所有地における苗生産の損失補填	2,200
		集団所有地の請負者への補助	100
収入—支出			52,151
残高			389,623

（出所）現地調査で入手した資料より筆者作成。

って経営している村民に対し，わずかながら経営の失敗に対する補填や補助金が支払われている点である。また，この資料には記載されていないが，同村の2013年前半の財務状況に関する資料には「積立金」という支出項目があり，そのなかから社レベルの末端水路補修費等を支出しており，行政村は末端公共インフラの維持管理にも一定の役割を果たしていることがわかる。なお，マイクロファイナンスや農業直接補助金などの政策資金は，農家個人へ直接支払われるため行政村の財政とは無関係である。

参考までに東部沿海地域の行政村の財政と比較してみよう。筆者が2012年に調査を行った江蘇省無錫市のQT村の年間財政収入は83万2000元，このうちおもな収入源は村内に立地する企業30社からの地代収入，養魚池のレンタル料等70万8000元で，補助金収入は11万8000元にすぎない。支出はインフラ建設など44万7000元で，収支の差額分は村民の福利厚生，社会保障サービスとして支出されている（山田 2012）。上述の甘粛省の八一村と比較すると，市場機会の多い江蘇省のQT村の集団所有資産から得られる自己収入の大きさ，村民に対する福利厚生サービスの手厚さの差は歴然としている。

3．小括

調査地では2002年の黒河調水開始と前後して，さまざまな農村開発政策が進められてきた。他方，2007年頃から近隣都市での労働需要と賃金の上昇により，地域外での長期的な出稼ぎの機会も増加した。甘粛省のケーススタディから，調査村の政策および市場環境の変化のもとで，農村開発の実施や災害リスクへの対応の局面で「村」（調査地の場合行政村）と個人が果たしてきた機能をまとめると，以下のとおりである。

まず，水資源の希少性を背景とした集団的な労働力の動員により，行政村は末端水利施設の管理を行っている。社は行政村の補助組織として水利費の徴収を行うほか，顔見知り関係を利用した相互監視，村民間の紛争調停，社内の意思決定を行う。末端水利施設の維持管理に対する補助金は少なく，費

用は村内で調達せざるを得ない。農業水利施設の適切な維持管理は安定的な農業生産のために必要不可欠であり，水の利用効率を高めるという意味で生産リスクを低下させることにもつながっている。第2に，（村の財務分析でみたように）村の財政や積立金等から村民に対し農業の災害被害への補償や小型インフラの修理費を支出しており，わずかではあるが社会保障的なサービスも提供している。公共事業を行うための財源は補助金だけでは不足しているため，村営農場の経営や土地のレンタル収入によって賄っている。

第3に，種子用トウモロコシなどの新規経済作物の導入において，村は企業と買い取り価格等の交渉を行い，一方で当年の村内の作付計画を決定するという合意形成を行っている。このような集団的な作付転換には，新規経済作物の収益性の高さ，ある程度強制力を伴ったリーダーシップと村のリーダーの能力に対する村民の信頼といった条件が必要である。水利条件がよく，災害リスクの比較的低い甘州区2村では村と企業との安定的な取引が可能となっており，そのうえ区内で多数の種子企業が競合していることから村リーダーの価格交渉力が強いため，ほぼ全戸を巻き込んだ転作が可能となっている。また，企業契約により役員である社長への手当という外部資金の調達も可能となるため，ほかに財源の少ない調査村では村内の合意形成をとりやすいと考えられる。これに対し，水利などの生産条件が劣り遠隔地にある高台県や民楽県は，種子企業からみた契約産地としてはフロンティアに当たり，高台県の事例にもあるように企業と村の契約関係はやや不安定である。そのため，両県では多品目を生産しリスク分散を行う戦略をとらざるを得なかったと考えられる。このほか，農民専業合作社を設立することで村民の生産技術向上と経済機会の拡大，補助金獲得ルートの確保に努めている。

では，個人はどのような対応を行っているだろうか。調査村の住民は，2000年以降増加したマイクロクレジットや低利融資等の政策プロジェクトを利用し，温室園芸や畜産などの収益性の高い品目に参入したり，企業がもたらした新規経済作物を導入したり，農民専業合作社に参加することで農業収入を大幅に増加，安定化させることに成功した。同時に農業保険等の公的金

融サービスの利用により，所得の安定化を図っている。災害リスクへの対応策としては，伝統的な食糧備蓄という方法が一部の災害多発地域に残っているが，食料流通システムと公的な社会保障制度の整備にともない消滅しつつある。代わって2000年代後半から増加した，近隣都市や大都市での出稼ぎが農業の主要な代替手段となっている。

　　おわりに

　本章の内容を整理し，まとめとしたい。第1節では中国西北地域の自然条件や経済社会的位置づけについて統計資料を用いて概観し，自然災害の発生リスクが高く，中国国内では相対的に経済発展の遅れた地域であることを確認した。第2節では中国農村基層の組織と制度，政策を解説し，本章の分析視角を示した。すなわち，調査地域農村で「村」およびその構成員がどのように災害リスクに対応し，持続可能な発展をめざしているかを明らかにするため，農村基層レベルの農業水利の管理，契約農業の発展状況，社会保障に着目する。

　第3節では，中国内陸半乾燥地域に位置する甘粛省農村の事例分析を行った。「村」の役割として以下の3点を指摘した。まず，「村」は水資源の希少性を背景として，村内の水利用に対しトップダウン的な決定権をもち，強い動員力によって水利施設の共同管理を行うことで農業生産性を高めるとともに災害リスクの低減を図っている。つぎに，集団所有地という資源を使って農業企業との契約に参加させることにより，村民の収入を増加，安定化させている。ただし，経済作物の契約では集団的な転作が必要となり，村内で合意形成を図るためには農業生産条件や立地条件に規定される企業契約の安定性，村リーダーへの村民の信頼といった条件が必要である。第3に，財源が少ないなか集団所有地の運営によって自己財源を獲得し，不十分ながら村民に対し災害補償や社会保障的なサービスを提供している。とはいえ，こうし

た機能は公的な社会保障サービスの充実により代替されつつある。

他方,個人は自然災害に対し従来食糧備蓄,自家消費の抑制等の手段で対応してきたが,近年は他省を含めた大都市への出稼ぎルートが確立しつつある。調査地の村民は,マイクロクレジットや補助金等の政府事業を利用して契約農業に参加することで農業収入を増加させ,同時に公的な社会保障制度の利用により農業収入の安定化を図る一方,非農業収入の拡大により家計所得の向上を果たしている。

調査地では「村」は水利施設の維持管理,村民の農業収入の拡大・安定化,社会保障において一定の役割を果たしていた。近年農村でもマイクロクレジットや社会保障制度など,個人を対象にした公的な制度の整備がすすむ一方,農業水利施設の管理や住民組織の育成が重視されており,調査地では行政村が中心的な役割を担っている。中国農村の集団所有制を前提とした,「村」が集団所有資源の経営によって村民を豊かに導くという現行の発展モデルは,住民の大半が農畜産業に生計を依存し非農業就業機会があまり豊富でない調査地では一定程度有効に機能している。とはいえ,今後出稼ぎの増加により「村」の担い手が流出すれば,その機能が低下していくことは免れない。将来土地制度のいっそうの自由化が進みより私有化に近づけば,「村」のガバナンス構造そのものが変化を迫られるだろう。急速な市場経済の浸透と制度環境の変化のなかで,中国の農村開発における「村」の機能が縮小していくのか,あるいは現在とは別の役割を果たしていくのか,今後も注視していきたい。

〔注〕
(1) 「糧食」は中国独自の主食概念で,三大穀物(コムギ,イネ,トウモロコシ)にマメ類,イモ類を加えたもの。
(2) この時期に始まった直接補助金は,2004年開始の糧食直接補助金,優良品種補助金,農業機械購入補助金および2006年に導入された農業生産資材総合直接補助金の4つである。各補助金の支給基準,方法は地域によって異なる(詳細は池上 2009, 51-54など)。

⑶　農村住民を対象とした社会保障制度としては，最低生活保障制度，自然災害補償制度などが整備されつつある。
⑷　「西部」はもともと西北，西南地域のみを指す概念であったが，1999年に沿海と内陸地域の経済格差解消を目的として江沢民が提唱した「西部大開発」事業が始まると，経済水準の低さから同事業の対象地域となった広西チワン族自治区と内蒙古自治区が「中部」から「西部」へ編入された。
⑸　干ばつ以外に塩害も各地で発生している。中国ではアルカリ性土壌が約1億ムー存在しており，多く分布している地域は新疆，甘粛省河西走廊，青海省柴達木盆地，内蒙古自治区の河套平原，寧夏自治区，黄淮海平原，東北平原の西部および海岸地域である。ムー（畝）は中国の面積単位で，1ムーは15分の1ヘクタール。
⑹　中国北方に多くみられる行政村と自然村が一致した集落では，行政村が所有主体となる場合が多い。一方，南方にみられる小規模な単姓集落が自然村を形成する場合は，ひとつの行政村に複数の自然村が含まれる場合もある。後者の場合，自然村単位で村民小組を組織することも多く，その場合は村民小組が集団所有資源の所有主体となる。詳しくは，山田（2013）。
⑺　市場経済化後の1980年代以降，地方政府による恣意的な非合法の分担金徴収による農民負担の増大が問題となり，「農民負担問題」と総称された。
⑻　2007年の開始時には水稲，小麦，トウモロコシ，綿花，油料作物，繁殖用ブタの6種類で，2010年に上記に乳牛，木材，ジャガイモ，ハダカムギ，ヤク，チベットレイヨウ，天然ゴム等が追加された。
⑼　中央一号文件とは中央中共がその年最初に発表する政策文書を指し，政府が年間を通じて最も重点を置く政策課題である。近年政府はいわゆる「三農問題」に重点的に取り組んでおり，2004～2014年間は11年連続で農業・農村問題が取り上げられた。
⑽　農民用水者協会のパフォーマンスに対する評価は研究者によって異なる。たとえば賀・郭（2010）のように大部分がうまく機能していないという厳しい評価を下す論者がいる一方，仝（2005）のようにその存在意義を認め肯定的に評価する論者もいる。
⑾　対象となる貧困人口とは，年間収入が中央政府が毎年公表する貧困基準を下回る人口を指す。改革解放以来貧困人口は大幅に減少したといえるが，貧困基準は数回の変更を経ており，時期によって変動がある。2011年に貧困基準が農民1人当たり純収入2300元へと大幅に引き上げられたため，2012年の貧困人口は1億2800万人へと急増した。仮に2010年の貧困基準で計った場合，貧困人口は2688万人である（「中科院報告：中国還有1.28億貧困人口」『中国新聞網』2012年3月12日付け記事，http://www.chinanews.com/gn/2012/03-12/3737442.shtml，2014年1月24日最終アクセス）。

⑿　貧困削減事業の具体的な内容は，個人に対する低利融資または利子免除，個人への直接補助金支給，貧困削減事業での就業がある（国家統計局農村社会経済調査司 各年版）。貧困層への単純な所得補助よりも，農業生産活動やインフラ整備事業への参加をとおし貧困層に労働報酬を与える事業や，教育や医療などの社会インフラ整備の援助事業が多いのが特徴である。

⒀　国家外貨管理局によると，2010年第3四半期の人民元と日本円の平均公定レートは，1人民元＝12.7円。

⒁　2013年3月の調査は，中国科学院寒区旱区環境与工程研究所・鐘方雷助理研究員の協力のもと，龍谷大学政策学部・北川秀樹教授の研究グループと共同で行った。同年10月の調査は，中国科学院寒区旱区環境与工程研究所・王維真研究員と同研究所・盖迎春高級工程師の協力のもと，東京大学農学生命科学研究科博士課程・佐藤赳氏と共同で行った。この場を借りて研究協力者および地元政府関係者に感謝の意を表したい。

⒂　2013年3月22日の石羊河流域管理委員会での入手資料によれば，甘粛省の水資源は非常にひっ迫しており，省平均水資源量は人口1人当たり1150立方メートルと全国平均2153立方メートルの約半分，1ムー当たりでは378立方メートルで全国平均1476立方メートルの約4分の1にすぎない。黒河の水資源は省内では比較的豊富であるとはいえ，1人当たりわずか1400立方メートル，1ムー当たり529立方メートルにすぎない。

⒃　張掖市の水利権改革，とくに個人間の水利権売買は一層の水資源利用の効率化をめざした制度として国内外で注目されている。ところが，筆者の現地調査によれば出稼ぎ等で離村する場合以外，農家間の水票取引はほとんどみられなかった。その理由として申請手続きが煩雑であること，ある程度のまとまった規模でなければ水系をまたぐ水の移送は技術的・コスト的に困難であることが挙げられる。実際，調査地でのヒアリングによれば村民間ではなく灌漑区や小組レベルのまとまった水量の取引は，過去に行われた例があるという。

⒄　「甘粛省農業産業化竜頭企業強勁発展」『毎日甘粛網』2013年8月7日付け記事（http://www.fupin.gansu.gov.cn/zxzx/1375843022d41980.html，2014年1月10日最終アクセス）。

⒅　2013年10月10日甘州区大満灌区でのヒアリングによる。陳・方（2013）によれば，中国では「種子法」により国内の種子産業の保護が行われており，とくに穀物種子に関しては貿易と外資の参入が厳しく制限されている。甘州区においても，進出企業はすべて国内企業とのことであった。甘州区における2000年代の種子用トウモロコシの発展過程については，中村（2011）に詳しい。

⒆　「甘粛省張掖市臨澤打造『国字号』玉米制種示範基地」『中国農業信息網』

(20) 2013年8月12日付け記事（http://www.fupin.gansu.gov.cn/zxzx/1376272146d42010.html，2014年1月10日最終アクセス）。
(21) 中華全国婦女連合会ウェブサイト，および『新華網』2011年5月17日付け記事「全国婦連積極推進婦女小額担保貸款項目成効顕著」（http://money.163.com/11/0517/21/749LNS9I00253B0H.html，2014年1月25日最終アクセス）。ここで紹介した以外にも，張掖市ではモデル地区を対象としたさまざまな貧困削減プロジェクトが行われている。たとえば，張掖市政府は2007年以降，甘州区毛家寺村および粛南県白銀村，北峰村，紅旗村，馬蹄村の5行政村を対象に「貧困村互助資金試点工作」を実施している（詳細は「張掖市開展貧困村互助資金試点工作的情況報告」『甘粛省扶貧信息網』2012年7月23日付け記事，http://www.fupin.gansu.gov.cn/zwzx/1343007824d36078.html，2014年1月10日最終アクセス）。
(21) 2013年10月12日の民楽県洪水河水管所および同県六壩鎮柴庄村での聞き取りによれば，当初は行政からの指導により行政村と独立した組織として農民用水者協会を設立したが，人件費等の経費不足により，結果的に行政村幹部が農民用水者協会の幹部を兼任することとなった。
(22) 2013年10月10日の甘州区碱灘鎮普家村での聞き取りによれば，以前は周辺都市で就業した場合の日当は20元程度であったのが，調査時点で150元まで上昇しているという。

〔参考文献〕

＜日本語文献＞
池上彰英 2009.「農業問題の転換と農業保護政策の展開」池上彰英・寶劔久俊編『中国農村改革と農業産業化』アジア経済研究所 27-61.
梅津千恵子・真常仁志・櫻井武司・島田周平・吉村充則 2010.「アフリカ農村世帯のレジリアンスへの序論」平成21年度FR3研究プロジェクト報告 総合地球環境学研究所 150-158.
黒崎卓 2011.「村落レベルの集計的ショックに対する家計の脆弱性——パキスタン農村部における自然災害の事例——」『経済研究』62(2) 4月 153-165.
窪田順平・中村知子 2010.「中国の水問題と節水政策の行方——中国北西部・黒河流域を例として——」秋道智彌・小松和彦・中村康夫編『水と環境』勉誠出版 275-304.
滝田豪 2005.「中国農村における公共性の危機——基層政権の『不良債権化』と『企業化』——」『日中社会学研究』(13) 10月 53-72.
中村知子 2011.「中国における農業の市場経済化と実態分析——甘粛省張掖市甘州

区を例に——」『沙漠研究』21(1) 6月 31-36.
牧野松代 2001.『開発途上国中国の地域開発——経済成長・地域格差・貧困——』大学教育出版.
山田七絵 2008.「中国農村における持続可能な流域管理——末端水管理体制の改革——」大塚健司編『流域ガバナンス——中国・日本の課題と国際協力の展望——』アジア経済研究所 71-108.
―――― 2012.「太湖流域における農村面源対策とその実施過程——基層自治組織の役割に注目して——」大塚健司編『中国太湖流域の水環境ガバナンス——対話と協働による再生に向けて——』アジア経済研究所 77-125.
―――― 2013.「中国の『村』を理解する——共有資源管理を手掛かりに——」『アジ研ワールド・トレンド』(217) 10月 20-24.
山中典和編 2008.『黄土高原の砂漠化とその対策』(鳥取大学乾燥地研究センター監修) 古今書院.
吉田幹雄・小松由明・鞠洪波・恒川篤史 2003.「中国内蒙古農村における干ばつが農民生活に及ぼす影響と干ばつに対する農民の対応」『環境情報科学学術研究論文集』17 11月 363-368.

＜中国語文献＞
陳潔・斉顧波・羅丹 2009.『中国村級債務調査』上海 上海遼東出版社.
陳龍江・方華 2013.「中国農作物種子進口——現状与趨勢——」『中国農村経済』第3期 3月 70-79.
馮文麗・蘇暁鵬・張華鵬・郝潔 2012.『農業保険補貼制度供給研究』北京 中国社会科学出版社.
甘粛発展年鑑編委会編 2011.『甘粛発展年鑑2011』北京 中国統計出版社.
甘粛省統計局・国家統計局甘粛調査総隊編 2012.『2012年甘粛省国民経済和社会発展統計公報』(「中国甘粛網」 http://www.gansu.gov.cn/art/2013/3/12/art_54_115239.html).
国家統計局農村社会経済調査司編 各年版.『中国農村貧困監測報告』北京 中国統計出版社.
国務院発展研究中心金融所「中国農業保険：現状，問題与政策」課題組 2010.『中国農業保険：現状，問題与政策』北京 国務院発展研究中心金融所.
国家発展和改革委員会価格司編 2012.『全国農産品成本収益資料滙編2012』北京 中国統計出版社.
賀雪峰・郭亮 2010.「農田水利的利益主体及其成本収益分析」『管理世界』Vol.7 86-97.
胡暁利・盧玲・馬明国・劉小軍 2008.「黒河中游張掖緑洲灌漑渠系的数字化制図与結構分析」『遥感技術与応用』第23巻 第2期 208-213.

李遠華 2009.「我国農民用水戸協会発展状況及努力方向」『中国水利』(21) 15-16.
羅興佐 2011.「論新中国農田水利政策的変遷」『探索与争鳴』(8) 43-46.
蘇芳・尚海洋 2012.「農戸生計資本対其風険応対策略的影响——以黒河流域張掖市為例——」『中国農村経済』第 8 期 79-87, 96.
孫若梅 2005.『小額信貸与農民収入——理論与来自扶貧合作社的経験数据——』北京 中国経済出版社.
仝志輝 2005.「農民用水戸協会与農村発展」『経済社会体制比較』第 4 期 74-80.
許漢石・楽章 2012.「生計資本，生計風険与農戸的生計策略」『農業経済問題』第 10 期 10 月 100-104.
張掖市節水型社会試点建設領導小組弁公室編 2004.『張掖市節水型社会試点建設制度滙編』北京 中国水利水電出版社.
張掖市統計局・国家統計局張掖調査隊編 2012.『2012張掖統計年鑑』張掖 張掖市統計局.
趙海燕・張強・高歌・陸爾 2010.「中国1951-2007年農業干旱的特徴分析」『自然災害学報』19(4) 201-206.
中国保監会財産保険部 年次不詳.『中国農業保険資料滙編（2007-2009）』出版地不詳.
中国水利部 各年版.『中国水旱災害公報』（水利部ウェブサイト http://www.mwr. gov.cn よりダウンロード）．
―――― 2011.『2011中国水資源公報』（水利部ウェブサイトよりダウンロード）．
中華人民共和国国家統計局 各年版.『中国統計年鑑』北京 中国統計出版社.
左停・劉燕麗・斉顧波・曠宗仁 2007.「貧困農戸的脆弱性与小額信貸的風険緩解作用」『農村経済』12期 52-56.

＜英語文献＞
Hou, Xiaoshuo 2013. *Community Capitalism in China: The State, the Market, and Collectivism*, New York: Cambridge University Press.
Huang, Chengwei, and Lu Hanwen, eds. 2013. *Disaster Response and Rural Development: International Symposium on Theories and Practices of Disaster Risk Management and Poverty Reduction*, Wuhan: Huazhong Normal University Press.
Liu, Jiang 2002. *Study on China's Strategy of Resources Utilization*, Beijing: China Agricultural Press.
Wang, Genxu, and Cheng Guodong 1999. "Water resource development and its influence on the environment in arid areas of China—the case of the Hei River basin," *Journal of Arid Environments* 43(2) October: 121-131.
Xie, Jian et al. 2009. *Addressing China's Water Scarcity: Recommendations for Selected Water Resource Management Issues*, Washington, D.C.: The World Bank.

＜ウェブサイト＞
甘粛省扶貧信息網（http://cms.gsfp.net/zwzx/）.
中国保険監督管理委員会（http://iir.circ.gov.cn/）.
中華全国婦女連合会（http://www.women.org.cn/）.

第4章

農山村の維持可能性と限界集落問題への対応
――高知県仁淀川町の事例から――

藤 田 香

はじめに

 戦後日本では，高度経済成長期を経て，都市の過密化と農山村の過疎化といった地域の不均等発展がもたらされるとともに，重化学工業を中心とした工業と農林漁業との産業構造内の格差を進行させた。とりわけ農山村における地域間格差は，現代的貧困が重層的に蓄積されている。たとえば，賃金格差の発生やこれに起因する教育，医療，福祉など社会生活全体における地域格差は，結果として，生活における貧困化をもたらしている。

 近年，日本では，人口減少，高齢化，少子化による対策が議論されているが，この背景には，過疎，過密問題と都市内部での空洞化といった地域的な人口の偏在がある。人口分布による偏りは，一方で，都市においてはこれまで公害の深刻化をもたらし，現在では都市の過密地域における大気汚染や水質汚濁問題，廃棄物の焼却施設整備や最終処分場確保といった課題をもたらしている。他方で，過疎地域においては，農林水産業従事者の減少や高齢化による森林，農地の管理不足や放棄問題が挙げられる。かつては広く分布していたフジバカマやカタクリ等の植物やノウサギ等の動物が少なくなっている要因として，二次林として維持されてきた里山の減少が挙げられたり，近年ではシカ，イノシシ，サルなど特定の野生鳥獣による農林作物への被害の

深刻化が中山間地域の過疎化に伴う問題として取り上げられたりしている（たとえば，環境庁 2000）。とくにこうした中山間地域における，野生鳥獣による農林水産業被害の深刻化，広域化に対して，「鳥獣による農林水産業等に係る被害防止のための特別措置に関する法律」（2008年）が施行され，ようやく市町村による野生鳥獣に対する被害防止のための総合的な取り組みについて国から支援を受ける体制が整備されつつある。

　また人口減少，高齢化，少子化を背景とした地域の疲弊は，従来から議論されてきた過疎問題やそれに派生する限界集落問題にもかかわる。限界集落問題は，脆弱な自然環境とともに暮らしてきた地域にとっては，田畑や山林といった自然資本の維持，管理の弱体化に限らない。これは入会地や共有地といった社会的共同管理，共同消費されてきた自然資本の弱体化を加速させることから，地域における自然資本の劣化や喪失をもたらす（宮本 1982）。この意味で限界集落問題は，集落機能の脆弱化に派生する地域の自然環境の維持とも深くかかわり，これが進行すれば，自然資本の劣化からさらなる生態危機へとつながる可能性がある。これまで農山村に居住する住民の多くは，厳しい自然的条件，社会的条件と対峙し，脆弱な自然環境に適応して生活してきた。農山村コミュニティの弱体化は，従来行われてきた地域における自然資本の維持管理機能を弱め，結果として自然の貧困化をももたらす[1]。地域の維持可能性を考える場合には，地域コミュニティの脆弱化についても，自然環境の劣化をふまえた生態危機との関連から検討することが望まれる[2]。

　本章では，山間地域におけるいわゆる限界集落問題を，地域の「維持可能な発展」という視点から捉え直し，行政の施策のみならず，コミュニティからの実践の萌芽的取り組みの意義と課題を検討することを目的とする。まず第1節で日本における過疎対策について，国土計画と過疎対策とのミスマッチを念頭におきつつ考察するとともに，「限界集落」論について議論を整理する。第2節では，過疎化が進む四国圏，そのなかでもとくに過疎化が進行している高知県について，これを広域自治体の対策として位置づけ，高知県の過疎化の現状と集落調査に基づく過疎対策の取り組みについて考察する。

第 3 節では，山間農業地域における限界集落問題について，コミュニティからの実践例として高知県仁淀川町における集落再生活動の萌芽的取り組みについて取り上げ，過疎地域における集落対策が生態危機とどのようにかかわり，自然資本を維持，活用しながら山村農業地域の集落の維持，自律を図るため，どのような政策が必要とされるのか，自然環境の脆弱性のなかで生きてきた地域コミュニティが維持，再生していくための道程について検討する[3]。

第 1 節　日本における過疎対策と限界集落問題

　日本は戦後，高度経済成長を通じて，工業化による経済発展とそれによる国民生活の向上を目標として，大都市圏の重化学工業への集中的な投資を行った。この過程で，農山漁村地域を含めた地方圏から大都市圏に向けて，若年層を中心に大幅な人口移動が起こり，都市部の人口は急速に増加した。高度経済成長の結果，国民所得は上昇したが，工業化が進展した大都市圏とそれに立ち遅れた地方圏の相対的な経済社会格差は拡大し，さらに急速な物価上昇によって生産所得の低い農山漁村地域の生活は困窮した。こうしたなかで，地方都市や農山漁村地域から大都市圏への人口流出が続き，農山漁村地域においては「過疎」が，都市部においては「過密」が社会問題として顕在化した。

　このような社会状況のもと，国土総合開発法（1950年）に基づく第一次全国総合開発計画（以下，一全総）が1962年に策定されて以降，およそ10年ごとに計画が改定され，それに合わせ山村振興法（1965年）や過疎地域対策救急措置法（1970年）などの関連法がこれまでに整備されてきた。これらの国土開発計画や関連法の根幹をなす考え方は，大都市圏への人口・産業の過度の集中を地方圏に分散させ，「国土の均衡ある発展」をめざすことと，都市と地方との「地域格差の是正」を図ることにあった[4]。

こうしたなかで農山漁村地域では，人口減少により，たとえば，上下水道，教育，消防，医療など，基礎的な生活条件の確保や地域社会の維持といった基本的な公共サービスに支障をきたす地域が現れた。同時にこのような地域では，産業の担い手不足などによる地域の生産機能の低下もみられた。そこで国は「過疎」[5]状態にある地域を「過疎地域」[6]に指定し，その対策を講じた。過疎対策は，過疎地域対策緊急措置法（1970年；以下，緊急措置法）が制定されて以降，過疎地域振興特別措置法（1980年；以下，振興法），過疎地域活性化特別措置法（1990年；以下，活性化法），過疎地域自立促進特別措置法（2000年；以下，自立促進法）が制定され（2010年，一部改正），地方自治体においても自主的な取り組みが行われると同時に，国においても財政，金融税制等の総合的な支援措置が講じられている[7]。

　さらに，自立促進法では，過疎地域への支援策として，過疎対策地域自立促進のための地方債（過疎対策事業債，法第12条）により，農林漁業を含めた産業振興施設や，厚生施設，交通通信施設といったハード事業から過疎地域自立促進特別事業といったソフト対策事業による支援の仕組みを備えている。また，山村税制特例といった税制措置，金融措置としての振興山村・過疎地域経営改善資金[8]，中山間地域活性化資金[9]などの融資制度もある。とくに東日本大震災以降，「東日本大震災による過疎地域自立促進市町村計画への影響調査」（総務省）で明らかになったように，過疎地域における住民を災害から守るための治山・治水事業や消防・防災施設の整備，非常時の避難施設や学校の耐震化が求められている。

　総務省地域力創造グループ過疎対策室（2011）によると，過疎地域における6万4954集落のうち，高齢者（65歳以上）の割合が50％以上の集落は9516集落となっている。高齢者割合が50％以上の集落数・集落率は，四国圏は1624集落・22.5％，中部圏は833集落・20.8％，中国圏は2518集落・19.8％となっている。また市町村アンケートによる今後の消滅集落への可能性については，全国で454集落が今後10年以内に消滅する恐れがあり，2342集落がいずれ消滅する恐れがあると回答している。なかでも四国圏では，129集落が

今後10年以内に消滅する恐れが，431集落がいずれ消滅する恐れがあると回答しており，地域別では最も深刻な結果となっている。集落での問題発生状況についてみると，雇用の減少や耕作放棄地の増大，空き家の増加，獣害・病虫害の発生等の問題が指摘されている。

　過疎対策事業は，都道府県と関係市町村の計画に基づき，ハード・ソフトの両面から，過疎地域の自立促進，振興・活性化等を意図する事業に幅広く総合的に実施されている。緊急措置法以降，この40年間に過疎対策事業に約88兆円が支出された。分野別にみると，振興法時代までは約半分を占めていた「交通通信体系の整備等」が，活性化法時代以降その割合をやや下げ，「生活環境の整備」の割合が上がっている。また「交通通信体系の整備等」のうち「通信・情報化関係」や「医療の確保」の割合についても活性化法以降に増加するなど，過疎対策事業の内容は変化してきた。自立促進法以降，分野別には「生活環境の整備」「高齢者の保健・福祉」等の割合が従来以上に高くなっている（総務省自治行政局過疎対策室 2012）。

　これまでの過疎対策は定住人口の流出をいかに防ぐかにあり，その原因である所得格差や生活基盤となる社会資本整備などの地域格差を是正するための産業の振興や交通通信体系の整備を柱に施策が展開されてきた。しかし，こうした過疎対策にもかかわらず，産業の衰退，人口の減少が止まらないばかりか，国内における市場経済の浸透や産業構造の転換，グローバリゼーションの進展による国際競争の激化などの社会経済状況の変化により，ますます過疎化が進展する結果となった。

　また国土開発計画と過疎対策との整合性の問題にも言及しておきたい。国土開発計画のなかでは，1960年から開始された所得倍増計画のなかで，農業所得拡大のための離農促進対策が打ち出され，第二次全国総合開発計画においては農業就業者の半減が目標とされた。こうした政策を通じて，戦後日本は，農林漁業といった自然資本との関係が深い経済活動について，それらと自然資本との関係を断ち切ることで経済成長を後押ししてきたとも解釈できる。条件不利地域の集落移転を認めるなかでの過疎地域の維持を目的とした

過疎対策の展開には政策的に自ずと限界があった[10]。

　農山漁村地域では，少子高齢化や家族構成の変化などの社会構造の変化にともないさまざまな問題に直面している。これらの問題は，とくに過疎地域において，引き続く人口減少と高齢化，地域経済の停滞，農山漁村の荒廃，都市地域との社会資本整備における格差として顕著に表れている。人口減少については，1980年代後半より，過疎地域における自然減市町村は約半数になった（1985年44.6％，1981年45.4％）。これは過疎地域の人口減少が，若年層を中心に流出することによる社会減少（転出者が転入者より多い）に加え，自然減少（死亡者が出生者より多い）にその重点が移行するという人口動態の質的変化，すなわち地域社会における人口の自然減少化を意味する。さらに，人口の自然減少は，農林業の担い手不足による耕作放棄，農地潰廃，林地荒廃の進行といった農林地の荒廃へと進むことで自然資本の維持，管理能力の低下を生み，これがさらに進行すると，壮年人口が少ない集落における高齢化の進行といった集落機能の脆弱化につながる。集落機能の脆弱化は社会資本の低下のみを意味するのではなく，地域における自然資本の維持，管理機能の低下をも包含し，「限界集落」の発生とも関係が深く，その延長線上には新たな生態危機が待ち構えている。

　ここで限界集落とは，65歳以上の高齢者が集落の半数を超え，独居老人世帯の増加により，社会的共同生活の維持が困難な状態におかれている集落を指す（大野 2005）。「限界集落」への道筋は，地域の自然資本への再投資の循環が低下することから，農山村は都市的インフラ整備を受容し，このことが農山村の都市的生活様式への依存を高め，その結果として，農山村から若年層を都市部へ移住させることを後押しし，過疎化の進行へと続き，さらに地域の自然資本への再投資が縮小する，といった負のスパイラル，悪循環を生み出した側面もある。限界集落問題は単に人口・世帯数といった社会動態の変化だけでなく，地域における自然資本の変化といった自然環境とのかかわりも含めたうえで捉え直し，検討することが必要である。これまでの国の過疎対策は，主として都市化を前提とした生活環境整備政策を行ってきた結果，

環境面への配慮や地域の自然資本の役割を積極的に評価してこなかった側面がある。

　大野（2005）は集落を年齢構成による量的規定により存続集落（55歳未満が半数以上かつ担い手が再生産される），準限界集落（55歳未満が半数以上かつ近い将来，担い手なし），限界集落（65歳以上が半数以上かつ社会的共同の維持困難），消滅集落（人口・区数ゼロ）の4つの状態に区分し，その限界化は高齢化率の上昇とともに進行し，この傾向が続くと集落消滅に至るという形式で示した。しかし大野の限界集落論は，集落の現状を把握し，人と自然の貧困化といった生態危機への将来のリスクについて注意喚起するにとどまるものであったにもかかわらず，これを65歳以上の高齢者が集落の半数を超え，独居老人世帯が増加すると社会的共同生活の維持が困難な「限界集落」となり，この状態がやがて限界を超えると，人口・戸数ゼロの集落消滅に至るプロセスを将来予測，予言していると受け止められたことで，問題の本質を見落としてきた一面がある。

　この点について山下（2012）は，これまでの「限界集落」報道が危機をあおる傾向にあったことに対して，現地フィールドワークの結果から，実際に消滅した「むら」はほとんどなく，そこには逆に「限界集落」という名づけをしたことによる自己予言成就――ありもしない危機が実際に起きる――という罠すら潜んでいると指摘している。

　大切なことは，地方自治体間における格差の現状をふまえ，厳しい自然条件のなかで，自然資本に依存しながら生活してきた農山村における社会環境の変化は，常に地域の自然資本のあり方に影響を与えることを念頭においたうえで，適切な政策を検討することである。とくに人口減少と高齢化が進む集落については，集落状況を把握したうえで，集落機能が低下している場合には，集落状況に応じた，集落活力創出支援，集落維持機能支援，日常生活支援といった行政支援のあり方を考えるとともに自然資本の減少についても，早期にその対策について検討することである。

　現在，日常生活支援のひとつとして，交通手段の確保や拠点集落からのサ

ービス提供としての過疎地有償運送やディマンド型バス輸送が注目されている。また農林産地等の資源管理として，維持管理が困難な農林山地や集落共同作業などの担い手となる人的資源の確保について「他出子」の重要性が指摘されている（たとえば，佐藤 2006）。他出子とは，集落内住民の子どもたちで集落から出て，冠婚葬祭で地元に帰る人あるいは将来帰る可能性のある人である。他出子により各世帯内で行われていることを集落全体の活力として活用することが必要である。同時に，人的資源の活用として，近隣の集落との集落間協定による一体的，共同的管理や近隣都市住民や学生，企業のボランティア活動，地域貢献活動の推進もまた注目されている。

　また集落内に分散した各種の生活関連サービス機能を集約，複合化することにより，人件費や維持管理費を低減させると同時に，住民に対しては一度にサービスを受けることが可能となり利便性を高めるといった「山の駅」（多目的総合施設）設置構想（大野 2008）や集落のなかで交通の便がよい場所に集落と都市とを結ぶ新たな結節機能を創設し，多様なネットワークを地域内外に結んで再生するために「郷の駅」を設置する構想などの提案もある。とくに「山の駅」構想が意図するように，限界集落の状況に陥った集落の対策を考える「後追い行政」ではなく，準存続集落の状態にあるときに存続集落へと再生するといった「予防行政」の視点が，限界集落防止政策を検討するうえで示唆的である。

　このような過疎対策にかかわる費用負担についていかに考えるべきか。これについて，大野（2008）による国土，自然，環境保全に重要な役割を果たしている山村自治体に対する人口による交付税に加えて，林野率，林野面積を基準とする「環境保全寄与率」に応じた「森林環境保全交付金」制度の創設や，保母（1996）による地域の維持をとおして人の住む地域社会を維持するという目的を明確にした「農山村補助金」の提案は興味深い[11]。しかし，現実には，過疎地域は中山間地域に多く，しかも地場産業が少ない場合には，過疎地域の経済は，治山治水事業といった公共事業の導入による自転車操業であると指摘されることもある。過疎対策について検討する場合には，地方

財政状況の悪化や政府間財政調整制度のあり方を含め，複眼的な視点が必要となる。

　今後はこうした限界集落対策のなかに地域における自然資本の維持，管理のあり方をふまえた対策が検討されるとともに，中長期的かつ継続的な対策の必要性とともに，農山村の社会資本および自然資本の弱体化，さらには生態危機をいかに回避するのかといった視点が欠かせない。

　次節では，過疎化が最も進んでいる四国圏のなかでも，最も過疎化の進行が著しい高知県について，県内市町村の過疎化の動態と集落対策について考察を加える。

第2節　高知県における過疎化の動態と集落対策

1．市町村別人口の推移と高齢化の進行

　高知県は森林率84％（全国第1位）であり，農業地域水系区分からも山間農業地域が多く，県内34市町村のうち33市町村が特定農山村地域[12]に指定されている。また，28市町村が過疎地域に指定されており，山村集落における過疎化が進んでいる地域である（表1）。

　また高知県は，日本のなかでも過疎地域が多いばかりでなく，急速な高齢化が進行している地域である。過疎地域は高知県内34市町村のうち，24市町村と4市町村の一部にあり，県面積の約80％，県人口の約28％に当たる。また過疎地域を含む中山間地域は県内27市町村，7市町村の一部にあり，県面積の約93％，県人口の約41％に当たる。1960年から2010年までのあいだに人口が増加した市町村は，高知市（12万1656人，54.9％増），南国市（7674人，18.4％増），香南市（3401人，11.2％増）[13]の3市であり，高知市の人口増加は，この50年間で約1.5倍となっている。

　一方，この50年間で人口が50％以上減少した市町村は，14市町村となる。

表1 高知県内市町村における地域振興立法5法指定地域の状況

市町村	農業地域類型区分				5指定地域の状況				
	都市	平地	中間	山間	特農	過疎	山村	半島	離島
高知市	○	○	○	○	一部	一部	一部		
室戸市			○	○	全部	全部	一部		
安芸市		○	○	○	全部	全部	一部		
南国市	○	○	○	○	一部		一部		
土佐市	○	○	○		一部				
須崎市			○	○	一部	全部	一部		
宿毛市			○	○	全部		一部	全部	一部
土佐清水市			○	○	全部	全部	一部	全部	
四万十市		○	○	○	全部	一部	一部		一部
香南市	○	○	○	○	一部	一部	一部		
香美市		○	○	○	一部	全部	一部		
東洋町			○	○	全部	全部	一部		
奈半利町				○	全部				
田野町		○			全部				
安田町				○	全部	全部			
北川村				○	全部	全部	全部		
馬路村				○	全部	全部	全部		
芸西村				○	一部				
本山町				○	一部	全部	全部		
大豊町				○	全部	全部	一部		
土佐町				○	全部	全部	一部		
大川村				○	全部	全部	全部		
いの町				○	全部	全部	一部		
仁淀川町				○	全部	全部	全部		
中土佐町				○	全部	全部	一部		
佐川町			○		一部		一部		
越知町				○	全部	全部	一部		
檮原町				○	全部	全部	全部		
日高村			○		一部				
津野町				○	全部	全部	一部		
四万十町			○	○	全部	全部	一部		
大月町			○	○	全部	全部		全部	
三原村				○	全部	全部	全部	全部	
黒潮町			○	○	全部	全部	一部		一部

(出所) 中国四国管内における地域振興立法5法指定地域の状況等一覧（http://www.maff.go.jp/chushi/chusankan/pdf/chusi5shitei231001.pdf）を一部抜粋。
(注) 1) 市町村は、2011年10月1日現在の市町村。
　　 2) 農業地域類型区分については、
　　　　○：当該市町村に分類される農業地域類型区分。「都市的地域」「平地農業地域」「中間農業地域」「山間農業地域」をそれぞれ表す。
　　　　空白：区分なし。
　　 3) 5指定地域の状況については、
　　　　特農：特定農山村地域における農林業等の活性化のための基盤整備の促進に関する法律（1993年法律第72号）第2条第4項の規定に基づき公示された特定農山村地域。
　　　　過疎：過疎地域自立促進特別措置法（2000年法律第15号）第2条第2項の規定に基づき公示された過疎地域（同法第33条第1項又は第2項の規定により過疎地域とみなされる区域を含む）。
　　　　山村：山村振興法（1965年法律第64号）第7条第1項の規定に基づき指定された振興山村地域。
　　　　半島：半島振興法（1985年法律第63号）第2条第1項の規定に基づき指定された半島振興対策実施地域。
　　　　離島：離島振興法（1953年法律第72号）第2条第1項の規定に基づき指定された離島振興対策実施地域。
　　　　全部：全部指定（過疎地域にあっては、みなし過疎を含む）。
　　　　一部：一部指定。
　　　　空白：指定なし。

なかでも70％以上の減少となった4町村は，馬路村（2412人，70.4％減），大豊町（1万3521人，74.1％減），北川村（4633人，77.2％減），大川村（3703人，90.0％減）で，とくに大川村の人口減少は1960年の約10分の1（90％以上減少）と著しい（表2）。

市町村別に2005年から2010年の5年間の人口増減率をみると，2010年に人口が増加しているのは香南市のみである。一方，その他33市町村は減少しており，とくに大川村では，2000年から2005年の5年間で5.4％の人口減少であったのに対し，2010年までの5年間では23.6％に減少し，急激に減少率が高くなっている。2005年から2010年の5年間で，10％以上人口が減少した8市町村（大月町10.2％減，仁淀川町11.5％減，室戸市13.0％減，東洋町13.0％減，馬路村13.4％減，梼原町13.9％減，大豊町14.1％減，大川村23.6％減）をみると，すべての市町村で，2000年から2005年の5年間よりも2005年から2010年のほうが，減少率が高くなっている（高知県 2012b）。

表2　市町村別人口の推移と増減率

減少率	過疎地域	中山間地域	市町村名	1960年（人）	2010年（人）	1960〜2010年増減率（％）
90％以上	○	○	大川村	4,114	411	△90.0
70〜90％未満	○	○	北川村	6,000	1,367	△77.2
	○	○	大豊町	18,231	4,719	△74.1
	○	○	馬路村	3,425	1,013	△70.4
50〜70％未満	○	○	仁淀川町	20,786	6,500	△68.7
	○	○	東洋町	8,102	2,947	△63.6
	○	○	梼原町	9,850	3,984	△59.6
	○	○	大月町	13,688	5,783	△57.8
	○	○	土佐町	9,440	4,358	△53.8
	○	○	安田町	6,141	2,970	△51.6
	○	○	津野町	13,249	6,407	△51.6
	○	○	本山町	8,476	4,103	△51.6
	○	○	四万十町	38,584	18,733	△51.4
	○	○	室戸市	30,498	15,210	△50.1

（出所）高知県（2012b）図表Ⅱ-13を修正。

つぎに高知県の高齢化率の推移をみると，1960年に8.5％であるのが，2010年には28.8％まで上昇し，約3.5人に1人が65歳以上の高齢者となっている。内閣府（2013）によれば，2012年の高齢化率は，全国平均で24.1％（前年23.3％）となり，高知県の高齢化率30.1％は，秋田県の30.7％に次いで全国2番目に高い率となっている。今後，高齢化率は，すべての都道府県で上昇し，2040年には，最も高い秋田県では43.8％，高知県では40.9％に達すると見込まれている[14]。

県内の市町村別にみると，高齢化率が30％以上の市町村が28市町村あり，そのうち高齢化率が40％を超える市町村が9市町村[15]ある。とくに仁淀川町50.3％，大豊町54.0％は高齢化率50％を超えている。また，県内で最も高齢化率が低い高知市の高齢化率でさえ23.6％であり，県内すべての市町村が全国平均値の23.0％を上回っている。高知県では，戦後，人口減少と高齢化率の上昇が同時進行しており，この状況は加速する傾向にある。またこうした状況は，これまで維持されてきた集落機能を弱体化させることから，これに派生して過疎地域の森林，農地の維持管理が困難になることに伴う自然資本の減少や最終的には生態危機のリスクを高める可能性がある[16]。

2．集落の状況

高知県内の市町村について，2010年の世帯数別の集落数をみると（ただし，旧高知市を除く），20～49世帯の集落が785集落（構成比33.2％）で最も高い割合を占めている。2005年と比較すると，最も構成比が増加しているのは，9世帯以下の集落（2.3％増加）で，次いで10～19世帯の集落（1.6％増加）増加となっている。一方，構成比が減少しているのは50～99世帯の集落で58集落（2.5％減少），次いで20～49世帯の集落で23集落（1.0％減少）である。これらのことから，世帯数の多い集落が減少し，世帯数が少ない小規模高齢化集落が増加していることがわかる（高知県 2012a）。

2010年の市町村別の世帯数の構成比をみると，19世帯以下の集落数の割合

が50％以上となっている市町村は，北川村，大川村，仁淀川町，越知町の4町村であり，うち北川村（41.4％），大川村（47.1％），仁淀川町（35.6％）については，9世帯以下の集落数の割合が30％を超えている。また北川村，大川村，仁淀川町，越知町の4町村の1960年の世帯数の構成比と比較すると，19世帯以下の集落は少なく，20〜49世帯の集落が多いことから，この50年間で1集落当たりの世帯数が減少していることがわかる（高知県 2012a）。

　1960年から2010年までの50年間に人口が増加した集落は337集落（15.6％），減少した集落は1818集落（84.4％）となっており，8割以上の集落で人口が減少している。人口減少の割合をみると，50％以上減少した集落が1177集落（54.6％），49〜20％の減少が473集落（21.9％）となっている。また過疎地域では，1286集落（93.1％）で人口が減少しており，このうち50％以上人口が減少した集落が948集落（全体の68.6％）となっている[17]。

　つぎに世帯数の増減と集落数の割合についてみると，1960年から2010年までの50年間に世帯数が増加した集落は821集落（38.1％），減少した集落は1334集落（61.9％）となっており，6割以上の集落で世帯数が減少している。世帯数減少の割合をみると，50％以上減少した集落が479集落（22.2％），49〜20％の減少が543集落（25.2％）となっている。過疎地域では，1039集落（75.2％）で世帯数が減少しており，このうち50％以上世帯数が減少した集落が408集落（全体の29.5％）となっている[18]。このことから高齢化率が高い集落ほど，世帯数は少なく，人口減少傾向にある。また過疎地域ほど高齢化率の高い集落が多く分布していることがわかる。

　高知県は全国と比較して，人口減少，過疎化，高齢化が進行しており，とりわけ中山間地域では担い手不足による産業活動の低下がみられるとともに，山間集落のなかには集落の存続そのものが危うくなってきている地域もみられる。このことから，高知県では2010年度の国勢調査結果の分析をふまえて，集落データの分析に加えて，集落代表者に対する聞き取り調査と一部集落を対象にした世帯アンケート調査（集落実態調査）を実施した[19]。

　集落実態調査の結果から，人口の減少，高齢化の進行によるさまざまな活

動の後継者不足，生活への不安，鳥獣による被害など，中山間地域の課題が浮き彫りになった。具体的には，集落活動について地区会（話し合い）の状況や世話役の存在，集落の地域活動，作業，行事の状況，住民の共同作業への参加状況，集落の将来，都市住民との交流イベントや特産品づくり，集落を活性化するための取り組み，集落の活性化に必要なこと，Ｉターン移住者の受け入れなどについて調査している。

同アンケートによれば，現在，地区会の開催（91.8％）や世話役の存在（74.4％）はあるものの，今後困難になると思う共同作業について（複数回答），道路の草刈り（53.0％），神社の祭り（47.5％），墓地等の維持管理（42.1％），集会所等の維持管理（27.1％），用水路の掃除（21.2％）と将来の共同作業への不安が表れる結果となっている。また飲用水確保の課題について（複数回答），施設の維持管理（52.7％），高齢化等による管理人員の不足（41.0％），水源の枯渇（32.2％），施設の老朽化（19.6）の順で高く，とくに問題ない（19.1％）と比較して，問題を抱えている世帯が多いことがうかがえる結果となった。また生活用品の確保について困っていると回答した世帯は63.1％で調査対象世帯の約3分の2が日常生活に不便を感じていることがわかる。

つぎに自主防災活動に必要なことについて尋ねた結果（複数回答），必要順位は孤立時の物資緊急輸送体制（47.1％），緊急搬送の支援体制（42.9％），非常用電源（35.5％），水食料等備蓄品（31.2％），避難場所設備充実（29.4％）となった。

また地域産業の今後について尋ねた項目では，主要産業の後継者については存在しない（53.7％），わからない（23.4％），存在する（31.1％）といった回答が得られ，産業振興につながる資源については思いつかない（72.1％），ある（27.9％）という結果となった。産業振興に必要なものの順位は（複数回答），担い手の確保（50.5％），資金の援助（14.0％），地域資源の活用（10.4％），助言（5.7％）となっており，担い手をいかに確保していくかが地域産業の維持に重要であることが明らかとなった

耕作放棄地については，65.0％があると回答し，手入れされていない山林

を69.4％がみかける，と回答していることから，山林の荒廃が進行していることがうかがえる。このことは山林所有者の日頃の管理について，42.6％がとくに何もしていないと回答していることからも明らかである。こうした山林の荒廃状況は，結果として野生鳥獣による被害を増大させ，このことは野生鳥獣被害について94.3％がある，と回答していることから深刻な問題であることがわかる。

　地域ぐるみの鳥獣害対策については44.6％が個別に取り組んでおり，地域ぐるみの取り組み（21.9％）が今後進められることに期待したい。こうした状況のなかでも，集落への愛着や誇りを強く感じている（64.8％），多少感じている（28.2％）と回答した世帯が93.0％存在していることから，地域住民をいかに移住させずに集落機能を維持させ，地域の自然資本を維持管理，保全していくかについての対策を考えることが緊急の課題であることが明らかになった。地域への誇りや愛着，集落間で助け合いながら住み続けたいといった，住民の意識を確認することができたのである（表3）。

　次節で検討するように，こうした集落アンケートの結果，アンケートから表出した課題にこたえるように，高知県の具体的な集落支援のなかに課題克服のための事業が組み込まれることとなった。つまり，こうした集落調査をふまえて高知県では中山間地域対策が見直され，今後の集落支援のキーワードとして，①高知ふるさと応援隊等の地域内外の人材の支援を含んだ「集落活動や産業を担う人の育成・確保」，②「安心して暮らすための住民同士のきずなの大切さ」，③「近隣集落や他の地域等々のネットワークの必要性」を挙げ，中山間地域で一定の収入を得ながら，安心して暮らしていける仕組みづくりを行っていく必要性を指摘することで同調査結果を締めくくっている。とくに③にかかわり，中山間地域の集落同士で連携する地域の拠点として，2012年度から新たに集落活動センターの取り組みが始められた。次項ではこの高知県独自の集落対策について考察する。

表3 高知県の集落の状況

(%)

項目					
地区会の開催状況①	開催していない 6.8	開催している 91.8			
今後（10年後）の地区会の開催頻度①	できない・減る 28.7	変わらない 69.6			
世話役の存在①	いない 25.6	いる 74.4			
世話役の後継者①	いない 21.9	把握していない 20.2	いる 63.3		
困難になると思う共同作業①（複数回答）	道路の草刈り 53.0	神社の祭り 47.5	墓地等の維持管理 42.1	集会所等の維持管理 27.1	用水路の掃除 21.2
共同作業への参加（現在）②	行われていない 0.3	参加したことがない・しない 28.8	参加する 62.4		
共同作業への参加（今後）②	維持できない 26.8	わからない 40.1	維持できる 27.6		
飲用水確保の課題①（複数回答）	施設の維持管理 52.7	高齢化等による管理人員の不足 41.0	水源の枯渇 32.2	施設の老朽化 19.6	とくに問題ない 19.1
生活用品の確保①	困っている 63.1	とくになし 35.5			
見守り活動①	行っていない 55.0	行っている 42.9			
自主防災活動に必要なこと①（複数回答）	孤立時の物資緊急輸送体制 47.1	緊急搬送の支援体制 42.9	非常用電源 35.5	水食料等備蓄品 31.2	避難場所設備充実 29.4
主要産業の後継者①	存在しない 53.7	わからない 23.4	存在する 31.1		
産業振興につながる資源①	思いつかない 72.1	ある 27.9			
産業振興に必要なもの①（複数回答）	担い手の確保 50.5	資金の援助 14.0	地域資源の活用 10.4	助言 5.7	わからない 13.8
耕作放棄地①	ある 65.0	ない 33.3			
手入れされていない山林①	みかける 69.4	みかけない 23.5			
山林所有者の日頃の管理②	とくに何もしていない 42.6	他者に依頼 22.0	すべて自分で 31.6		
野生鳥獣による被害①	ある 94.3	ない 5.2			
地域ぐるみの鳥獣害対策①（複数回答）	取り組みなし 26.5	個別に取り組み 44.6	地域ぐるみの取り組み 21.9	対策の話し合い 8.7	
近隣の集落との連携①（複数回答）	すでに行っている 76.7	今後行いたい 17.5	行いたいと思わない 6.7		
集落への愛着や誇り①	強く感じている 64.8	多少感じている 28.2	感じていない 3.1	わからない 3.9	
今後も住み続けたい②	住み続けたい 70.9	住み続けたいが移転せざるを得ない 5.8	住み続けたくない 4.7	わからない 11.3	

（出所）高知県（2012a）「平成23年度高知県集落調査概要版」より筆者作成。
（注）1）中山間地域を中心とした約50世帯未満の集落を対象に，1,359集落代表者（地区長等）から聞き取り調査を，109集落の2,067人にアンケート調査を行っている。表中①は聞き取り調査，②はアンケート調査の結果を示す。
　　 2）一部選択肢の数値を割愛しているため，複数回答でなくとも，合計が100％にならない場合がある。

3．集落対策の実施

　高知県では，集落調査の結果をふまえ，将来にわたり暮らし続けることができる生活環境づくりを目的として，2013（平成25）年度から，新たに中山間地域生活支援総合事業を実施している。

　おもな事業として，①移動販売などの生活用品の確保に向けた仕組みづくり，②生活用水の確保に向けた仕組みづくり，③移動手段の確保に向けた仕組みづくり，④物流面から生活支援に向けた仕組みづくりがあり，以上の生活環境に関する事業については，実質的には総合的な補助金として機能している[20]。本事業は，それまで縦割りで行われてきた個々の事業を束ねることによって，部局間の調整と連携を促進し，地域住民の生活環境に日常的に向き合う基礎自治体である市町村のニーズに効果的に応えていくための総合対策となることが意図されている。このうち，①と②は，2008（平成20）年度から個別事業として実施されてきたものが引き継がれており，④は2011（平成23）年度から個別事業として始められ，2013（平成25）年度から総合事業に組み入れられたばかりであり，③は2012（平成24）年度から新たに始められた事業である。

　このなかで自然資本とかかわる集落機能の維持を図る取り組みとして注目されるのが，②に関する地域水道支援と④に関する物流を通した総合的な生活支援である。山間地域に対する生活用水支援では，水源として天然の沢水に恵まれているものの，集落調査の結果から高齢化や人口減少などによって共同の引水・給水施設の維持管理が困難となっている現状が明らかになった。これに対して高知県では，維持管理の容易さやコストの面を重視して，小規模集落での小規模緩速濾過（生物浄化）施設を導入している大分県の先行例に注目している。緩速濾過（生物浄化）は浄水に必要なエネルギーが急速濾過や膜濾過に比べ少なく，薬を使わず，自然の力で浄化するため，安全で低コスト，省エネという観点から，東日本大震災以降，注目されている。大分県

豊後高田市黒土集落の小規模給水施設はこうした小規模緩速濾過（生物浄化）施設としては代表的である[21]。このような施設は規模が小さいことから「上水道」として国から認められていないものの，過大な維持管理費用を要する簡易水道よりも，小規模高齢化集落には適したものであろう。

また，物流支援については，高齢化した零細農家が集落にとどまりながら農業を継続していけるよう，地域の農協や商工会議所などが主体となって農産品の集出荷を支援するだけではなく，高齢世帯の買物代行，弁当配達，あるいは見守り代行などを行う総合的な生活支援となっていることが特徴である。2011（平成23）年度から2013（平成25）年度の3年間で，延べ19件，計53億8736万5000円の補助実績がある。山間地域の自然資本を基にしたかつての基幹産業であった農業は今でこそ斜陽産業ではあるものの，集落にとどまる高齢世帯にとっては，生活と切り離せない生業であることから，このような物流と生活が一体となった支援が有効であろう。

さらに，以上のような県による市町村への補助金事業の総合化と並行して，高知県では2012（平成24）年度から集落活動センター事業が開始されている。

集落活動センター事業とは，地域住民が主体となり地域外からの人材も受け入れながら，旧小学校や集会所等を拠点に，それぞれの地域の課題やニーズに応じて，生活，福祉，産業，防災といったさまざまな活動に総合的に取り組むものである。この意味で，集落活動センターは，住民が主役となって仕事や生活，防災，福祉，交通など地域ぐるみで課題の解決策を話し合い，実践する場としての機能が期待されている。集落活動は，おもには廃校となった小学校など既存の施設を活用し，内容は住民が決定することに特徴がある。また行政サービスだけではなく，地域の活動拠点を形成することを意図して，市町村事業として3年間を期限として助成を行う。具体的には，センターの設立を決めた集落に対し，初期投資への支援として高知県が事業費の2分の1，市町村が残り2分の1で年間最大1000万円まで補助金として支給する。さらに，この取り組みを支援するため，活動内容ごとの区分（運営全般，集落支援，生活支援，福祉，健康づくり，防災，鳥獣対策，移住・交流と観光，

農林水産物の生産，加工品づくり，エネルギー資源活用）に応じた「資金面からの支援」（補助金・交付金）について，高知県，国等の支援策についても案内している。同時に，センターの運営に携わる外部からの人材として，必要に応じ「高知ふるさと応援隊」を派遣し，これに対し高知県は1人当たり年間100万円を助成している。高知県では，総務省の「地域おこし協力隊」「集落支援員」を含め，地域活動の推進役となる人材を「高知ふるさと応援隊」と呼び，人的派遣として，地域の活性化や担い手確保のために，地域活動の推進役となる人材として「高知ふるさと応援隊」（高知版「地域おこし協力隊」）導入を積極的に支援しており，高知県内26の市町で109人の隊員が活動している（2014年10月1日現在）。このうち集落活動センターに従事している「高知ふるさと応援隊」は14市町24人である[22]。

また高知県は，センターごとに，観光や農業，福祉，防災など部門横断的に10人程度の支援チームを編成し，集落センターの立ち上げ，運営と立ち上げ後の活動の充実・拡大を支援するため，計画づくりの話し合いから事業化や運営の実践まで，総合的・長期的に支援している。高知県では，今後10年間で新しい地域づくりの拠点となる「集落活動センター」を130カ所，設立することを目標にしている[23]。このような取り組みは全国に先駆けた中山間地域の振興策といえる。

取り組み内容の詳細をみると，すべての集落活動センターが生活支援サービスと観光交流活動，特産品づくり・販売を行っており，8割以上の集落活動センターが安心・安全サポートや防災活動に取り組んでいる。また，それぞれの地域の実情に応じて，集落活動サポートや健康づくり活動，集いの場の確保，農林水産物の生産・販売などを行っている。とくに安田町中山地域で実施されている地域伝統文化の保存・継承や四万十市大宮地区で行われているエネルギー資源の活用，環境保全活動，ネットワークの拡大はユニークである。さらに，定住サポート（土佐町石原地区，四万十市大宮地区，安芸市東川地区）や産地・人づくり（梼原町松原地区，梼原町初瀬地区）に取り組んだり，鳥獣害対策（梼原町松原地区，梼原町初瀬地区，安田町中山地区，香南市

西川地区）に取り組んだりとその内容も取り組む領域も広がりをみせている。またこうした集落のなかには，安芸市東川地区や香南市西川地区などのように，2013（平成25）年度より高知県が窓口となり始まった，地域と民間（企業・大学・NPO 等）との交流による集落活性化プロジェクトである「結プロジェクト」（結プロジェクト推進事業）[24]に別途，企画提案，実施しているケースもある（表4）。

集落活動センターの取り組みは，大きく分けて，センターの拠点となる施設の確保（既存施設の改修または新規建設）といったハード事業とその他のソ

表4　集落活動センターの取り組み

市町村名	地区名	開所時期	集落数	人口	世帯数	高齢化率	名称	実施主体	ふるさと応援隊（うち，集落活動センター従事者）	集落活動サポート
本山町	汗見川	2012/6/17	6	206	100	57.8	集落活動センター「汗見川」	汗見川活性化推進委員会	1	
土佐町	石原	2012/7/1	4	391	190	46.5	集落活動センターいしはらの里	いしはらの里協議会	2	○
仁淀川町	長者	2012/12/1	14	698	297	35.0	集落活動センターだんだんの里	だんだんくらぶ	0	
梼原町	松原	2013/1/12	6	302	153	61.9	集落活動センター「まつばら」	集落活動センター「まつばら」推進委員会	2	○
梼原町	初瀬	2013/1/12	7	145	69	49.7	集落活動センター「はつせ」	集落活動センター「はつせ」推進委員会	2	○
黒潮町	北郷	2013/3/5	3	142	66	49.3	集落活動センター北郷	北郷地区協議会	2	
安田町	中山	2013/4/1	12	594	285	46.0	集落活動センターなかやま	中山を元気にする会	2	
香南市	西川	2013/4/12	2	418	178	47.5	西川地区集落活動センター	西川地区集落活動センター推進協議会	1	
四万十市	大宮	2013/5/26	3	294	136	47.6	大宮集落活動センター みやの里	大宮地域振興協議会	4	○
佐川町	尾川	2013/9/19	9	910	419	42.9	集落活動センターたいこ岩	尾川地区活性化協議会	1	○
安芸市	東川	2013/9/29	5	174	107	76.9	東川集落活動センター かまん東川	東川地域おこし協議会	1	

（出所）高知県産業振興推進部中山間地域対策課ヒアリング調査資料（2012年10月25日）およびウェブサイト（http://www.pref.kochi.lg.jp/soshiki/121501/2014050900140.html）より筆者作成。

（注）1) ふるさと応援隊（うち，集落活動センター従事者）は2014年11月1日現在の状況である（上記ウェブサイト参照）。
2) 2014年に，三原村（全域，3/28），梼原町（四万川地区，3/29），南国市（稲生地区，6/15），いの町（柳野地区，11/23）において集落活動センターが開所している。

フト事業からなり，ソフト事業としては，センターの運営・事業に携わる「人材導入・支援」（ふるさと応援隊，定住・移住促進など）のほか，「経済的な活動」（観光交流，特産品の販売，自然エネルギー活用など）と「支え合い活動」（見守り，防災，鳥獣害対策など）を展開していくことが期待されており，それらに対応する各種補助事業メニューも用意されている。しかしながらまだセンター事業が開始されてから2年間しか経っておらず，当面はセンターの立ち上げに必要な人材導入・支援に重点をおきながら，地域の実情に応じて可能な範囲でさまざまな活動が手探りで行われているのが現状である。集

生活支援サービス	安心・安全サポート	健康づくり活動	集いの場の確保	防災活動	観光交流活動	農林水産物の生産・販売	特産品づくり・販売	地域伝統文化の保存・継承	エネルギー資源の活用	環境保全活動	ネットワークの拡大	定住サポート	産地・人づくり	鳥獣害被害対策
○	○			○	○	○	○							
○	○	○		○	○	○	○					○		
○	○			○	○	○								
○		○	○		○		○						○	○
○	○			○	○		○							
	○	○		○			○							
				○			○	○						○
○				○	○		○							○
○	○			○	○				○	○	○	○		
○	○	○		○			○							
○	○				○	○						○		

落活動センター開所地域の特徴をみてわかるように，集落規模は香南市西川地区の2集落から仁淀川町長者地区の14と小規模であり，また高齢化率は高知県平均30.1％をしのぐ，仁淀川町長者地区の35.0％から安芸市東川地区76.9％までというように高くなっている。拠点づくりには何よりもまず人材の導入と支援が求められるゆえんである。

　今後，集落活動センターを中心に地域住民が主体的に地域の課題やニーズにこたえる活動を展開していくなかで，人材の導入と支援にとどまらず，集落調査で明らかになった自然資本と密接にかかわる課題——鳥獣害や農林水産物の生産活動の活性化など——に対しても，効果的な活動が展開される拠点として発展していくことが期待されている。

　中山間地域および過疎地域対策は全国各地でさまざま行われているが，このような集落支援に特化した高知県の総合的かつ拠点的な取り組みは先駆的である。しかしながら集落活動センターについては，県が助成金を出すのは3年間に限定されているため，助成金終了後は住民の自立的なセンター運営が求められるという課題に近々直面することとなる。集落活動センターの取り組みが，短期的には広域自治体としての高知県がインキュベーターのような役割を基礎自治体に対して果たせるのか，また中・長期的には地域が内発的発展をめざし，自立するための財政をいかに確立するかが成功の鍵となるであろう。

　次節では基礎自治体による過疎地域からの実践について検討するため，高知県内においても急速に人口減少，過疎化，高齢化が進行している仁淀川町を事例として，集落，「むら」の維持について，集落再生活動を中心として，ヒアリング調査内容をもとに検討する。

第3節　コミュニティからの実践
　　　——高知県仁淀川町を事例として——

1．生態危機と向き合ってきた地域

　高知県仁淀川町[25]は，高知県北西部，仁淀川の上流域に位置し，地形は仁淀川本・支流の川沿いに深くＶ字形をした峡谷が多いため平地は少なく，集落は川沿いや山麓の標高200〜700メートルに点在し，茶業や林業などをはじめとする里山産業を営んでいる。仁淀川町は，2005年8月1日に旧吾川郡池川町・吾川村と旧高岡郡仁淀村の3町村が新設合併した町であり，スギ・ヒノキ人工林型山村の典型をなす町である。とくに旧仁淀村は，古くから茶の生産に適した地として知られ，産地農業の零細性を検討するうえでも典型的な地域といえる（大野 2005, 123-163）。同地域は「田畑が10度から45度の急傾斜地に石垣を築いた棚田，段々畑からなっており，1955（昭和30）年頃までは住民は自活の地を開いていたが，重化学工業の発達と経済の高度成長にともなって，都市に転出する人が激増し，また内外の建設事業に従事する人が増加し，そのため先祖伝来の田地が放棄されるに至り，従って，減反と減収を来さざるを得なくなった」という特徴がある（仁淀村 2005, 614）。
　また同地域では茶は早くから栽培され，『長曾我部地検帳』においても「茶，楮（こうぞ）アリ」とあって，天正年間には茶の栽培が盛んであったことがうかがわれる。切畑地区には自然茶が繁茂し，今は緑茶として採取している。また明治時代になると別府地域では製茶機械の教師を招き，伝習生を要請したり，静岡県，愛媛県の先進地に技術者養成のための伝習生を派遣するなど茶業開発に努めてきた。茶の生産について，村は基幹作物として位置づけ，農業構造改革事業の主軸として振興を図っており，これまで農家所得の向上に寄与してきた。また高知県農業技術センター茶業試験場があったことも茶業が発達した一要因である。なお茶生産の最盛期は1984（昭和59）年，販売高2億

7000万円であったが、2005(平成17)年には半分以下の1億2000万円に減少している(仁淀村 2005, 624-626, 640-642)。

仁淀川村の歴史を振り返ると、「宮ヶ坪に曲流していた古川は増水のため、追槌の下流ゼンモウという小山のふもとの堤防を突き破って、荒波のような大洪水は帯のような稲田を激しく流れていった。それと同時に旧寺野は地響きとともに地鳴りが起こって、人家は土地とともに移動し、柱は音を立てて避け、次々と倒れていった。女子供は猛烈な風雨の中を右往左往して泣き叫び、逃げ場を失い、全く生き地獄となった」(仁淀村 2005, 20)というような寺野で長者川の増水により地滑りが起こったり(1886[明治19]年)、大暴風雨と大洪水により稀有の山津波が起こり古生寺地区が埋没により消滅するという被害も起こった(1890[明治23]年)。またこれらの大洪水については甲藤正連『天変記』にも記されている(仁淀村 2005, 18-29)。このことから、仁淀川地区は流域上流村であるがゆえに、厳しい自然への適応を常に求められながら、その集落を維持してきたことがわかる。こうした山村集落による限界集落の進行により、社会資本の劣化のみならず地域の自然資本の弱体化が進めば、同地域だけの問題にとどまらず、流域全体に問題が発展する可能性がある。

山村の限界集落化が進むことによる農林業の衰退が自然資本の劣化といった環境問題へと進行していくこの地域を、流域共同管理、社会関係資本の視点から捉え直し、再生へと導くためには、限界集落対策における地域内の社会資本、自然資本の維持に加え、流域環境保全についての広域的な政策展開が望まれる[26]。

2. 仁淀川町の現状と課題

仁淀川町は総土地面積が3万3296ヘクタールで、このうち林野面積が2万9742ヘクタールを占め、林野率89.3%(高知県83.7%、全国65.7%)、耕地面積率1.5%(高知県4.0%、全国12.1%)[27]という特徴をもつ典型的な山村集落で

ある。同時に，急速な人口減少，高齢化（高齢化率50.4％，高知県第2位），過疎化が進行し，市町村別世帯数別集落数の割合（2010年）をみても，50世帯以下の集落数が92.4％（9世帯以下35.6％，10～19世帯31.5％，20～49世帯25.3％）を占める集落の小規模化が深刻な地域である。現在人口は約6000人であるが，2010（平成22）年度国勢調査に対する10年後の人口推計は23％減少の約5000人となっており，小中学校の閉鎖，統合や高等学校の不在からも若年世代が定住しやすい環境づくりをいかに整えるかが課題となっている（たとえば，仁淀川町議会 2014a）。

仁淀川町のように，山間農業地域では，人口の自然減少，若年層の定住型就業機会の不足，集落機能の低下，耕作放棄地や山林の不在地主化といった，地域社会の危機が集中的に表れている。こうした危機は，地域住民に，これまで以上に厳しい条件のなかで，自然の脆弱性と向き合うことを求め，社会的環境の悪化は自然環境への適応能力を脆弱化し，より深刻な生態危機を招くことになる（大野 2005）。

また仁淀川町の過疎化の進行は，他の過疎地域が経験するように，その前提として農林業等の地域産業の衰退や雇用の不足であったことはいうまでもないが，集落調査から明らかなことは，すでに人口流出による人口減少が進み，人口の自然減少と高齢化が進行した集落においては，これまで議論されてきた所得格差や雇用不足の問題は大きな要素ではなく，むしろ高齢者にとっては，これまで維持してきた自然資本である水源や田畑などを活用しながら日常的な生活関連資本をいかに維持できるかという点が重要となっている。過疎地域で生活を営む高齢者にとっては，日常の通院や買い物，年金受給，救急医療などの基本的な生活関連サービスを行うための移動手段の確保が大きな課題となっているのである。こうした現状からは，なお従来からの産業振興，雇用の確保は課題として存在するが，それ以上に地域の自然資本とともに地域住民の生活関連社会資本の確保について検討しなければならない。

仁淀川町の2013（平成25）年度予算をみると，「自然と共生した魅力と活力あるまちづくり」を基本方針として，①行財政の健全化，②健康福祉の充

実，③地域経済の活性化，④生活環境の充実，⑤子育て支援・教育環境の整備を重点施策として掲げている。おもな事業としてデイサービスセンター，高齢者生活福祉センターの建設にかかわる仁淀地区高齢者福祉施設整備事業，子育て世帯の負担軽減と人材育成のための子育て応援手当て事業，80歳以上町民にタクシー料金の一部を助成する地域タクシー券事業，肺炎球菌ワクチン予防接種促進事業（75歳以上対象），移住促進事業，「町産材の家」推進事業，ヘリポート整備事業，道路環境整備等整備事業などを挙げており，生活環境資本の確保に向けた予算配分も一定は評価できる（仁淀川町 2013a）。

また有害鳥獣被害と他区の状況をみると2010（平成22）年度は205万1000円・383頭，2011（平成23）年度は354万9000円・316頭，2012（平成24）年度は388万4000円・443頭となっていることから，防止対策として，新規狩猟免許取得者に対する講習費の全額補助や集落単位での侵入防止策の原材料費全額助成などを行っている[28]。

現在，仁淀川町における歳入の40％以上を占める普通交付税は，合併支援措置による交付税優遇措置が講じられている。この交付税優遇措置は，合併後10年間は町村が合併していないと仮定して，旧町村ごとに普通交付税額を算定し，それらを合算した額が町に普通交付税として配分されるものである。2012（平成24）年度では，本来，仁淀川町単独での普通交付税の算定額は28億7千万円であるが合算算定による合併算定替のために，実際は36億4千万円の普通交付税が配分され，合併算定替による普通交付税配分増加額は7億7千万円となっている。今後8年間の合併支援措置期間の財政運営をいかに考えるべきか，将来の町財政を左右する大切な時期にさしかかっているのである。

仁淀川町においても他の過疎地域がそうであるように，人口減少と高齢化，過疎化の進行にともない，今後ますます財政需要が高まることが予想される。こうした動きは，従来，家庭内あるいは家族内で対応されてきた介護や見守り活動などが今まで以上に社会的サービス（コミュニティ・サービス）に転換されることを意味していることから，今後は集落内でのコミュニティ[29]のあ

り方や集落外からのNPOや住民団体など多様な主体の参加も含めた，地域問題の解決に向けた行動が望まれる。仁淀川町商工会が2014年9月より実施している「お買い物宅配サービス」は地域の人たちの買い物の利便性の向上と高齢者の見守り支援を兼ねた宅配サービスをヤマト運輸と提携して行うもので，地域の問題解決のための取り組みのひとつである（仁淀川町 2014）。

次項では，仁淀川町における行政と住民の相互連携や多様な主体による地域間連携の実践について考察することで地域コミュニティ機能の維持可能性について考察する。

3．仁淀川町におけるコミュニティからの実践

人口減少と高齢化，過疎化が急速に進行している仁淀川町は，2012年に集落支援の一環として，高知県の集落再生プログラムである集落活動センターを長者集落で完成させた。集落活動センター「だんだんの里」[30]は，高知大学をはじめとする外部の人と，地域住民との協働関係によって，地域内で内発的に発案された計画が，ボトムアップ的に具体化されたモデルケースである（仁淀川町 2013b）。集落活動センターの運営団体である「だんだんくらぶ」（2003年設立）は長者地区の人たちの「地域の活性化を進めたい」思いと高知大学の「実際のフィールドを活用した教育を行いたい」という思いから，2007年に高知大学が，農林水産省中国四国農政局高瀬農地保全事務所とともに，同地区で「地域」協働演習活動を実施したことが契機となっている[31]。

「だんだんの里」農家レストランの構想は，2007年のワークショップに遡る。ワークショップにより，高知県の大学生が地元の「お宝」（大切なもの）について集落のお年寄りから聞き取りを行うなかで，地域住民間の対話や交流の機会が減っている，気軽に集まれるところがないという問題点が指摘されたことから，農家レストランの構想が実現したのである。長者地区は農山漁村（ふるさと）地域力発掘支援モデル事業の対象（農林水産省，2009［平成21］年採択）となり，これによる補助金を受けたのち，高知県による集落活

動センターへの資金面からの支援策である高知県集落活動センター推進事業費補助金（3000万円／3年間）と仁淀川町による支援策である仁淀川町集落活動センター推進事業費補助金（1000万円／3年間）をそれぞれ受け，農家レストラン建設のための資金が調達された[32]。農家レストランの設計は，2010（平成22）年度から東京大学のグループにより，地域住民らと子ども，女性，など7班に分かれて議論をした結果をふまえて行われ，建物の一部は，高知駅前の「土佐・龍馬であい博」テーマ館を取り壊す際の材木を譲り受けることにより建設された。

「だんだんの里」農家レストランは，地元の女性たちの井戸端会議，子どもたちの宿題や道草，夜の親睦会などに使われる「場」としての役割を果たしており，開店111日を経て，延べ2700人余りの来客があった。農家レストランには，高知県と仁淀川町の補助による有給スタッフがひとりいるほか，1日1000円で20人の地元ボランティアスタッフが運営にかかわっている。しかし，ヒアリング調査によれば，地域住民は，農家レストランが直接的に地域の人口減少に歯止めをかける手だてとはなっていないことから，今後も継続的に町のサポートが行われることを期待している。

集落活動センター「だんだんの里」を支えているものは何か。ここで留意しなければならないのは行政区（集落地区会）の役割である。地域コミュニティとのかかわりから仁淀川町内における区の役割に注目すれば，仁淀川町は7地区の区分[33]があり，地区ごとに地域長を選出するとともに，それぞれの地区内の61の地区（集落）数ごとに，回覧発行などの行政サービスを行っている。集落活動センター「だんだんの里」がある長者地区は7地区のうち比較的大きな地区（集落）のひとつであり，14の地区（集落），698人，297世帯が暮らしている[34]。14の地区（集落）は4世帯から45世帯と幅があるが，地区（集落）の存続のために他地区から転居してくる人や地区内での見守りといった生活支援，伝統文化・芸能などの継承を含む集落内での地域活動など，地区（集落）を核として行われており，状況に応じて，地区（集落）内，地区（集落）間の連携が図られている[35]。また近年では，他出子の役割も認

識されている。地区（集落）では，高齢者世帯と他出子を含んだ拡大家族や親族関係を土台とした相互扶助が個別の問題ではなく，公的なものとして，いわば集落の伝統的な共同意識が新たな公共として地域の生活支援活動につながっていると考えられる。

　また北浦地区では，高知県集落活動センター推進事業とは別に，「池川439（よさく）交流館」が建設されている[36]。これまで，地場産品加工組合，池川遊遊会，生活改善グループなどが主体となって，良心市，439（よさく）市が開設，運営されてきたが，交流を目的とした「池川439交流館」では，町内産の野菜，加工食品の販売や休憩所を兼ねたレストランも併設される。ここでは，町の伝統的産業をもとにした，木工品や茶製品が多く陳列されており，県内外の訪問客の耳目を集めている。この事業は，施設自身が老朽化してきていたため，リニューアル，拡大したい，という地域の要請によって成立した。439市の客層は，池川地区の住民，土居地区に働きにきている人たちである。旧池川町では1998年から3年間，高知女子大学中山間地域総合研究センター（当時）と，高知短期大学による調査が行われている。「山村は，消費者の求める安全・安心な農産物を提供できる条件において優れており，直販店は生産者と消費者を結ぶ場としてもっと重視される必要がある」（平岡 2001, 205）とするこのプロジェクトによってまとめられた知見が，ようやく現実のものになりつつある。

　以上のような集落活動センターや交流館の課題として，「ひとまず，箱物はできた。これをどう運営してくか」という点がある[37]。なぜならば，これまでのこうした村おこしを意図した活動は，無償ボランティア，ないしは非営利活動であることが，当たり前のようになっていた。しかし，若手を含め，担い手を育て，継続的に発展させるためには，地域の自然資本を維持・活用しながらインセンティブとなる収入を確保する仕組みづくりが，重要である。今後は，交流館も含めてたとえば高知ふるさと応援隊やその他の各種補助事業を活用する，という手だてもあるが，各主体が，自律性をもって運営できるか，という点に，不安が残る。多くの補助事業の場合，県や町の職員の下

請け活動のようになってしまい，自律的な活動がしにくくなるという現実も，いくつか見受けられるからである。集落活動センターのような拠点整備は，山村地域経済活性化に対して，有効である。しかし，それが有効に機能するためには，ある程度のまとまりのある地域主体が，すでに形成されているかが鍵であり，持続的にセンターを運営していくためにも重要である。また，市町村ごとに駐在している高知県「地域支援企画員」[38]の町役場や地域主体との調整能力が，県事業としての「集落活動センター」の成否を左右する。

また仁淀川町田村地区では，仁淀川町原産の伝統野菜「田村カブ」の魅力を伝えるために地域住民が「田村蕪式会社プロジェクト」[39]を立ち上げ，仁淀川流域の農産業の活性化，さらには地元の在来野菜を守り後世に残すために，株主（「蕪主」）を募集し，活動を開始するなど新たな動きも始まっている（仁淀川町 2014）。

さらに仁淀川町では，地域の自然資本を活かした外部の人的資本を呼び込む政策として，高知県，川崎重工業（株）が取り組む環境保全事業「協働の森づくり」の一環である，川崎重工業（株）プラント・環境カンパニーの新入社員研修を長者地区や鳥形山などで実施している。同時に仁淀川町では，川崎重工業（株）が開発したバイオマスエネルギー転換設備により，地元の間伐材等の一部を用いてペレットを生産し，地元の施設で重油代替の燃料として利用する事業も行っている。こうした地元産材をバイオマス燃料として地域内外の循環をめざす取り組みは，たとえば高知県梼原町でも行われているが，同質の木材の安定的な確保と安定的な生産，代替燃料としての安定的な需要が見込まれないため，これを事業化していくには課題も多い。

ほかに，地域の自然資本を活かす試みとして，小規模水力発電（小水力発電）事業の検討も諸団体と地域住民のあいだで行われている。仁淀川町では他の日本の山間地域と同様に，明治から大正期にかけて急峻な渓谷と豊富な水量を活かした小水力発電を経営する株式会社が設立され，かつては4万戸を超える住戸に電力供給をしていた歴史を有しているが，第二次世界大戦中に消滅した。近年，地球温暖化や福島第一原子力発電所の事故をふまえた省

エネ意識や自然エネルギー志向を反映して，全国各地で小水力発電の再評価と試験的導入が行われつつあるなかで，仁淀川町においても，過去の小水力発電事業の歴史をひもときながら，技術的なフィージビリティや地域経済への波及効果の検証を行い，研究者と地域住民とのあいだでその可能性を探っているところである（中山 2013）。ここでも，実現にあたっては地元の地区（集落）の合意が得られるかどうかが鍵となる。

また地域の人たちの生産意欲の向上や耕作放棄地の解消を目的とした庭先集荷（町内で生産された農作物を家庭の庭先まで集荷する）の取り組みが町内2団体（株式会社フードプラン，仁淀川町天界集落うまいもんクラブ）と仁淀川町の連携のもとで行われている。

さらに地域における定住者を増やしていくための方策として，生業創出と住宅・土地情報の提供についての取り組みが「Bスタイル：地域資源で循環型生活をする定住社会づくり」事業[40]を契機にして，「によど自然素材等活用研究会」をはじめとする地域の関係諸団体により行われている。2011年2月に仁淀川町で設立フォーラムが開かれた「百業づくり全国ネットワーク」では，地域間の連携や地域外からの受け入れを含む，自然との関係のなかで生業を行える定住者を増やすための仕組みについて，取り組み事例の紹介や交流が行われ，2012年4月に長野市で第2回，2013年3月に鳥取県智頭町で第3回大会が開かれ，毎回60〜100人の関係者が集っている。ここで「百業」とは，日本の農山村各地域で成立してきた自然資源を多面的に利用した暮らしのなかでの副業的な数多くの生業を指している。仁淀川町でも，林業，よもぎ採取，こんにゃく製造，菜種栽培，椎茸栽培などの具体的な百業メニューが，それぞれ見込まれる年収額に加えて空き家・空き地情報とあわせて新規就労希望者に情報提供が行われている。しかしながら，こうした定住支援については，百業はあくまで副業として成り立つものであり，本格的に定住するにはほかに収入源が必要となることや，空き家や空き地があっても，町外に転出した所有者がこれらを手放すことをためらうなどの課題を抱えている。

こうした状況のなかで「によど自然素材等活用研究会」のメンバーを中心として，仁淀川町と，南海トラフ地震で長期浸水が予想される下知地域にある高知市二葉町[41]の住民が協力して「疎開保険」の仕組みづくりを進めている。これは，避難側である二葉町の住民は事前に保険料（会費）を支払い，受け入れ側である仁淀川町の住民グループが保険料（会費）で空き家調査などを進め，災害時の避難場所提供に備えるもので，耕作放棄地を一緒に整備して食料備蓄に活かすことも計画している。2011年から始まった交流は，現在まで，日常的にお互いの催しに参加し，農作業や農作物の販売を一緒に行うなど関係を深めている。同研究会は仁淀川町の安居渓谷にある宿泊施設「宝来荘」の指定管理者をしていることから，鳥取県智頭町が2010年から募集している加入者が災害時に同町内に避難できる「疎開保険」を参考に，宝来荘を受け入れ場所として民間同士で同じような取り組みができないかと，2012年頃から二葉町住民とともに検討を始めた。

疎開保険は，宝来荘を活用した独自の制度で，大地震により長期浸水地域となる可能性が高い二葉町[42]では，長期滞在が可能な宿泊施設を検討するなかで，宝来荘が候補地となった。宝来荘は，長期滞在が可能なほか，バンガローや空き地，近隣には耕作放棄地もある。宝来荘がある樫山地区の住民は4人で，空き家や耕作放棄地も多く，過疎保険の受け入れ地域もにぎわいにつながるとその動きを歓迎する。また耕作放棄地の開墾作業には二葉町住民にも参加を促し，収穫を避難生活に向けての備蓄にしたいという。

2013年には宝来荘近くの開墾地にジャガイモを植え付け，その収穫をともに行うといった取り組みが始まったばかりである。現在，仁淀川町では役場も交流にかかわっている。仁淀川町側は，二葉町側の会員からの会費により農作物をつくり，災害時の生活場所を確保する。育てた農産物は，通常は定期的に二葉町の会員に届け，災害時は食料とする（『高知新聞』2013年5月29日付け）。その後，二葉町の住民が仁淀川町に宿泊する「おためし疎開」が実施された。参加人数等，課題はあるものの，田植えなどの体験や，相互に地域の祭りなどに参加することで，中山間部の住民と都市部の住民との自然な

交流が生まれ，地域が結ばれることは集落が抱える社会資本，自然資本の脆弱性を共有することになる。さらに他地域との連携を深め，集落活動への参加者増加を意味することから，結果として生態危機回避への新たな一歩を踏み出す可能性がある点で意義深い。現状では，高知市と仁淀川町による行政機関同士の交流はなされておらず，災害時の具体的な施設の利用や資源の活用等についても未検討であるが，今後，こうした交流を経て，災害時の具体的な受け入れ体制や手順の形成が，高知市，高知県との調整も含め深まることが期待される。

　これまで厳しい自然環境のなかで生態危機と向き合ってきた地域が，さまざまなかたちで地域の自然資本を維持・活用しながら新たなつながりや連携を模索している。さまざまな主体（ステークホルダー）の参加やかかわりのなかで，いかに地域の維持可能性を考えていくのか，地域内外のつながりを含めたうえで検討することが重要である。

４．サステイナブル・コミュニティに向けて

　仁淀川町は，人口減少と高齢化，過疎化が急速に進行している地域である。過疎地域の課題のひとつは，過疎地域の社会動態変化など実態的変容の速度にある。加えて集落をいかに位置づけるべきか，小規模集落での人的資本，社会資本等の社会的共通資本維持という課題，基礎自治体が集落に，広域自治体が基礎自治体に，国が広域自治体にそれぞれいかなる事業を提案し，サポートするか，検討すべき課題は多い。

　とくに過疎地域のなかの限界集落が，従来維持してきた自然とのかかわりやその脆弱性，それらに対する政策のミスマッチ[43]をいかに克服するかが大きな課題となっている。人口減少というさらなる社会動態変化のなかで，地域における社会的資本の減少，これに伴う自然資本の喪失は急速に進行することが予想されるため，地域コミュニティの維持可能性への対応は喫緊の課題であり，この課題にこたえることが結果として生態危機への適応と自然資

本の維持へとつながっていくのである。

　今後の地域コミュニティでの集落維持については，個別の集落を対象とすることには限界があり，集落と集落の相互関係や地方自治体間の水平的調整も含めた機能分担のあり方をどのように構築するのかについて検討することが重要である。こうした視点から外部の人的資本を迎え入れる機能をもちつつ，周辺集落への支援機能も担う新たな拠点集落としての集落活動センターなどの試みが期待される。

　地域コミュニティは，前節までで議論したように，これまで冠婚葬祭や防災といった生活に関する相互扶助，祭りや伝統工芸など伝統文化の継承や維持，治安維持やまちづくりといった地域の課題に関する意見調整の役割を担ってきた。同時に，地域コミュニティは，行政との連絡調整，道路の補修や清掃，用水路の共同管理，害虫駆除などの薬剤散布など行政サービスの補完的機能や世代間交流の場としても重要な機能を果たしてきた。こうした地域コミュニティが衰退すると，これまで私的範囲で解決できないような問題を緩和したり，災害時の対応機能を低下させたりなど中間的な解決機能の喪失による地域社会全体の問題解決力の低下が予想されるとともに，今まで以上に行政サービスの範囲とそれにかかわる費用の増大が見込まれる。

　とくに山間農業地域における地域コミュニティの衰退は，社会資本の減少にとどまらず，農林業や生活用水など生業・生活基盤である自然資本の喪失や劣化を意味しており，こうした状況は食料生産能力の維持をも困難にさせることから，結果として生態危機と地域社会の疲弊をもたらすことになる。地域における社会資本が維持できなければ，自然資本も維持できず，人口減少といった新たな社会変動要因を伴う生態危機をもたらすことになる。またこのことは生活者の視点に限定しても，経済活動面においても深刻で，いわば地域コミュニティの衰退による外部不経済の発生も懸念されるであろう。こうした地域コミュニティの機能を強化する可能性について，前節では仁淀川町における行政と住民の相互連携や多様な主体による地域間連携の実践について考察したが，地域が自律しつつ，地域コミュニティを維持していくた

めには，今後ますます多様な連携が必要になる。

　山間農業地域は，従来から，厳しい自然状況と向き合ってきたことから，自然環境の脆弱性や生態危機への影響を最も受けてきた地域である。こうした地域が社会動態の変化のなかで過疎化するということは，これまで維持してきた自然環境への適応や生態危機の回避が地域コミュニティ主体ではできなくなることを意味する。この課題に対して，仁淀川町では，地域の自然資本を維持・活用しながら成り立ってきた生業と生活環境が一体となったコミュニティの機能を重視し，内発的な取り組みを前提とした外部の人的資本との連携について，集落活動センターや疎開保険といった新たな取り組みを模索しているのである。同地域の人口の自然減少や自然環境の脆弱化，これを伴う生態危機への趨勢は不可逆的であり，こうした現状をいかに克服し，維持可能な社会に向けた政策が実効力をもってなされることが望まれる。

おわりに

　本章では，第1節でこれまでの日本の過疎対策について，国土計画とのかかわりと過疎対策とのミスマッチを念頭におきつつ政策の変遷とその限界性を明らかにするとともに，つぎに「限界集落」論について議論を整理した。第2節では過疎化が進む四国圏のなかでも，とくに過疎化が進行している高知県の対策を広域自治体の対策として位置づけ，高知県の過疎化の現状と集落調査に基づく過疎対策の取り組みについて考察した。第3節では従来から厳しい自然条件のなかで，生態危機と向き合ってきた山間農業地域における限界集落問題への対応として，コミュニティからの実践について高知県仁淀川町におけるさまざまな集落再生活動の萌芽的な取り組みや，都市コミュニティと農村コミュニティの連携に向けた疎開保険の現状と課題について取り上げた。結果として，自然環境の脆弱性や生態危機への対応を前提とした過疎地域が自律するためには，それぞれに異なる現状と課題をもつ地区（集落）

を単位とした，地域特性に応じたオン・デマンドのきめ細かな政策を展開することが重要であること，さらに過疎地域のなかに自然資本と生活関連社会資本をともに維持するために，生業に加えて生活関連サービスの集積や周辺集落に対する支援機能をもった拠点的な集落の形成の必要性とそれを維持管理するための人的資本確保と社会資本整備のための財源調達をいかにすべきか，さらには都市コミュニティと農村コミュニティの連携の現状と課題について論じた。つぎに，限界集落問題を抱える過疎地域において，山村農業地域の集落の維持，自律によって自然環境の脆弱性や生態危機へ対応していくためには，どのような政策が必要とされるのか，またそのなかで地域コミュニティが維持，再生していくためにはいかなる道筋が求められるのかについて検討した。

　サステイナブル社会あるいはサステイナブル・コミュニティの構築に向けて，わたしたちは何をすべきか。地域の疲弊は自然資本に依存し，時として厳しい自然環境への適応を求められていた地域にとっては，地域コミュニティの衰退が自然資本の劣化を導くことから，森林，水，流域といった自然資源を維持管理するためには，地域社会を持続可能にすることが何よりもまず求められる。また，人と自然の境界線を意識しつつ，地域住民が安心して暮らせる自律したコミュニティをいかに住民主体となって構築していくかについて，自然環境の脆弱性，社会環境の変化を前提としたうえで，社会政策上の公正と効率，合理性，安定性といった視点から検討することが重要である（たとえば，香坂 2012）。今後，本章の対象地域においてサステイナブル・コミュニティという視点から，個別の自然資本の維持・活用対策の効果について検証を行っていくとともに，他地域の事例との比較を行いながら，農山村の危機へのコミュニティからの対応の有効性や限界についてさらに検討していくことが必要であろう。

〔注〕
(1) こうした問題意識から大野（2005）では，現代山村の危機と再生について

考察，分析している．
(2) 地域の維持可能性については，宮本（2007），植田（2008），小田切（2011），大西ほか（2011），佐無田（2011）などを参照．
(3) 本章は，日本の中山間地域が抱える諸問題について，自然資本に依存するコミュニティの維持可能性に焦点を当てて論じたものである．もっとも，過疎化・限界集落化の進展にかかわらず，生態危機への対応という点では，コミュニティのみならず，国，広域自治体（県），基礎自治体（市町村）による財政的な役割も大きい．たとえば本章における事例研究の対象地域である高知県を含め，森林環境問題について流域ガバナンスからの視点から新たな財政的メカニズムの可能性と課題について論じたものとして，藤田（2009）などがある．
(4) 国土構造の考え方として，一全総では拠点開発方式による国土開発を，第二次全国総合開発計画（二全総あるいは新全国総合開発計画［新全総］1969年）では，日本列島の主軸の形成として巨大開発を，第三次全国総合開発計画（三全総1977年）では，定住圏の整備として定住圏構想を，第四次全国総合開発計画（四全総1987年）では，多極分散型国土の形成として新列島改造構想を，第五次の全国総合開発計画としての21世紀の国土のグランドデザイン（1998年）では，多軸型国土構造への転換をもとに立案された．
(5) 「過疎」という言葉は，1967年経済発展計画のなかで，政府文書として登場した．本章では，過疎を地域の人口減少にともない，地域住民の生活水準や生産機能の維持が困難になってなる状態，として扱う．
(6) 「過疎地域」とは，①過疎地域自立促進特別措置法第2条第1項に規定する市町村の区域（本過疎），②過疎地域自立促進法第33条第1項規定により過疎地域とみなされる市町村の区域（みなし過疎），③過疎地域自立促進法第33条第2項の規定により過疎地域とみなされる区域（一部過疎）をいう．
(7) 国では，過疎地域における住民福祉の向上や働く場の創出を図るとともに，豊かな自然環境や伝統文化などの地域資源を生かした地域づくりを進め，森林や農地，農山漁村を適正に管理して国土を保全し，過疎地域が国土の保全・水源のかん養・地球温暖化の防止などの多面的機能を発揮して，国民生活に重要な役割を果たすため「過疎対策」を実施する，としている（総務省自治行政局過疎対策室2012）．
(8) 「山村振興法」及び「過疎地域自立促進特別措置法」により指定された「振興山村」又は「過疎地域」の農林漁業者等が，その地域の自然的，経済的条件に適応した経営の改善や農林漁業の振興を図ることにより，所得の安定確保，地域の活性化等を実現するために必要な長期低利の資金（農林水産省ウェブサイト，http://www.maff.go.jp/j/nousin/tiiki/sanson/s_sesaku/sesaku.html）．
(9) 地勢等の地理的条件が悪く，農業生産条件が不利な中山間地域において，

農林漁業を総合的に振興して地域の活性化を図るため，農林畜水産物の付加価値の向上と販路の拡大を図る「加工流通施設」，農地，森林等の農林漁業資源を活用した「保健機能増進施設」，農業の担い手の定住化を促進するための「生産環境施設」の整備に必要な長期低利の資金（農林水産省ウェブサイト，同上）。

(10) 同時に，農山漁村振興対策が所得補償的な性格をもつとともに，行政への依存を高めた面もある。

(11) たとえば，高知県は全国に先駆けて「森林環境税」を導入しているが，その評価については別途議論が必要である。さしあたり，藤田（2009）などを参照。

(12) 大野（2010）は高知県の過疎問題を山村の高齢化と「山」の環境問題として位置づけ，高知県内市町村について，人口増減率別区分と年齢階層構成による分析から特定農山村法指定市町村に対する支援のあり方を論じている。

(13) 香南市は，旧香我美町や旧野市町で人口が増加しており，2010年3月に陸上自衛隊新高知駐屯地が開設されたことも人口増加の要因と考えられる。

(14) また，首都圏など三大都市圏でも，今後の高齢化がより顕著であり，たとえば千葉県の高齢化率は，2012年の23.2％から13.3ポイント上昇し，2040年には36.5％に，神奈川県では21.5％から13.5ポイント上昇し35.0％になると見込まれていることから，日本の高齢化は，大都市圏を含めて全国的な広がりをみることとなる。

(15) 高齢化率40％を超える市町村は，北川村40.2％，本山町40.2％，東洋町40.5％，三原村41.2％，越知町41.5％，土佐町43.0％，大川村44.3％，仁淀川町50.3％，大豊町54.0％である（2010年国勢調査）。

(16) 高知県の山村における社会的・生態的危機の状況については，大野（2005）に詳しい。

(17) 中山間地域でみると，1567集落（90.7％）で人口が減少しており，このうち50％以上人口が減少した集落が1112集落（全体の64.4％）となっている（高知県 2012a）。

(18) 中山間地域でみると，1221集落（70.7％）で世帯数が減少し，このうち50％以上世帯数減少が462集落（全体の26.8％）となっている（高知県 2012a）。

(19) 高知県産業振興推進部中山間地域対策課におけるヒアリング調査による（2012年10月25日および2013年11月22日）。

(20) 高知県産業振興推進部中山間地域対策課におけるヒアリング調査による（2013年11月22日）。

(21) 詳細については，NPO法人おおいたの水と生活を考える会ウェブサイトを参照（http://www.water-and-life.biz/）。

(22) 「高知ふるさと応援隊」の導入状況については，高知県産業振興推進部中

山間地域対策課ウェブサイトを参照されたい（http://www.pref.kochi.lg.jp/
soshiki/121501/files/2014022500507/H261001_oentai-list.pdf）。
⑵⑶　注⑵⑵に同じ。
⑵⑷　2013（平成25）年度結プロジェクト推進事業は21件であった。詳細については，高知県産業振興推進部中山間地域対策課ウェブサイトを参照されたい（http://www.pref.kochi.lg.jp/soshiki/121501/yui-project.html）。
⑵⑸　仁淀川町では，井上光夫会長（によど自然素材活用研究会）から2012年9月3日および2013年11月21日，中山琢夫研究員（当時：によど自然素材等活用研究会）から2012年9月3日にヒアリングを行った。
⑵⑹　しかしながら，同流域ではこうした政策の困難性にぶつかっている。たとえば，第三セクター林業企業体「ソニア」（仁淀川上流域と中流域の地方自治体による広域行政を通した流域の林業を守り環境を保全していく担い手育成を目的とした企業体）について論じた大野（2005, 192-209）を参照されたい。
⑵⑺　農林水産省「グラフと統計でみる農林水産業　高知県仁淀川町　基本データ」（http://www.machimura.maff.go.jp/machi/contents/39/387/index.html）。
⑵⑻　なお，仁淀川町では，猟友会で有害鳥獣駆除従事者は，仁淀川鳥獣害被害対策実施隊員に任命し（地区隊員は池川42人，大崎21人，名野川19人，森17人，長者25人），狩猟税の5割を減免している（仁淀川町議会 2014b）。
⑵⑼　コミュニティとは①一定の地域に居住し，共属感情をもつ人びとの集団。地域社会。共同体。②アメリカの社会学者マキヴァーの設定した社会集団の類型。個人を全面的に吸収する社会集団。家族・村落など（『広辞苑』第六版）を意味するが，本章では，総務省（2009）による「（生活地域，特定の目標，特定の趣味など）何らかの共通の属性及び仲間意識をもち，相互にコミュニケーションをおこなっているような集団（人々や団体）」と理解し，とくに「共通の生活地域（通学地域，勤務地域を含む）の手段によるコミュニティ」，すなわち地域性をもつコミュニティを「地域コミュニティ」として示す。
⑶⑩　2012年12月1日に落成式が行われ，2013年4月に開所。火・木・土・日に，農家レストランが開店している（2013年4月25日，ヒアリング）。
⑶⑴　「だんだんくらぶ」は毎月1回幹事会を開いており，幹事は13人，会員は100人で，会員には東京大学や一橋大学の先生や学生もいるという（2013年4月25日，ヒアリング）。
⑶⑵　2013年4月25日ヒアリング，および農林水産省農山漁村（ふるさと）地域力発掘支援モデル事業（http://www.maff.go.jp/j/nousin/soutyo/sien_model/），高知県集落活動センター支援ハンドブック（http://www.pref.kochi.lg.jp/soshiki/121501/syuraku-center-handbook.html）のウェブサイトを参照。

(33) 森地区，川渡地区，高瀬地区，別枝下地区，別枝上地区，長者地区，泉川地区の7地区である（2013年11月21日，仁淀川町役場ヒアリング調査による）。
(34) 高知県庁2013年11月ヒアリング調査資料。2013年10月22日現在では，世帯数が286世帯へと減少している（2013年11月21日，仁淀川町役場ヒアリング調査による）。
(35) 2013年11月21日，仁淀川町役場ヒアリング調査による。
(36) 2013年3月開所（仁淀川町 2013c）。
(37) 仁淀川町ヒアリング調査による（2012年9月3日）。
(38) 高知県からの特派員という意味合いで地域の人は理解している。仁淀川町ヒアリングより（2012年9月3日）。
(39) 詳細については，田村蕪式会社プロジェクトウェブサイトを参照のこと（http://tamurakabu.thebase.in/about）。
(40) 科学技術振興機構社会技術研究開発センター「地域に根ざした脱温暖化・環境共生社会」研究領域の公募プロジェクト（2010〜2013年度）。
(41) 高知市中心部で鏡川にも近い二葉町は，南海トラフ地震で長期浸水が予想される標高0メートル地帯にある。1946年の昭和南海地震でも1ヵ月以上浸水しており，大地震が起これば地盤沈下し，長期浸水地域となる可能性が高く，浸水で長期間家に戻れなくなる恐れがあることから，高知市二葉町自主防災会と仁淀川町の住民グループ「によど自然素材等活用研究会」のメンバーらは，災害時に連携できるようにと2011年から交流を開始した（2013年7月25日，下知減災連絡会の西村健一副会長，坂本茂雄事務局長はじめ二葉町関係各位からのヒアリング）。
(42) 二葉町では，2010年に二葉町（世帯数439世帯，人口794人）を16の班に分け，町内会費を集めて回覧板などで370世帯に告知をし，今後は下知減災連絡会（2012年10月設立。11の自主防災会と3つの準備中の自主防災会で構成され，1424世帯，3161人を組織）でも検討されるという。
(43) たとえば，県が進めている移住政策についても空き家の確保をめぐってさまざまな課題がみられる（本文179ページ参照）。

〔参考文献〕

＜日本語文献＞
植田和弘 2008.「環境サステイナビリティと公共政策」『公共政策研究』(8) 12月 6-18.
大西隆・小田切徳美・中村良平・安島博幸・藤山浩 2011.『これで納得！ 集落再生』ぎょうせい.

大野晃 2005.『山村環境社会学序説』農山漁村文化協会.
─── 2008.『限界集落と地域再生』北海道新聞社他地方紙・関連出版社共同企画出版.
─── 2010.『山・川・海の環境社会学』文理閣.
小田切徳美 2011.『農山村再生の実践』農山漁村文化協会.
環境庁 2000.『環境白書　平成12年版』.
香坂玲 2012.『地域再生──逆境から生まれる新たな試み──』岩波書店.
高知県 2012a.「平成23年度高知県集落調査報告書」(http://www.pref.kochi.lg.jp/soshiki/121501/syuurakutyousa-kekka.html).
─── 2012b.「平成23年度 高知県集落調査（集落データ調査）　高知県の集落──平成22年国勢調査結果からみた集落等の状況」別冊5.
佐藤嘉夫（代表研究者）2006.「老親と他出子との家族・援助関係を土台にした地域ケアシステムの構築に関する実践的研究──超高齢化山村における地域福祉のサブシステムの研究──」(日本生命財団・高齢社会助成・平成17年度助成対象研究の成果 (http://www.nihonseimei-zaidan.or.jp/kourei/pdf/satou.pdf).
佐無田光 2011.「現代日本の過疎化と地域経済」『環境と公害』41(1) 7月 49-54.
総務省（新しいコミュニティのあり方に関する研究会）2009.「新しいコミュニティのあり方に関する研究会報告書」(http://www.soumu.go.jp/main_sosiki/kenkyu/new_community/18520.html).
総務省自治行政局過疎対策室 2012.「平成23年度版『過疎対策の現況』について（概要版）」(http://www.soumu.go.jp/main_content/000186144.pdf).
総務省地域力創造グループ過疎対策室 2011.「過疎地域等における集落の状況に関する現況把握調査報告書」（平成22年度）(http://www.soumu.go.jp/main_content/000113146.pdf).
内閣府 2013.『平成25年版　高齢社会白書』(http://www8.cao.go.jp/kourei/whitepaper/w-2013/zenbun/index.html).
中山琢夫 2013.「山間地域における小水力発電による地域経済波及効果──高知県における地域内産業連関分析──」環境経済・政策学会2013年大会（神戸）報告資料（2013年9月22日）.
平岡和久 2001.「中山間地域における内発的発展とパートナーシップの可能性──池川町における経済社会の分析と提言──」『中山間地域研究年報』(3) 193-209.
藤田香 2009.「流域ガバナンスと水源環境保全──森林・水源環境税の『費用負担』と『参加』が示唆するもの──」諸富徹編『環境政策のポリシー・ミックス』ミネルヴァ書房　218-244.
保母武彦 1996.『内発的発展論と日本の農山村』岩波書店.

仁淀川町 2013a.「仁淀川町の予算　2013」仁淀川町.
―――― 2013b.「広報によど川」（仁淀川町広報）2013年1月号 No.90（http://www.town.niyodogawa.lg.jp/koho/dtl.php?hdnID=107）.
―――― 2013c.「広報によど川」（仁淀川町広報）2013年3月号 No.92（http://www.town.niyodogawa.lg.jp/koho/dtl.php?hdnID=109）.
―――― 2014.「広報によど川」（仁淀川町広報）2014年9月号 No.110（http://www.town.niyodogawa.lg.jp/koho/dtl.php?hdnID=127）.
仁淀川町議会 2014a.「仁淀川町議会だより」第34号，平成26年1月31日発行（http://www.town.niyodogawa.lg.jp/gikaid/dtl.php?hdnID=28）.
―――― 2014b.「仁淀川町議会だより」第35号，平成26年5月10日発行（http://www.town.niyodogawa.lg.jp/gikaid/dtl.php?hdnID=29）.
仁淀村 2005.『仁淀村史追補』.
宮本憲一 1982.『現代の都市と農村』日本放送出版協会.
―――― 2007.『環境経済学　新版』岩波書店.
山下祐介 2012.『限界集落の真実』筑摩書房.

＜ウェブサイト＞
高知県（http://www.pref.kochi.lg.jp/）.
国土交通省（http://www.mlit.go.jp/）.
総務省（http://www.soumu.go.jp/）.
内閣府（http://www.cao.go.jp/）.
仁淀川町（http://www.town.niyodogawa.lg.jp/）.
農林水産省（http://www.maff.go.jp/）.

第5章

アラル海災害の顕在化と小アラル海漁業への初期対応策

地 田 　 徹 朗

はじめに

　アラル海は，中央アジア地域に位置し，かつては旧ソ連のカザフ共和国とウズベク共和国，今日ではカザフスタン共和国とウズベキスタン共和国の国境にまたがる内陸湖である。かつては6万8900平方キロメートルと世界第4位の表面積を誇ったが，2010年には1万579平方キロメートルと，1960年と比較して15％程度にまで縮小してしまった[1]。その原因となったのが，アラル海に流入するシルダリヤ川とアムダリヤ川の流域での綿作と稲作を目的とした灌漑開発である。1960年，1980年と2013年2月の湖岸線について図1に示す。ベルグ峡をはさんで北側の部分を小アラル海，南側の大きな部分を大アラル海という。

　湖水位の低下は，もともと汽水湖だったアラル海の塩分濃度をさらに上昇させた。その結果，湖中にすむ魚類はほぼ死滅し，両河川のデルタ植生は荒れ果てた。かつて，アラル海は渡り鳥の中継地だったが，植生と動物相の壊滅によって飛来しなくなった。干上がった湖底は急速に沙漠化し，旧湖底の土壌から噴き出した塩類が砂とともに舞い上がり，極めて有害な砂嵐が漁村や農村に吹きすさぶことで，アラル海周辺の住民に深刻な健康被害（呼吸器

図1　1960年，1980年と2013年2月のアラル海の湖岸線

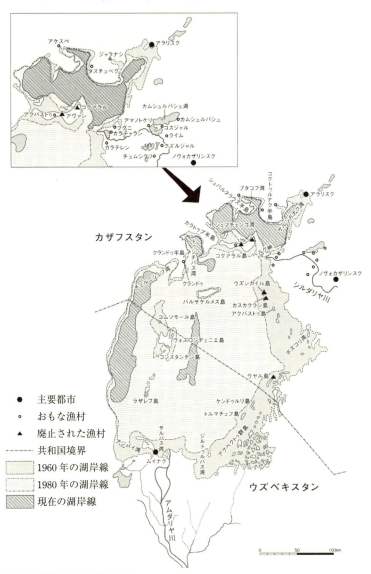

(出所)　株式会社 風交舎 伊藤薫 作成。
(注)　2014年9月，大アラル海中央部に残っていた湖水が完全に干上がってしまったことが，NASAの衛星画像により確認されたと報じられた。

疾患）をもたらした。また，両河川には農薬や化学肥料の残留物を含む灌漑地からの農業排水が垂れ流されており，アラル海周辺住民は不衛生かつ有害な水を直接両河川から取水して生活用水として利用していたため，伝染病や消化器疾患が蔓延した。アラル海は周辺地域の微気候を和らげる役割を果たしてきたが，その縮小によって，夏季の気温が上がり，冬季の気温が下がるという，内陸性気候の特徴がさらに顕著になった。かつて，アラル海周辺の経済を支えていた内水面漁業と水運は生業としての維持が不可能になり，かつての漁船や運搬船は干上がった湖底に打ち捨てられ，さながら「船の墓場」の様相を呈している。そして，アラル海周辺での生業の壊滅は深刻な社会・経済危機をもたらし，多くの人が自発的あるいは強制的に地域を去った。このような一連の状況が，1960年から1991年のソ連解体前後の時期に至るまで漸進的に起こった。

　このように，アラル海の縮小に伴う生態危機は多次元的（multidimensional）なものであり，水位低下に伴う環境破壊が周辺地域に住む人びとの営みや社会生活の混乱・中断をもたらしたという点で，オリヴァー＝スミス（2006）が定義するところの「災害」と呼ぶにふさわしい。これまで筆者を含むさまざまな論者が，「アラル海問題」や「アラル海危機」という名称でこの問題を取り上げてきたが，本章では「アラル海災害」との呼称を用いることにする。このような多次元的な性質をもったアラル海災害は，必然的に被災地であるアラル海周辺地域の環境・経済・社会の持続可能性を脅かした。

　序章で指摘されているとおり，外延的な灌漑開発と水資源の浪費がアラル海災害の一義的な原因となったことから，アラル海災害は「開発災害」だったと言い得る。しかし，アラル海災害の原因をつくった灌漑農業地域とその被害が最も大きく現れたアラル海周辺の漁村は空間的に分離していた[2]。これを梶田（1988）の定義に従って言い換えると，アラル海流域で水資源をふんだんに利用することで恩恵をこうむっていた灌漑農業を営む人びとの集合体を「受益圏」，逆に，非効率な灌漑農業により多大な被害をこうむったアラル海周辺地域に生きる人びとと，とくに，漁民の集合体を「受苦圏」とみな

し得る。アラル海災害におけるこれら「受益圏」と「受苦圏」は，地理的に分離しているのと同時に，カザフ共和国やウズベク共和国は灌漑も漁業もその版図にともに抱えていたという点で，重なってもいた。つまり，この「分離」と「重なり」は，どのような地理的スケールで論じるのかによって違ってくるのである。そして，究極的なアラル海災害の解決策とされたシベリア河川転流構想では，灌漑農民も漁民もともに「受益圏」となることが想定されていたのであり，他方で，取水源のオビ川流域の住民は「受苦圏」へと押しやられることになっていた[3]。

　アラル海災害については，その原因と実態，そして，救済・緩和策の構想とその内容については十分な先行研究があるし，筆者も取り組んできた（野村 2002; Micklin 2007; 大西・地田 2012; 地田 2013a: 2013b など）。独立後のアラル海流域の水資源をめぐる地域・国際協力や水資源・エネルギー問題についても多くの研究がある（Weinthal 2002; Wegerich 2008; 稲垣 2012など）。しかし，シベリア河川転流や湖中のダム建設といった大規模な自然改造を伴う救済策について論じられることはあっても，アラル海災害が顕在化した時期，つまり，1970年代に，ローカルな文脈でどのような対応が構想され，実践に移されたのかについて考察した研究は管見のかぎり存在しない。

　以下で述べるように，1970年代半ばより，アラル海周辺住民の雇用の確保という観点から，漁民の自発的および強制移住や，牧畜への転業，生業としての漁業をわずかながらでも維持するための，シルダリヤ川デルタ地域の湖沼での漁場整備や生活改善策などが講じられてきた。一方で，経済合理性の観点から灌漑地の拡大と取水量の増加によるアラル海消滅はやむを得ず，漁民は移住してより安定した他業種への転換を図るべきだとの言説が存在した。他方で，アラル海の縮小を食い止めることは，これ以上の灌漑地の拡大をやめ，水資源を合理的に活用すれば技術的に可能であり，そのための対策を迅速に講じるべきだとの言説も存在した。このような相反する言説が，この時代はともにまことしやかに語られていたのである。どちらも科学的・技術的に正しい（と思われる）言説を前にして，漁民は自らの決断を迫られた。そ

第5章　アラル海災害の顕在化と小アラル海漁業への初期対応策　195

のさなかに，ソ連中央によって，シベリア河川の水資源を一部転流させてアラル海流域に流し込むという，いわゆるシベリア河川転流構想に向けた本格的な調査の開始が宣言された。1970年代後半，アラル海災害が加速度的に進行していくなかで，シベリアの水を待ちわびる多くの漁民が，一部は牧畜に転身しつつアラル海の周辺地域にとどまった。しかし，この不確実性の高い大事業が検討に付されるさなか，アラル海災害はある臨界点を越え，住民のあいだでの疫病の急速な蔓延が巻き起こる。本章では，アラル海災害への初期対応の限界が露わになるなかで，シベリア河川転流構想という第3の極めて不確実な選択肢が「神話化」し，水利・漁業当局者や小アラル海周辺住民のリスク感覚が麻痺し，結果として，災害状況を悪化させてしまうというプロセスとメカニズムを明らかにする。

　以下，第1節では，小アラル海漁業について論じる前提として，その1970年代中葉の組織構造について概括する。第2節では，アラル海の水位低下による漁業への影響について通時的に整理する。第3節では，ソ連時代の公文書資料と小アラル海周辺でのフィールド調査の結果に基づきながら，災害状況が徐々に顕在化していった1970年代のアラル海漁業へのローカルな対応策の具体的内容について論じる。最後に，第4節で，災害の進行に伴う漁民の選択とリスク認識について論じ，そのなかでシベリア河川転流構想が「神話化」していくプロセスとメカニズムについて考察をしたい。本章は，一次資料から帰納的にアラル海災害について論じる環境史的研究と位置づけることができるが，同時に，他の災害対応事例との比較可能性を示し，環境史や災害論一般にも示唆を与えることができると考えている。

　本章で用いた公文書資料についてここで紹介をしておく。おもに用いた資料は，カザフスタン共和国中央国立文書館（Центральный государственный архив Республики Казахстан；以下，ЦГА РКと略す）のカザフ共和国漁業省の文書である。現在のところ，筆者が閲覧したのは同省の1975年と1976年の関連文書2年分にすぎない。また，ロシア国立経済文書館（Российский государственный архив экономики；以下，РГАЭと略す）のソ連漁業省の公文

書も一部用いるが，筆者が現在までに閲覧したのは，その下部機関であるアラル海流域漁業資源保護・再生・漁業調整局（略称，「アラルルィブヴォド，Аралрыбвод」）の年次活動報告書数年分のみである。また，末端レベルのクズルオルダ州公文書局アラリスク地区公文書館（Аральский районный архив Управления архивов и документации Кызылординской области；以下，АРА УАиД КОと略す）のアラリスク漁業コンビナートの文書も部分的に用いた。あくまで，本章はアラル海災害への対応に関する研究の最初の試みであり，以上のような資料上の制約と問題点があることをあらかじめ断っておく[4]。

第1節　小アラル海漁業の組織構造

　ここでは，本章で中心的に取り上げる，1970年代中葉の小アラル海漁業に関連する組織・機構について整理しておく。図2は，1975年段階での漁業関連組織の主従関係・指揮命令系統を示した組織図である。
　まず，ソ連の行政の最高機関はソ連閣僚会議であり，その下に行政領域ごとの入れ子型の組織構造を有していた。カザフ共和国にはカザフ共和国閣僚会議が存在し，さらに，クズルオルダ州ソヴィエト執行委員会，アラリスク地区ソヴィエト執行委員会が，小アラル海地域の行政事務を所掌していた。
　漁業を担当する役所として，ソ連漁業省が存在した。ソ連の部門別省には，「連邦省」「連邦・共和国省」「共和国省」の3つのタイプが存在したが，漁業省は「連邦・共和国省」に相当する。ソ連漁業省とカザフ共和国閣僚会議の双方に従属するカザフ共和国漁業省が，ソ連漁業省の直轄であるカスピ海漁業を除く，共和国の内水面漁業を所掌していた。
　小アラル海での漁業を経営・監督していたのは，カザフ共和国漁業省傘下の国営企業であるアラリスク漁業コンビナート（1976年に生産合同「アラルルィブプロム」に改称）だった。コンビナートはアラリスク市に本部を構え，魚肉加工品の工場ラインを有するとともに，小アラル海各地の漁業組織を統

図2 小アラル海漁業に関連する組織・機構図（1975年）

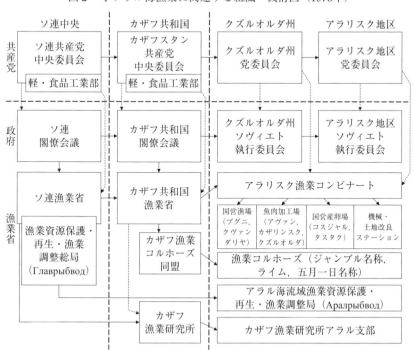

(出所) 筆者作成。
(注) 1) 実線矢印は組織的な主従関係を示し，点線矢印は組織上の直接的な主従関係にはないが，指導や命令が実際になされていた方向を示す。
   2) 地区レベルでの指揮命令系統については，筆者が閲覧した公文書からは確認できなかったため省略した。
   3) 各漁業組織には初級党組織が併設され，組織が立地する地区党委員会と主従関係にあったが，図が煩雑になるため省略した。

括していた。まず，3つの魚肉加工場（アヴァン，カザリンスク，クズルオルダ）を傘下に抱え，そこでは魚の一次加工を行う労働者だけでなく，実際に漁をする漁業労働者（漁民）も擁していた。最盛期には，カザフ共和国領内の大アラル海に浮かぶ島々（ウヤル，カスカクラン，ウズンカイル）にも魚肉加工場が存在したという。後述するように，これらの島々はアラル海の水位低下にともない，陸続きになってしまい，閉鎖を余儀なくされた。さらに，

魚肉加工を行わず、漁獲を直接漁業コンビナートに供給するふたつの国営漁場（ブグニ、クヴァンダリヤ）が存在し、漁業資源の再生産を人工的に行う国営産卵場（コスジャル、タスタク）の役割も重要だった。シルダリヤ川本流とデルタ地域の湖沼とをつなぐ水路やポンプアップ設備の工事を行う、機械・土地改良ステーションも傘下に抱えていた。

小アラル海漁業の担い手として、国営企業とは別組織である3つの漁業コルホーズ（ジャンブル名称、「ライム」、五月一日名称）が存在し、カザフ共和国漁業省傘下のカザフ漁業コルホーズ同盟が統括していた[5]。一般に、協同組合組織である漁業コルホーズの生産基盤は国営セクターと比較すると脆弱だった。

そのほかに、ソ連漁業省内の一部局として漁業資源保護・再生・漁業調整総局「グラヴルィブヴォド」（Главрыбвод）が存在し、その下部組織として、カザフ共和国領の小アラル海だけでなく、カザフ共和国とウズベク共和国とにまたがる大アラル海や、ウズベク共和国領のアムダリヤ川デルタ地域を含むアラル海全域での漁業監督を行う、アラル海流域漁業資源保護・再生・漁業調整局「アラルルィブヴォド」（Аралрыбвод）がアラリスク市に本部を構えていた。また、ソ連漁業省直轄の調査研究機関として、カザフ漁業研究所がバルハシ市に本部を置き、そのアラル支部がアラリスク市にオフィスを構えていた[6]。この研究所は、各漁場での年間漁獲制限量を設定するための試験操業や他流域からの魚種の移入と順化、さらには魚類学の学術研究などに従事した。

共産党組織も漁業組織への政治的指導や政策方針の策定を行っていた。ソ連共産党中央委員会、カザフスタン共産党中央委員会、クズルオルダ州党委員会、アラリスク地区党委員会および企業・組織ごとの初級党組織が小アラル海漁業に関係している。

なお、小アラル海漁民の数は1971年に750人、1974年に700人と、ごくわずかな人数から構成されていた。これに加えて、1800人が船舶交通および魚肉加工に従事していた。大アラル海では、1971年に550人の漁民が漁撈に従事

していた（РГАЭ 8202/20/2903/39, 41; ЦГА РК 1130/1/1484/121）。

第2節　アラル海の水位低下と漁業への影響

　アラル海災害は，1960年代から今日まで続く長期性を特徴としている。もっとも，環境変化は当初は緩慢にしか進まず，1970年代には加速度的に進行し，気づいた頃には災害化して多くのことが手遅れになったことが特徴的だった。Glantz（1999）は，このような潜行的で悪化のスピードが漸進的な環境問題のことを"Creeping Environmental Problems"と呼んだ。中山幹康は，これに「しのびよる環境問題」という訳語を与えている（グランツ・中山 1996）。本節では，このような潜行的・漸進的に進行する環境変化のうち，小アラル海漁業に直接影響を与えた要因を取り上げてまとめておく。

　アムダリヤ川とシルダリヤ川を含むアラル海流域の1980年段階での地図を図3で示した。アラル海に注ぐアムダリヤ川の平均年間総流量は79.3立方キロメートル（1934～1992年の平均），シルダリヤ川については37.2立方キロメートル（1951～1974年の平均）である（Координатор проектов ОБСЕ в Узбекистане 2011, 6-7）。両河川とも渇水期と豊水期が定期的に繰り返されることで知られている。両河川で時期が異なるのは，シルダリヤ川はおおむね12年，アムダリヤ川は19年で渇水と豊水のひとつのサイクルを終え，それが繰り返されるためであり，シルダリヤ川については2サイクル分，アムダリヤ川については3サイクル分の平均をとったためである。シルダリヤ川の流量はアムダリヤ川の半分に及ばない。ただし，両河川ともその時々の気候条件などによって大きく流況を変動させ，年間総流量の変化が大きいことを特徴としている。1950年から2009年までの両河川からのアラル海への年間流入水量の変化について図4で示した。

　アラル海の縮小が始まるのは，アムダリヤ川から取水しトルクメニスタンを西へと向かうカラクーム運河の竣工とほぼ期を一にしている。1959年にム

図3　アラル海流域地図（1980年）

（出所）図1に同じ。

ルガブ川までの第一期工事が竣工し，1960年にはテジェン川までの第二期工事が落成を迎えた。その後も，1980年代まで取水工から西に1000キロメートルを超える無蓋運河の建設が続けられた。1971年のカラクーム運河の取水量は年間11立方キロメートルであり，アムダリヤ川の平均年間総流量79.3立方キロメートルの13.9％を取水していたことになる（Корниров и Тимошкина 1974, 47; Координатор проектов ОБСЕ в Узбекистане 2011, 6）。カラクーム運河以外にも，ヌレク貯水湖（タジキスタン），カルシ運河，アムブハラ運河，チュヤムユン貯水湖（ウズベキスタン，トルクメニスタン）など，複数の大規模な水利施設が建設された。また，ウズベキスタン西部のホレズム州やトルクメニスタン北部のタシャウズ州の灌漑排水は，アラル海に向けてではなく，

図4　河川からアラル海への年間流入水量（1950～2009年）

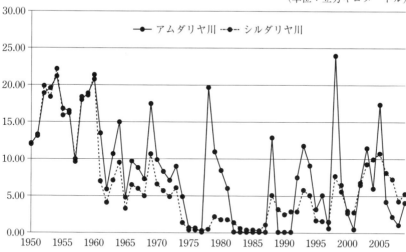

（単位：立方キロメートル）

（出所）Координатор проектов ОБСЕ в Узбекистане（2011, 38）より筆者作成。

アラル海の南西に位置するサルカムシュ盆地に向けて排水された。これらの水利施設により，アラル海へのアムダリヤ川からの流入水量はさらに減少した。

　伝統的に灌漑農業が発達していたのは，フェルガナ盆地を中心とするシルダリヤ川流域である。1956年，カザフスタンとウズベキスタンの境界付近に位置するゴロードナヤ・ステップ（日本語に直訳すると「飢餓のステップ」）の大規模な灌漑開発が始まる。シルダリヤ川からのアラル海への流入水量も1960年を画期として大幅に減っている。1966年には，やはりウズベキスタンとカザフスタンの境界地域にチャルダラ貯水湖が建設され，1968年には初期貯水が完了した。しかし，この貯水湖には決定的な設計ミスがあった。河川氾濫を伴うような急流が貯水湖に流れ込んだ場合，ダムからの放水が追いつかず，ダムから水が溢れ出してしまうという事態が1969年に生じたのである。その際，ソ連の水利当局はチャルダラ貯水湖の南西に位置するアルナサイ盆

地に排水をするという選択をした。そこにはゴロードナヤ・ステップからの農業排水も流し込まれている。アルナサイ盆地への放水は、豊水年か否かにかかわらず、増水期には恒常的に行われたようであり、現在ではチャルダラ貯水湖の10倍もの表面積を有するアイダルクリ湖が形成されている。自然状態ではアラル海に流れ込んでいた大量の水がシルダリヤ川の中流域で無為に失われたことになる。

　このように、水利建設と灌漑地の外延的拡大、さらには灌漑用水の水利用効率の悪さが相まって、まずは水深の浅い部分からアラル海の縮小が始まった。1963年には湖岸の後退を感じ取れたという人もいる[7]。1968年には小アラル海と大アラル海とを隔てるコクアラル島の西岸（アウズ・コクアラル峡）が大陸と陸続きになった（Aladin, Plotnikov and Potts 1995, 19）。浅瀬や湿地はアラル海漁業にとって死活的に重要である。まさに浅瀬のヨシ原などに魚は産卵をし、漁業資源の再生産が確保されていたのである。

　図5では、ロシア国立経済文書館の公文書資料（ソ連漁業省「アラルルィブヴォド」の年次活動報告書）と、カザフ漁業研究所アラル支部により記録された漁業統計（ザウルハン・エルマハノフ支部長および彼に近い人物が執筆した二次文献より引用）というふたつの情報源にある、1960年から1984年までのアラル海での漁獲量の変化を示した。双方の資料に記録されている年に違いがあり、また、双方で情報が重なる年について数値が異なるため、念のため併記することにした。ここから、まず1965年にいったん漁獲量が大幅な落ち込みをみせ、1966年に回復をみせた後、1967年には一気に漁獲量が落ち込み、1969年に再び若干の回復がみられた後、1975年あたりから急速に漁獲量が落ち込んでいった様子がわかる。筆者が目にした公文書には、「１年でも川の流量がなくなれば、自然状態での魚の繁殖に乱れが生じ、捕獲可能な魚の数が補充されなくなるなどの弊害が生じる。他方で、１年でも川に大水の年があれば、湖水位と湖の生物学的システムを５年以上にわたって維持することが可能になる」とある（ЦГА РК 1130/1/1484/131）。魚が孵化してから漁獲に供されるまでには数年が必要で、アラル海の縮小が1960年に始まってから、

実際の漁獲量に影響が出るまで数年を要した。そして、前述のとおり1969年は豊水年であり、アルナサイ盆地への放水はなされたものの、アムダリヤ、シルダリヤの両河川合わせて年間28立方キロメートルもの水量がアラル海に流入した。その後、これと同等ないしこれを超える水量がアラル海に流入したのは、ソ連解体後の1998年（31.5立方キロメートル）と2005年（27.95立方キロメートル）のみである（Координатор проектов ОБСЕ в Узбекистане 2011, 38-39)。よって、1973～1974年あたりまでは、その貯金で一定の漁獲量が維持できたわけである。しかし、図4にあるように、1974年以降、シルダリヤ川流域については、灌漑用水とアルナサイ盆地での水の喪失により、アラル海の手前でほぼ水資源を使い切ってしまうという状態に陥った。1975年にはシルダリヤ川からの流入水量が年間0.3立方キロメートルという、ほぼゼロに等しい水準にまで落ち込み、その後も年によってわずかな変化はあるもの

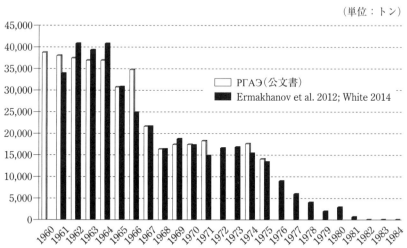

図5　アラル海の漁獲量（1960～1984年）

（単位：トン）

（出所）РГАЭ（8202/20/2462/3; 2903/39; 4916/28), Ermakhanov et al.（2012, 7), White（2014, 322）より筆者作成。

（注）「РГАЭ」とは、ロシア国立経済文書館の公文書資料にある漁獲量を示す。「Ermakhanov et. al.（2012）および White（2014）」とは、エルマハノフ氏自身が保有する漁獲量データを示す。

の，ソ連が解体する1991年まで流入水量の大幅な回復はなかった。アムダリヤ川については，年による流入水量の変動はシルダリヤ川以上に激しいが，1977年には初めてゼロを記録している。1980年代はアラル海に水を供給しない年のほうが多い。White（2014, 322）によると，1984年にはアラル海での漁獲量はゼロになってしまった。

　このように1970年代中葉から後半にかけて，アラル海に注ぐふたつの河川の流況が極端なまでに悪化したことで，アラル海漁業は加速度的に窮地に陥ることになる。

第3節　アラル海災害の顕在化による小アラル海漁業への初期対応

1．環境変化と漁民の生活

　1967年よりアラル海での漁獲量が大幅に落ち込んだことで，1969年，ソ連の漁業当局は漁民からの魚の調達価格の値上げに踏み切った（ЦГА РК 1130/1/1484/149）。これにより，漁獲量の減少による漁民の収入減を国家が補てんする仕組みが構築された[8]。もともと，アラリスク漁業コンビナートはアラル海でとれた魚を一次加工（内臓を取り除き，冷凍）し，燻製や塩漬け，ジャーキー（балык）などの魚肉加工品を製造していた。アラル海の漁獲量の減少により，アラリスク漁業コンビナートの生産ラインの稼働維持が難しくなったことから，1970年より海洋魚を極東などはるか遠方から輸送し，加工に供するという対策がとられるようになった（ЦГА РК 1130/1/1484/62）。このように，アラル海漁業の漸進的衰退により生業としての漁業や魚肉加工業にひずみが生じるなかで，いちばん最初にとられた対策は，この双方を維持していくための国家による支援策だった。しかし，湖岸線の後退とともに，すべての漁村で生業を維持することを前提とした社会・経済問題の解決策は

もたなくなっていく。

　アラル海では漁業だけでなく，小アラル海北東岸のアラリスクとアムダリヤ川の河口付近のムイナク，さらにはアムダリヤ川沿いの諸都市を結ぶ水運も重要な産業だった。そして，船舶交通が発達していたことから，アラル海に浮かぶ島々やシルダリヤ川の河口付近に位置する漁村とアラリスクとのあいだは基本的に船による物資輸送が行われていた。これら漁村の住民にとって，湖岸線の後退はアラル海内部の水運ネットワークからの断絶にほかならず，航路に代わる交通手段が整備されていたわけではなかったため，生活必需品の輸送を著しく困難にした。1973年3月，当時のカザフ共和国閣僚会議議長（首相に相当）バイケン・アシモフ（Байкен Ашимов）は，ソ連閣僚会議に宛てた書簡のなかで次のように述べている。

　　　アラル海の水位が低下し，それに付随して生産設備・居住区域が湖岸線から隔絶されたことにより，アラル海北部分にある漁業組織の活動条件は著しく悪化した。そして，運輸・通信，漁村住民への飲料水，電力，燃料，商業・文化・生活・医療サービスの提供が困難な状況に陥っている。とくに状況が悪いのは，アラル海東岸とウヤル，カスカクラン，コクアラルといった島々にある一連の漁村であり，主要な生産拠点との水路での輸送経路が完全に失われてしまった（ЦГА РК 1130/1/1484/15-16）。

　このような悲惨な状況が形成されつつあるなかで，アシモフはソ連政府に対して漁業組織の移転や漁村住民の集団移住を提案した。そして，灌漑農業の振興に漁村住民を労働力として活用すべく，移住先での生活基盤の整備のために特恵条件で元漁民に貸付を行うようソ連国立銀行に対して求めた（ЦГА РК 1130/1/1484/16-17）。

　しかし，カザフ共和国政府は，小アラル海漁業のすべてを廃止しようとしていたわけではない。むしろ，島嶼部（あるいは，過去に島だった場所）を中

心とした，生活基盤の維持が難しい漁村のみを廃止の対象とし，そこまで生活条件が劣悪でない漁村については，社会・生活インフラを整備していくことで，むしろ漁業の振興を図ろうとしていた。

　1973年7月の段階で「直ちに移住させる必要がある」とされたのは，大アラル海の中東部にあるウヤル島や，過去には島だったがすでに陸続きになってしまっていたカスカクラン半島，小アラル海と大アラル海とを隔てているコクアラル半島などの住民だった（ЦГА РК 1130/1/1484/25）。1970年の国勢調査によると，ウヤル島には378人，カスカクラン島には635人，コクアラル島には177人の住民が住んでいた（АРА УиД КО 154/1/89/8）。後述するように，当時，アラル海の完全な救済・再生というよりも，すでにいくらか縮小してしまった湖の現状維持が志向されていた。とするならば，過去には水で囲まれていたこれら島々の再生は難しく，彼らの移住は「一時避難」ではなく，「強制移住」に等しい策だったと考えられる。

　それ以外の漁村については，1973年1月15日付けのカザフ共和国閣僚会議命令によって社会・生活インフラの改善策が施されることになった。シルダリヤ川など飲用水源から遠く離れている漁村（ジャラナシ，クランドゥ，アケスペ）では，水源の地質調査をまず行う。シルダリヤ川本流からアラル海東岸のカラテレン村までは用水路を設計・建設する[9]。コクアラル半島のアクバストゥ村には融雪水をためる池を整備する。そして，ブグニ，アクバストゥ，ジャラナシの各村には掘削井戸を設置し，ため池を掘る。デルタ地域の湖沼に配水するポンプアップ機材を供給する。シルダリヤ川河口部の諸村，カラテレン，カラチャラン，クズルジャル，チュムシュクリまで電線を敷設する。漁村を巡回する移動公民館（автоклуб）と移動修理車（автомастерская）を供給する。漁民向けに販売するオートバイを毎年一定台数確保する。漁民向け商業サービスの充実を図るべく移動販売車（автолавка）を供給する。漁民による住宅の建設を奨励し，建設資材を確保する。以上のような施策を1973年から1974年にかけて行うよう指示されている（ЦГА РК 1130/1/1484/2-2об）。筆者は未見であるが，1973年9月，ソ連漁業省も省令によって，このような

カザフ共和国側のイニシアチブを承認した（ЦГА РК 1130/1/1484/93）。

　この背景にあったのは，そもそも漁村の生活インフラが劣悪だったことが挙げられる。1974年に書かれたある報告書には，「アラル海の岸辺にあるほぼすべての漁業区で，漁師は家族5～8人と小さくて窮屈な半地下住居（землянка）で暮らしている。この半地下住居は，ヨシや日干しレンガなど地元の建設資材を用いて建てられている」との記述がある。また，同じ報告書には，「大多数の漁村では，学校・クラブ・病院・保育施設が住宅向けの建物のなかか，ストーブ暖房をつけたバラックのなかにあり，水道管や排水設備はなく，これらの村の住民は公共・生活サービスを受けておらず，なかには文化・生活施設がまるで存在しない漁村もある」との記述もある。その結果，「漁撈に従事する労働者や技術者の流動性が極めて高く，漁民の数は年々減少傾向にあり，壮年世代が中心で，若者の補充がなされず，彼らはより文化・生活条件のよいほかの経済部門に働きに出てしまう」という（ЦГА РК 1130/1/1484/51-52）。このような劣悪な生活環境・社会状況下にあっても，1974年の段階では，少なくとも生業としての漁業をいくつかの漁村で残すことが模索されていた。

　つぎに問題になるのは，どのようなかたちで漁業を残していくのかという点だった。前述のとおり，アラル海への流入水量が大きく減少すれば，塩分濃度と漁獲量にすぐに響いてしまう。当時，小アラル海と大アラル海はまだ一体だった。ならば，巨大な蒸発器たるアラル海に水を注ぐよりも，その手前で中小の湖沼を整備して，そこで安定的な漁獲量があげられるようにすべく，わずかな水量であっても優先的にこれら湖沼に配水することが模索されるようになる。1974年5月15日付けのカザフ共和国閣僚会議命令では，ポンプアップ機材を重点的に整備して，カムシュルバシュ湖などに優先配水することを決め，シルダリヤ川下流域での灌漑農業を所掌するカザフ共和国土地改良・水利省に対し，デルタ地域に最低限の水量（毎秒50立方メートル）を確保するよう求めている（ЦГА РК 1130/1/1484/41）。

　このように，1970年代前半，アラル海災害が徐々に顕在化しつつあった状

況下でも，カザフスタン当局は小アラル海の漁業を維持することを前提とした施策を展開していった。それに対し，1974年，アラル海漁業の廃止を盛り込んだ提案がソ連中央からなされることになる。この提案をめぐるソ連中央とカザフスタンとのあいだの論争についてつぎにまとめたい。

2．アラル海漁業を維持するか否か──ソ連中央と共和国・州の対立──

　小アラル海漁業を維持するための対策を考案したのは基本的にカザフ共和国漁業省であり，共和国閣僚会議の合意を得たうえで，共和国内で処理できる問題については共和国関係省庁に，ソ連中央で処理すべき規模の大きな案件はソ連中央の関係省庁に陳情ないし要求するという段取りだった。しかし，前述のとおり，1973年9月にいったんはカザフ共和国側の提案を認めていたにもかかわらず，1974年6月，ソ連漁業省のアレクサンドル・イシコフ（Александр Ишков）大臣は，カザフスタンの意向と真っ向から反する提案をソ連閣僚会議に対して行った。「アラル海沿岸の居住地住民の社会・生活条件の改善について」と題された書簡には，以下のことが記されている。

　　　アラル海の水位低下により，かつては湖岸にあった居住地が，今では湖岸線から15〜20キロメートルも離れてしまっている。これら漁村の住民は古くから漁業を専業としており，著しく困難な状況に置かれている。飲料水の供給，食糧・燃料・その他必要物資の搬入が断たれてしまっている。漁獲量の減少により［漁民の］[10]所得も著しく減った。住民の社会・生活条件は不満足な状態にある。というのも，これら漁村の今後の見込みの薄さ（бесперспективность）ゆえに生活環境の整備がなされず，近い将来，置かれている状況の改善も見込めないからである。アラル海の水収支は現在マイナスであり，現在の流入水量（約40立方キロメートル）より多い50〜55立方キロメートルの水量が［湖水面からの］蒸発により失われている。流入水量は今後さらに減

第5章　アラル海災害の顕在化と小アラル海漁業への初期対応策　209

っていくだろう。それゆえに，代々受け継がれてきた漁民の就労と社会・生活条件の改善についての問題は極めて厳しい状態に置かれている。

　地元機関は，人びとが漁業に従事し続けることを念頭に置きつつ，より条件のよい居住地に彼らを移住させることに出口を見出すことが可能だと考えている。ウトゥクリ[11]，カラテレン，チュムシュクリなどがそれに該当する。

　しかし，アラル海を維持するのに直近の数年のうちにシベリアの水が供されるわけではなく，しかも，何の保証もないことに鑑みれば，今後のアラル海の縮小の結果，提案された［移住先の］居住区の生活環境の現状を維持できるわけがなく，新たな居住地のために巨額の支出を行うことは正当化できない。しかも，アラル海の漁業資源は今後も減少が見込まれており，このような住民移動によって漁民の就労問題が解決されるわけではない。

　以上に鑑みると，適切な条件のなかで暮らすことができ，長期にわたって就労できる地域へと住民を移住させる具体的な対策を講ずるよう，ソ連国家計画委員会と［ソ連全土の灌漑事業を所掌する］ソ連土地改良・水利省に命じ，カザフ共和国閣僚会議，ウズベク共和国閣僚会議，ソ連漁業省をその作業に参画させる必要があると考える。

　同時に，アラル海の水位と漁業的な価値を維持すべく，シベリア河川のアラル海流域への転流策の早期実現を検討するよう，ソ連国家計画委員会に対して要請することを求める（ЦГА РК 1130/1/1484/66-67）。

　このように，小アラル海漁業の維持を前提として対策を講じてきたカザフ共和国およびクズルオルダ州当局と異なり，ソ連中央の漁業省はアラル海全域での漁業を少なくとも一時的に廃止して，漁民をアラル海周辺地域から一律移住させることを考えていた。

　この文書で重要な点はほかにもある。まず，ソ連漁業省がアラル海の漁村

の発展を「見込み薄」だとし,それゆえに生活インフラの整備をおろそかにしてきた事実を認め,そのような地域に資金をつぎ込んでインフラ整備を行うことは「正当化できない」としていたことである。それにもかかわらず,シベリア河川転流構想には賛成で,即座に実現することはないにせよ,なるべく早期の実現を求めている。つまり,いったんはアラル海漁業を廃止しても構わないが,シベリアの水がやってくれば別問題だとのスタンスである。

このようなソ連漁業省の新たな方針に対し,1974年12月,前述のアシモフはソ連閣僚会議宛の書簡のなかで猛然と反対意見を表明した。

　　目下の情勢下で漁民の社会・生活条件を改善するために重要な策となるのは,アラル海での漁獲量を現状維持し,漁業基盤を一部移設し,沿岸部の漁村を統合し,そこでの水供給・電化や商業・生活・医療サービスを改善する策を講じることである。

　　　（中略）

　　我が方がソ連漁業省に対して行ったアピールの結果,1973年9月,北アラル海の漁民の生活条件の改善に向けた一連の施策を想定する［ソ連漁業］省令が発出された。そこには,漁村の統合,生活環境の整備,水供給施設の建設,電線の敷設が含まれる。

　　この省令に従い,現在,合併漁村のマスター・プランの策定が行われている。しかし,ソ連漁業省は,自ら決めた対策に必要不可欠な予算の補強をせず,さらに,6月20日付けのソ連閣僚会議宛書簡ではアラル海漁民の他地域への移住について問題提起した。つまり,すでにアラル海漁業の一時的な切り捨て(свёртывание)にまで話が及んでいる。

　　カザフ共和国閣僚会議は［ソ連］漁業省によるこのような提案を支持することはできない。むしろ,個々の漁業企業や湖岸の漁村を北アラル海地域の新たな場所に移設する問題を解決するようソ連漁業省に命じることを要請する。

カザフ共和国閣僚会議の側からは，アラル海岸の漁村住民の生活条件の改善に係るいくつかの追加対策を検討し，しかるべき決定を採択した。

　さらに，カザフ共和国閣僚会議は，アラル海の漁業的価値の維持に不可欠な対策案を早急に策定するよう，ソ連国家計画委員会，ソ連土地改良・水利省，ソ連発電・電化省，ソ連漁業省に命じることを要請する（ЦГА РК 1130/1/1484/92-93）。

　ここでカザフスタン側は，アラル海の水位と漁業的価値の維持をソ連政府に対して求め，かつ，合併漁村での生活環境改善のための共和国独自の対策を実施する意向を示した。アラル海岸の漁村が困難な状況に置かれることに変わりはないが，それでもクズルオルダ州当局は，「アラル海岸の漁村の数の削減を予定していない」という（ЦГА РК 1130/1/1484/137）。

　このように，カザフスタン側が，アラル海が縮小を続けるなかにあっても小アラル海漁業を維持すべきとの主張を展開した理由として，アラル海の現状維持は科学的・技術的にみて可能だとの言説が流布していたことが挙げられる。

　筆者が閲覧したカザフ共和国漁業省の公文書ファイルには，ソ連漁業省魚類学委員会議長でソ連の著名な魚類学者であるゲオルギー・ニコリスキー（Георгий Никольский）が，ソ連国家科学技術委員会に設置されていた自然環境保護・天然資源合理的利用に係る包括的問題についての科学技術会議[12]議長であるレオニード・エフレーモフ（Леонид Ефремов）に宛てた1973年7月2日付けの書簡のコピーが挟まっていた。ニコリスキーは，まず，「アラル海の維持は灌漑農業の発展と綿花栽培の拡大と相容れないとの見解が今や執拗なまでに宣伝されているが，私からすればこのような見方はまったく正しくない」と述べ，「経済的，そして政治的な見地からもアラル海の維持は必要であり，技術的にまったく可能だ」とした（ЦГА РК 1130/1/1484/18）。つぎに，チャルダラ貯水湖からのアルナサイ盆地への放水はまったくもって

不必要だったとし，アムダリヤ川下流域の農業排水をアラル海でなくサルカムシュ盆地に流したことを水資源の無駄遣いだと非難した。そして，灌漑水利用に厳しいルールを設け，灌漑排水の再利用策を講じ，新たに灌漑地を開発する際，漁業省と保健省の専門家をその評価プロセスに参画させるよう求めた（ЦГА РК 1130/1/1484/20-23）。そして，「中央アジアでの水利が今と同様にこれからも非効率的な発展をみせるのであれば，近い将来，極めて深刻な望ましくない結果をもたらす可能性がある」との警告で書簡を締めくくっている（ЦГА РК 1130/1/1484/23）。

　前述のアシモフによる書簡も，科学的・技術的にアラル海の現状維持は可能であるとの前提に立ったうえでしたためられたものと思われる。1974年9月，カザフ共和国漁業大臣のイスハク・ウテガリエフ（Исхак Утегалиев）は，さらに進んで，「アムダリヤ川とシルダリヤ川の水を灌漑地でより経済的・合理的に利用すること，今後の綿花とコメの栽培発展を調整すること」により，「アラル海の現在の水位を維持する」ことは可能なのだから，この問題をソ連土地改良・水利省に検討させ，解決策を打ち出すべく，ソ連閣僚会議が命令を下すよう求めるべきだと主張した（ЦГА РК 1130/1/1484/68）。さらに，1975年4月，ウテガリエフは，アラル海の水位を標高49.5メートル，塩分濃度を13〜15‰で維持するためには，シルダリヤ川から年間12立方キロメートル，アムダリヤ川から年間43立方キロメートル，合計55立方キロメートルの水をアラル海に流入させることが必要であり，これによって年間7000トン規模の漁獲量が小アラル海で確保できるとの見通しを示した（ЦГА РК 1130/1/1484/142）。同じ時期，クズルオルダ州の共産党委員会第一書記のイサタイ・アブドゥカリモフ（Исатай Абдукаримов）と同州ソヴィエト執行委員会議長のシャイメルデン・バキロフ（Шаймерден Бакиров）は，シルダリヤ川から年間7.3立方キロメートル，アムダリヤ川から年間34.2立方キロメートルの流入量で足りるが，魚の産卵期である4月から6月にダムからの放水を集中させるべきだとした（ЦГА РК 1130/1/1484/132-133）。

　他方で，アラル海はなくなってもよいという別の議論も幅を利かせていた。

1969年にモスクワで刊行された『アラル海問題』という書籍の「まえがき」で，「アムダリヤ川とシルダリヤ川の流域で灌漑開発が広範に行われていることで，アラル海は縮小していき，遠い将来，両河川はアラル海に注がなくなる可能性がある。その結果，アラル海の水位は低下していき，表面積は縮小し，すぐにというわけではないが，最終的には湖がまったく存在しなくなる可能性もある」と指摘された（Геллер 1969a, 3）。同書の編者である水文学者のユーリー・ゲレル（Юрий Геллер）は，自らの論文のなかで，灌漑地の拡大をもっとも低く見積もっても，そこで収穫される作物の経済的価値はアラル海漁業を維持するよりも100倍の価値があると述べた（Геллер 1969b, 6-7）。そもそも，灌漑でアラル海流域の水を使い切ることでアラル海を干上がらせても構わないという議論は古くは帝政ロシア時代から脈々と存在していた（野村・石田 2001, 100-101）。それと同時に，ゲレルは，今後15～20年間は水位の低下は1.5～2メートルの範囲内で収まるので，そのあいだに漁場整備・改良事業を大々的に展開して，アラル海漁業への長期的な対策を講じるべきだとの見解を示した（Геллер 1969b, 23）。実際には，その後10年のあいだに5メートル，20年のあいだに12メートルも水位が低下しており，ゲレルの予測は完全に外れた。

　小野（1993, 6）は，ゲレルについて「当時の学界における地位からみても，その見解が大きな影響力をもったひとり」だとしている。しかし，ソ連漁業省とカザフスタンの各機関が打ち出した方針は，ゲレルの提案がむしろ折衷案となってしまうような，真っ向から対立するものだった。カザフスタン当局はアラル海漁業の廃止を拒否したが，1970年代後半，小アラル海漁業をめぐる状況は悪化の一途をたどる。それでも，つぎに述べるように，カザフ共和国漁業省は生業としての漁業を維持するための対策を講じようと試みている。

3．小アラル海漁業の危機的状況と維持の模索

　1975年4月，アラリスク漁業コンビナート支配人のクダイベルゲン・サルジャノフ（Кудайберген Саржанов）は，ウテガリエフ宛ての書簡を送り，アラル海の現場からみた漁民および漁業労働者の社会・生活条件の改善策について，今後，改めて提案すべきものとして12項目を挙げている。そこには，1973年には決まっており，1974年か1975年には事業が始まっていなければならなかったはずの，水パイプライン，電線の敷設，給水車の供給などの諸事業がいまだに含まれていた。やはり，なくなるかもしれない小アラル海漁業・漁民に対してソ連中央が予算の拠出と事業の推進を渋ったのである。それ以外にも，合併漁村での学校・病院・サウナの建設など，漁村を残すことを前提とした社会・生活インフラの整備や，バーベリ（усач），ジェレフ（жерех）といった漁獲量が大きく減っていた魚種の養殖場の建設についての提案が組み込まれた（ЦГА РК 1130/1/1484/123-126）。同じ時期にウテガリエフがカザフ共和国閣僚会議に送付した書簡には，建設を要請する学校，児童就学前施設，公民館，病院，サウナ，商店のリストが記されている（ЦГА РК 1130/1/1484/138-139）。また，シルダリヤ川のデルタ地域の複数の湖系・湿地帯での漁場整備や，アラリスク漁業コンビナートへの漁業加工の集中と工場再建・拡張も提案されている（ЦГА РК 1130/1/1484/142-144）。とくに，最後の点については，「漁民の一部の就労を確保するために」とされており，棄業した漁民の就業対策として盛り込まれた（ЦГА РК 1130/1/1484/144）。

　合併漁村として漁民を移住させる先も決まった。ブグニ，アマノトケリ，カラテレン，ビイクタウ[13]，アクバストゥ，ジャラナシ，クズルジャル，チュムシュクリの各村である（ЦГА РК 1130/1/1484/145）。1975年7月にカザフスタン共産党中央委員会からソ連漁業省次官のアレクサンドル・グリチェンコ（Александр Гульченко）に宛てて送られた書簡には，1976年より生活条件の劣悪な漁村から523家族がこれらの村々とアラリスク市への移住を開始す

ることが明記されている (ЦГА РК 1130/1/1484/179)。また，筆者によるアクバストゥ村のベテラン漁民からの聞き取りによると，合併漁村として残存対象だったアクバストゥ村からも1975年から1976年にかけて50から60の世帯が，アラリスク地区からそれほど遠くないクズルオルダ州ジャラガシ地区へと集団移住し，稲作ソフホーズで灌漑農業に従事するようになったという。そのほか，アクチュビンスク市，クズルオルダ市，アクチュビンスク州のチャルカル市，ボゾイ町，クズルオルダ州のカザリンスク市などに人びとは離散していき，なかにはカザフ共和国の首都アルマアタに移る人もいたという[14]。

1976年8月，小アラル海漁業の将来を決める，カザフスタン共産党中央委員会とカザフ共和国閣僚会議の合同決定「クズルオルダ州アラリスク地区住民の今後の経済発展および文化・生活条件改善に係る喫緊の対策について」が採択された。決定原文は筆者未見であるが，同月に発出された同名のカザフ共和国漁業省令にその内容が詳しく書かれている。まず，クズルオルダ州当局に対し，「[アラリスク]地区の組織・企業・経営体が必要としていることを恒常的に検討し，日常的な支援を施す」ことを指示している (ЦГА РК 1130/1/1599/250)。そして，アラリスク市から遠く離れているアクバストゥ，アケスペ，クランドゥの各漁村に馬飼育場の支部を置き，カムシュルバシュ湖などデルタ地帯の湖沼で養魚場を開設，アラリスクに缶詰工場を新設するなど，漁民および漁村住民向けの就労対策が示された。漁業コルホーズからの魚の調達価格の改正も明記された。さらに，敷設が遅れているブグニやカラテレンへの水パイプラインの敷設が改めて取り上げられ，アラリスクへも水パイプラインを増設し，下水道の整備を行う。アラリスクからブグニまでの自動車道路を整備し，必要な自動車・トラクターなどを供給する[15]。学校，保育園，病院，救急診療所，商店などのインフラをアラリスクや複数の漁村で整備する。加えて，カザフ共和国科学アカデミーとカザフ漁業研究所に対し，今後のアラル海の塩分濃度の上昇を見越して，好塩・耐塩性の魚種をアラル海に順化させるための調査研究・提案を行うことを指示した (ЦГА РК 1130/1/1599/250-252)。また，アクバストゥ村近郊のアヴァン魚肉加工場の閉

鎖が決定され（ЦГА РК 1130/1/1599/252-253），アヴァン村は廃村となり，住民は牧畜業の基盤があるアクバストゥ村に集団移住した。

　しかし，このような社会・生活・文化インフラの整備を行っても，アラル海の縮小は止まらず，小アラル海漁業をめぐる状況は悪化の一途をたどる。前述のとおり，1974年から1975年にかけて，シルダリヤ川の流況は一気に悪化した。1976年，小アラル海では漁獲可能量が漁獲制限量を下回るという事態が予測された。1975年12月，カザフ漁業省は事態を打開するために，カザフスタンの漁民がウズベク共和国の漁民と同等の条件でウズベキスタン領アラル海での操業を認めるようソ連漁業省に対して求めた（ЦГА РК 1130/1/1613/1-2）。しかし，ソ連漁業省は「ウズベク共和国漁業局[16]傘下の漁業組織の許可」がある場合のみ可能との見解を示す（ЦГА РК 1130/1/1613/30）。ウズベク共和国漁業局と大アラル海の一部を版図に抱えるカラカルパク自治共和国[17]の共産党委員会は「断固反対」の姿勢を示した。1976年2月，結局，アラリスク漁業コンビナートの漁獲量の計画指標を引き下げることで対応し，カザフ共和国漁業省の要請を認めないことで落ち着いた（ЦГА РК 1130/1/1613/96）。実際に，アムダリヤ川からのアラル海への流入水量も渇水の影響で1975年には極端に少なくなっていたのである。

　シルダリヤ川の河口域よりもやや上流部のクズルオルダ市周辺では，流況の悪化によって漁場である湖沼が完全に干上がってしまうという事態に襲われた。1976年1月，五月一日名称漁業コルホーズは，カザフ漁業コルホーズ同盟を通じて，別企業が漁場を所掌するチャルダラ貯水湖での臨時操業を認めて欲しいとの要請を行ったが，即刻却下された（ЦГА РК 1130/1/1613/20）。同年6月には，クズルオルダ魚肉加工場からも同様の要請が上がり，1作業班10人のみチャルダラ貯水湖への受け入れが認められている（ЦГА РК 1130/1/1613/177, 180）。ただし，チャルダラ貯水湖も渇水の影響を受け，1974年からの2年のあいだに「13分の1」まで貯水量が減少していたという。当時も，シルダリヤ川下流での灌漑用水供給を優先したため，水収支はマイナスであり，他漁場からの漁民の受け入れは苦渋の選択だった（ЦГА РК

第5章　アラル海災害の顕在化と小アラル海漁業への初期対応策　217

1130/1/1613/172-173)。ただし，これは後述する出稼ぎ漁の先例となる。

　1976年，1977年とシルダリヤ川からアラル海への流入水量の減少により，とうとう産卵地が完全に壊滅し，小アラル海に生息する魚が自然繁殖する条件が失われた。ソ連漁業省漁業資源保護・再生・漁業調整総局やカザフ漁業研究所は，すでに成魚の漁獲量制限を行う意味はないとの見解を示すようになった（ЦГА РК 1130/1/1613/30, 218)。小アラル海漁業はいよいよ危機的状況に追い込まれつつあった。それでも，小アラル海での漁業の火を消さないためにとられた対策が，カムシュルバシュ湖などデルタ地帯に残った湖沼での養魚場・漁場の整備，カレイなど耐塩性の魚種のアラル海への導入，そして，バルハシ湖などアラル海流域以外の湖沼での出稼ぎ漁の組織だった。

　小アラル海漁民のバルハシ湖北岸への出稼ぎ漁は，1977年9月のカザフ共和国漁業省令で開始が決定された（АРА УиД КО 4/1/1118/48)。そして，翌1978年7月には，ブグニ，アマノトケリ，カラチャラン，チュムシュクリの漁師たちによる出稼ぎ漁が初年から大成功を収めたことが報告されている（АРА УиД КО 4/1/1249/6)。これが，バルハシ湖だけでなく，カザフ共和国内の他の湖沼への漁師派遣の呼び水となったことは間違いない。渡邊・中村・アブデショフ（2012, 144）は，20年以上カザフスタン東南部のバルハシ湖などに出稼ぎ漁に出ていたジャラナシ村在住のジャンブル名称コルホーズの漁民からの聞き取りの記録を公表している。筆者によるアクバストゥ村のベテラン漁民からの聞き取りでも，秋季に1～2カ月ほど，アラリスク漁業コンビナートの業務命令に従い，アラリスクからほど近いアクチュビンスク州のイルギス・トゥルガイ地域の湖沼や，遠くはバルハシ湖にまで出稼ぎに出ていたとの証言を得た。得られる給料は非常に安く，家族を養うために働かざるを得なかったが，交通手段，漁業機材，燃料，出張先での住居などすべて支給されていたという。冬季はシルダリヤ川河口域に整備されたカムシュルバシュ湖，アクチャタウ湖などで漁撈に従事した[18]。

　1978年から1981年にかけて，アムダリヤ川からアラル海への流入水量は若干回復したが，シルダリヤ川については低空飛行でほぼ横ばいだった。これ

は，シルダリヤ川の水をデルタ地域の湖沼に重点的に配水した結果だと思われる。そして，塩分濃度の上昇が止まらないアラル海では，1979年よりアゾフ海産カレイの順化実験が始まった。

　1976年12月末，カザフ共和国漁業省令により，アラリスク漁業コンビナートの生産合同「アラルルィブプロム」への改組が決まった（ЦГА РК 1130/1/1602/135-136）。アクチュビンスク魚肉加工場を新たに傘下に抱え，後にはトゥルガイ州のアルカルク魚肉加工場も統合した（Нургалиев 1984, 85）。結果，コンビナートはクズルオルダ州，アクチュビンスク州，トゥルガイ州の3州の内水面漁業を統括する国営企業に変貌を遂げた。この改組は，漁村に残った漁民への出稼ぎ漁斡旋の円滑化，アラリスク市に移り住んだ元漁民への就業対策の意味もあっただろう。

4．何がなされ，何がなされなかったのか？

　アラル海災害下での小アラル海漁業に対して何が（どのような「緩和策」が）なされ，何がなされなかったのか，これまでの考察からまとめておきたい。カザフ共和国当局が行ったのは，漁民の棄業と自発的移住を奨励すると同時に，とどまった漁民に対しては一貫して生業としての小アラル海漁業を残すことを目的とした対策だった。しかし，これは小アラル海漁業を振興・発展させるものではなかった。むしろ，限られた選択肢のなかでいかにして漁民・元漁民の就業を維持することができるのか，焦点が置かれていたのはそこだった。それは，対症療法的な最低限の（しかし，漁業当局だけで実行が可能だったという点では，当時の「最大限」の）緩和策であり，それだけでは，加速度的に悪化し，かつ長期化したアラル海災害に打ち克つことはできなかった。漁村に残った住民のあいだでは，牧畜を兼業する者，あるいは，完全に牧畜に転業する者も現れた。

　ソ連の水利当局は，1981年よりアラル海流域の灌漑地での節水策にようやく本腰を入れて取り組むようになったが，そこで達成された節水量は，灌漑

地の拡大による新たな取水によって相殺されてしまう有様だった（Micklin 1992, 95-96）。カザフ共和国が求めてきたアラル海の現状維持を目的とした根本的な対策は講じられることはなかった。

しかし，カザフ共和国当局が常に漁民の味方だったわけではないことも指摘しておく必要がある。もちろん，共和国漁業省は漁業の現場から上がってくる情報に基づいて，漁業を維持するための対策について常に考え，訴え，実行してきた。しかし，その上級機関であるカザフ共和国閣僚会議は，灌漑農業を所掌する共和国土地改良・水利省の利害も調整せねばならなかったし，稲作灌漑地を抱えるクズルオルダ州当局もまた然りだった。実際に，1968年から1988年までの20年間に，クズルオルダ州の灌漑地播種面積は約2.4倍に増えている。また，野村（1998, 313）が指摘しているように，同州では，「灌漑面積と比較して水資源に余裕のあった時期には水の節約という発想はなかった」のである。水資源の浪費を然るべく監督せず，灌漑農業の合理化・効率化を率先して行うことなく，アラル海漁業の振興も同時に志向したという点で，共和国・州当局もアラル海災害の共犯者だった。前述のとおり，カザフ共和国首相のアシモフが「アラル海の漁業的価値の維持に不可欠な対策案を早急に策定する」よう求めた時，これはカザフ共和国のみで対応できるものではなく，明示的には述べられていないが，最大の水消費主体であるウズベク共和国の灌漑農業の削減策，つまり他共和国の犠牲を求めていたことはほぼ間違いない。アラル海災害は，ソ連中央による地方やマイノリティの搾取の結果という単純な構図だけではとらえきれないのである。

第4節　アラル海災害下での漁民の選択とリスク認識

アラル海災害を受けて，漁民やアラル海周辺の村々に住む住民は「漁村にとどまる」「強制移住させられる」「自発的に移住する」という選択肢のいずれかをとり，移住する（させられる）場合は，アラリスク地区内で移動する

か，地区外に移動するかという選択肢が存在した。本節では，この漁民の選択の問題に焦点を当て，アラル海災害下における住民によるリスク認識の問題について考えてみたい。これは，アラル海災害という「極限的状況における極限的行動の論理」を明らかにすることでもある（ペイン 2006, 79）。

その前に，まず，アラリスク地区の人口動態についてまとめておこう。残念ながら，筆者は断片的な人口統計しか有していない。アラリスク地区の農村部人口（漁村も含む）については，1970年から1979年にかけて，2万8707人から2万4897人へと3810人の減少がみられた。これは，漁民の「強制移住」や「自発的移住」の結果だろう。しかし，1989年には2万5312人と逆に415人の増加を示している。これは，人口流出がやや落ち着いたということと同時に，残った人びとのあいだでの出生率の高さに起因していると思われる[19]。漁村レベルでの人口変化についていうと，コクアラル島のアクバストゥ村は1970年の1212人（さらに，後に廃村になった近郊のアヴァン村に140人が住んでいた）に対し，1979年には711人，1989年は450人にまで人口が減っており，就労機会を求めて人口流出があったものと考えられる（現在は500人程度の人口）。実際に，1982年と1986年にアクバストゥ村の中学校を卒業した住民ふたりから，それぞれ同級生28人中5人，34人中3人しか現在は村に残っていないとの言辞を得ている[20]。アラル海旧東岸のブグニ村では，1970年に1872人，1979年に1289人，1989年に1116人，1999年に944人，小アラル海北西岸のアケスペ村では，1970年に583人だったのが1989年には216人，1999年には200人と一貫して人口が減っている。他方で，シルダリヤ川沿いに位置し，デルタ地域の湖沼へのアクセスがよいアマノトケリ村では，1970年に897人，1979年に1119人，1989年に1414人，1999年に1623人と一貫して人口が増加している。人口動態は村によってまちまちである[21]。アラリスク市の人口は，1970年と1999年との比較になるが，この30年間で3万7722人から3万347人へと7375人ほど減っている。アラリスク地区全体ではこの30年間で7万9182人から6万8382人へと1万800人の人口減である[22]。これは，アラル海災害とともに，独立後の経済混乱による失業率の上昇によるところが大

きかったものと思われる。ただ，災害下にあっても漁村や地区内にかなりの人びとがとどまったということも確かだ。

　前節で論じたとおり，1970年半ばの時期において，二律背反的で，ともに不確実だが，どちらも科学的・技術的に正しい（と思われる）言説が同時進行で流布していた。一方では，これ以上の灌漑地の外延的拡大をやめ，灌漑地・用水路での徹底した節水策をとれば，アラル海の水位は現状維持できる，だから漁業を続けてもよい，という言説が存在した。他方では，経済的にはアラル海に無為に河川水を流して漁業・水運を維持するよりも，灌漑で流域の水資源を使い切ったほうが利益は大きいし合理的な選択だ，だから漁業はやめるべき，との言説も存在した。このような，「どちらにも行動できないような矛盾した命令によって，二重拘束のような状態が引き起こされる」ことを，山下・市村・佐藤（2013, 26）は，日本で2011年に起こった福島第一原子力発電所の事故後の被災者による決断の難しさについて論じるなかで，「ダブルバインド」と呼んだ。もともと，この「ダブルバインド」を理論化したのは，統合失調症の原因メカニズムの研究に取り組んだ文化人類学者・精神医学者のグレゴリー・ベイトソンである。常に矛盾するメッセージとメタ・メッセージにさらされ続けた挙句，その人の心のなかでの「メッセージの整然とした論理階型化」が阻止されるようになってしまう。このような完全に矛盾しているがそこから逃れるための出口も解決もない「経験のシークエンス」をベイトソンは「ダブルバインド」と定義した（ベイトソン 2000, 293）[23]。ソ連とアラル海災害の文脈に即していえば，国民の直接選挙で選出されたソヴィエトにより承認された政府の命令は国民の総意としての命令であり，無条件に従わなければいけないとのメタ・メッセージがある一方で，従うべき命令（メッセージ）そのものが矛盾していたのである。

　公文書資料から，現実には，アラル海漁民のあいだで「先行きへの悲観」や，「お国がアラル海を沙漠に変えてしまう」というネガティブな雰囲気が広まっていたことがわかっている（ЦГА РК 1130/1/1484/20）。しかし，共和国や州当局は，それでも小アラル海漁業の維持可能性を説き続けた。結果とし

て，漁民の側では「どちらも正しい」が「どちらも誤っている」，どちらの選択肢をとってもリスクがあるという決断に窮する，混乱した状況下に追い込まれた。「とどまる」という決断を下せば，災害下での生活をどう立ち行かせるのかというリスク，「去る」という決断を下せば，移住した先でどのようにコミュニティを構築するのかというリスクにさらされることになる。そこは移住した人にとって完全な「異郷」（чужие окрестности）だった[24]。もっとも，ウヤル島やカスカクラン島など，島嶼部から「強制移住」させられた元漁民の話は別であり，後者のリスクと否応なしに向き合わねばならなかった。自発的に遠方に去った人びとの多くは，職を求めて去ったのだという。その場合，国の支援なくして移住し，完全な異郷で自力で職探しをし，生活を立ち上げなければならなかった。これは経済的なリスクも伴うものだった[25]。

「去る」という決断を下せない漁民のあいだでは，「民族・文化的要因」も大いに働いた（Бурнакова 2002, 160）。カザフ人漁民のあいだで，先祖の地，故郷への思いは極めて強く，「出ていきたい」という気持ちがあっても，とくに中年以上の世代の人びとは先祖の墓を守るために「残っておこう」との気持ちが働いた[26]。あくまでひとつの例であるが，筆者が聞き取りをしたアクバストゥ村の元船長は次のように述べた。

　　　船舶交通が立ち行かなくなった後，仕事もなくなったが，それでもここから出て行くことはできなかった。その理由は，自分の年がもう若くないというのもあったし，その時はまだ父親も生きていた。親は故郷の地から引っ越したいとはとくに思っていなかった。カザフ人は，親族や先祖が葬られている故郷の地から去ろうとは思わない。彼らの墓を捨て去ることはできないのだ。祖先の地を捨てたくはなかったし，親を悲しませたくはなかった，だからわれわれはここに残った。しかし，当時は仕事には困った。みつからなかったのだ。かつて［アヴァン］魚肉加工場があったところで漁業区が組織され，10年ほど機能し

た。そこでわれわれは10年のあいだ漁民として働いたのさ[27]。

　このような「祖先の地」への執着は，ペイン（2006, 84）が引用するところの，「知っていること，わかっていること，安心なことに対する執着」「アイデンティティの確認」に該当する。とはいえ，残るにせよ去るにせよ，アラル海周辺の住民のあいだでリスクそのものは認識されていたと考えられる。
　この元船長には10人の子供がおり，幼くして死別したひとりと村に残ったひとりを除き，8人はカザフスタンの方々の都市に分かれて暮らしているという。アラル海災害時に村を去っていったのは，おもに新たな職種への適応能力のあるこのような若い世代である。ソ連時代，「不足の経済」下で労働力が慢性的に不足しており，職種を問わなければ就職には困らなかった。ただし，この元船長の例のように，少なくとも男子ひとりを世継ぎとして村に残す傾向がある。
　もうひとつつけ加えておく必要があるのは，これまで「漁村」という表現を用いてきたが，同時に小アラル海周辺の村々にはラクダやウマの飼養など，牧畜に従事するカザフ人も数多く存在したことである。クランドゥ村近郊にはもともと軍用馬の飼育場が存在したが，漁民が住む村本体とは別の行政単位を構成していた。前述したとおり，飼育場の支部が近郊の村々に拡大したことは，漁村での牧畜の発展を促した。牧畜を専業としていた住民，あるいは，牧畜に転向した旧漁民は，生活条件や家畜の飼育環境は劣悪になっても，生業を失うわけではなかったので，小アラル海周辺地域にとどまる傾向があった[28]。
　そして，このようなダブルバインド状態の不確実な状況下，1976年2月に開かれた第25回ソ連共産党大会の場で，アレクセイ・コスイギン・ソ連閣僚会議議長が，第10次五カ年計画（1976〜1980年）の期間中にシベリア河川転流計画の「科学的調査研究の実現に着手する」と言明した（伊藤 1993, 195）。あくまで学術調査の開始であり，事業そのものへのゴーサインではない。それでも，1976年という，シルダリヤ川の水資源余剰がほぼ枯渇し，小アラル

海漁業の展望がかなり悲観視されていた時になされたこの発言のインパクトは大きかった。なにしろ、カザフ共和国漁業大臣のウテガリエフは、綿作・稲作での合理的な水利用と栽培調整を訴えた前述の1974年9月の書簡のなかで、「これら施策が実現することで、将来、［アラル海が］再び大きな漁業水域となる日のために、商業魚種の基本的な部分を維持することが可能になる。この大きな漁業水域とは、北方河川をアラル海に向けることで構築される予定である」と述べ、シベリア河川転流の実現を前提としたアラル海漁業の復興の将来構想について明言していたのだ（ЦГА РК 1130/1/1484/68）。これにより、漁業当局者やアラル海の漁民は漁業の再興を願うことができるようになったのである。同時に、灌漑地拡大の停止や徹底した節水策の導入へのインセンティブはさらに失われた。ここに、もともと対立していた、水利当局者と漁業当局者の共闘、「受益圏」と「受苦圏」の連帯、共和国間連帯の可能性が生まれた。シベリア河川転流がソ連中央の予算で実現されるかぎりにおいて、アラル海流域の共和国にとって合理的な選択肢だった。ただし、いつそれが実現するのかまったくわからない極めて不確実な状況に変化はなく、しかも、「受苦圏」を取水源であるオビ川流域の住民に押し付けるという選択肢だった。実現可能性が極めて危うく、その結果も科学的に不確実な対策だったにもかかわらず、カザフ共和国の漁業および水利当局者、地元の漁業関係者、そして、アラル海周辺住民にリスク感覚を麻痺させ、リスクそのものを否定させるには十分だった。ソ連の動物学者であるニキータ・グラゾフスキーが1990年に「多幸症」（эйфория）と呼んだのはこのような状態である（Глазовский 1990, 91）。結果として、多くの住民が「とどまる」という選択をしたことが、前述の人口統計にも表れている。

　その後、アラル海災害は悪化の一途をたどった。アラル海の水位低下、塩分濃度の上昇、デルタ植生の荒廃、沙漠化といった環境変化だけでなく、衛生状況の悪化、住民の栄養・健康状態の悪化が起きたのである。シルダリヤ川から直接飲用水を取水していたことに起因する大腸菌感染症や腸チフスはクズルオルダ州で1970年代前半から罹患率の上昇がみられた。1980年以降は

腸疾患以外の伝染病や非伝染病も増加していった。そして，1980年から1984年にかけてタンパク質およびビタミンの不足が同州の住民にみられるようになった（Elpiner 1999, 152-153）。アラル海周辺地域に「残る」選択をした住民に待ち受けていたのは健康被害という厄災だった。ソ連閣僚会議がソ連国家計画委員会で承認されたフィージビリティ・スタディに基づいてシベリア河川転流構想に事実上のゴーサインを出したのは，この厄災のさなか，ようやく1984年になってのことだった。しかし，アラル海を救うために新たに「受苦圏」となる可能性があったシベリアの知識人は怒り，ソ連中央の環境保護論者がここに加勢した。そして，1986年4月に起きたチェルノブイリ原子力発電所事故の影響でソ連の環境保護世論は一気に高まった。結果，同年8月，運河建設計画は白紙撤回され，オビ川から水がやってくることは遂になかった。

　以上からわかることは何か。長期的な生態危機・災害下において，お互いに矛盾しているがどちらも科学的・技術的に「正しい」選択肢が提示され，ダブルバインド状態で苦しんでいる漁業関係者や災害下の住民に対して，極めて不確実だが同時に魅力的な第3の選択肢（技術的解決策）が提示されると，それに飛びつくことで「神話化」してしまう。これは相反するリスク認識から身動きがとれない漁業関係者や地域住民をリスク感覚から解放するいわば麻薬のような役割を果たし，「危険の原因の可能性があるものを探索すること，そしてそれを根絶することを妨げる」作用をもつ（ペイン 2006, 82）。そして，災害地域にとどまるという選択をした住民への対応として対症療法的な施策が繰り返されるなかで，知らぬうちに災害状況のある臨界点を越えてしまう。

　さらに，この第3の選択肢が，「受益圏」「受苦圏」の双方を満足させ，かつ，その負担を双方の地理的スケールの外部に押し付けて，新たな「受苦圏」を生み出してしまうような場合，大きな危うさを伴う。たとえば，戦後のイスラエルの歴史は，国家建設とユダヤ人入植地の拡大，そのための水利権の獲得が密接に結びついていたわけだが（杉野 2010），慢性的な水資源不

足と灌漑開発の結果として，地下帯水層の枯渇，農場での塩害，地盤沈下などが生じた際に，さらに越境河川に問題解決の糸口を求めることで，生態危機や災害状況が境界を越える暴力的な紛争へと結びつくこともあり得るのだ（ド・ヴィリエ 2002, 303-328）。シベリア河川転流構想はむしろ実現しなかったことで問題の複雑化が避けられた。

　アラル海災害を，科学・行政・社会，あるいは，学・官・民をめぐる制度設計やそれぞれのアクターの相互関係の「機能不全による失敗」ととらえるならば，アラル海災害を「構造災」だったととらえることは可能だろう（松本 2012, 4）。アラル海災害についていえることは，科学のお墨付きを得て行政が決めたことが社会に一方的な影響を及ぼし，社会のリスク感覚を奪ったということである。学・官・民，そして，企業のそれぞれが，一方通行ではなく，双方向的な情報伝達と協議の回路を有することが，まずは，災害下における社会によるリスク否定を防ぐうえで重要だということを，アラル海災害は改めて示してくれる。同時に，災害下では，多様な見解を有するアクターが立場明示型で喧々諤々の議論を行う時間的な余裕もない。災害進行の時間と災害対応の時間のずれの克服，これもアラル海災害が今日に突きつけている教訓である。

　　おわりに

　以上，アラル海災害における小アラル海漁業への初期対応と，その際の漁民による行動の選択について通時的に論じてきた。本章冒頭で述べたように，アラル海流域での外延的な灌漑・水利開発を直接の原因としてアラル海災害が発生し，アラル海漁業が最も大きな被害を受けたことはこれまでの先行研究で指摘されてきた。しかし，その担い手たる漁民に対してどのような対策が施され，漁民が災害状況下でどのような選択・行動をとったのかについて考察した研究は管見のかぎりこれまで存在しなかった。筆者が本章で着目し

たのはこの点である。

　1960年代中葉からアラル海での漁獲量の大幅な減少がみられるようになり，その結果，1960年代末より漁業および魚肉加工業の維持を前提とした対策が施されるようになった。しかし，湖岸線の後退がいよいよ深刻になり，水深の浅い部分にある島々が陸続きとなり孤立するようになると，1973年，いよいよ住民の強制移住を含む，いわば災害対応をソ連およびカザフ共和国当局は迫られるようになる。孤立した島々以外の漁民についても自発的移住が推奨された。そして，1974年，ソ連漁業省は，シベリア河川転流構想が実現するまでの一時的措置ではあるが，アラル海漁業の廃止を提案するに至った。これに対し，カザフ共和国は反発し，水資源の経済的・合理的利用によって，アラル海の水位とアラル海の漁業的価値を維持することをソ連政府に対して主張した。漁民はどちらも不確実だが科学的・技術的に正しいと思しき主張を前にして，選択に窮するという「ダブルバインド」状態に陥った。そのようななか，1976年2月，第25回ソ連共産党大会の場で，シベリア河川転流計画の「科学的調査研究の実現に着手する」ことが宣言される。まったく時を同じくして，アラル海漁業はいよいよ危機的な状況に追い込まれていった。カザフ共和国漁業省は，出稼ぎ漁の斡旋や，棄業した元漁民や漁業関係者のための就業対策を行いつつ，小アラル海の手前，シルダリヤ川のデルタ地域にある湖沼に優先的に配水することで，生業としての漁業の維持を試みた。このような状況下で，シベリアから水がやってくれば灌漑も漁業もすべてうまくいくと，シベリア河川転流構想は「神話化」し，漁業当局者やアラル海周住民のリスク感覚を麻痺させる効果をもった。ここに，父祖の地を守るというカザフ人漁民の民族・文化的要因が加わり，多くの住民が「とどまる」という選択をした。しかし，シベリア河川転流構想が実現することは終ぞなく，アラル海災害は悪化の一途をたどった。

　このように，1970年代のアラル海災害に対する初期対応策は，第1に，アラル海漁業の縮小により生じる余剰労働力をどのように活用するのかという，失業状態や不労所得を建前上許容しないソ連ならではの就業対策だった。そ

して，第2に，まったく見通しは不確実であるにもかかわらず，将来的にシベリア河川転流構想が実現することを前提に，とどまった人びとに対して生業としての漁業とアラリスクでの魚肉加工業を維持することを目的とした対策だったと言い得る。ただし，このような対策は，受益圏としての灌漑地域と受苦圏としてのアラル海周辺地域という空間的なずれ・分離，ソ連中央とカザフ共和国とのあいだのアラル海漁業に関する認識のずれ・齟齬，そして，災害進行の時間と災害対応の時間のずれを克服できるようなものではなく，なおかつオビ川流域の住民を新たな受苦圏に押しやる可能性があるものだった。これは，本書の主題に即していうならば，環境・社会・経済いずれの側面からも持続可能な対策とは言い難いものだった。

　それでも，最後にひとつつけ加えておく必要があるのは，「20世紀最大（最悪）の環境破壊」と称されるアラル海災害下にあっても，小アラル海漁村のコミュニティは，その多くが破壊されずに済んだという事実である。環境破壊，生業維持の困難，経済的困窮，健康被害という悲惨な経験を経たにもかかわらず，多くの住民がとどまるという選択をし，牧畜や出稼ぎ漁に従事しながらコミュニティが辛うじて維持されたことで，災害状況にアラル海周辺住民は最終的に適応した。現在では，小アラル海と大アラル海を隔てるコクアラルダムの建設により小アラル海の水位は回復し，生業としての漁業も回復期にある。2013年1月，2014年9月と筆者が小アラル海を訪れた際，かつての悲惨なアラル海災害が嘘のように漁民の顔は明るかった。人間および社会のもつレジリエンス（回復力）をここにみることができる[29]。

　独立前後の社会的・経済的混乱期において，もっとも適応に苦労したのは，むしろ「強制移住」あるいは「自発的移住」により，コミュニティから去った人びとだろう。今後は，小アラル海から去った人びとをも視野に入れ，聞き取りとアーカイブ調査を並行させながら，アラル海災害の顕在化から小アラル海漁業の復活に至るまでの，環境史・社会史を研究していきたい。

〔注〕
(1) Космический мониторинг состояния водных ресурсов ［水資源の状態に関する衛星モニタリング］// Научный центр оперативного мониторинга Земли Федерального космического агентства ［ロシア連邦宇宙局機動的地球観測研究センターHP］：(http://www.ntsomz.ru/projects/eco/econews_271108_beta)。
(2) 地田（2013a, 43）は，以下に述べるオラン・ヤングの議論から着想を得て，災害や環境問題の原因空間・被害空間など多様な空間・スケール（ならびに各スケールに付随する制度）の分離とずれの問題について「空間的ミスフィット」と定義した。Young（2002, Chapter 3）は，自然界の「生物・地質・物理システム」（biogeophysical system）とそれを管理・調整する制度やレジームの適合・不適合を「フィット／ミスフィット」という用語で表現している。さらに進めて，ヤング（2008, 24-25）は，公害や災害などによる環境変化の速度と環境をめぐる制度調整や政策立案（つまり，ガバナンス）の速度のずれ（時間的ミスフィット），大規模な生物・地質・物理システム（たとえば，海洋など）を管理するガバナンスの主体の細分化と相互の協調・調整の困難さ（機能的ミスフィット）について論じている。
(3) もっとも，梶田が論じているのはあくまで「『テクノクラシーと社会運動』の日本的特質」についてであるが（梶田 1988, iv），この「受益圏」と「受苦圏」の分離の問題については日本のみならず，世界各所で起きている大規模開発問題や環境問題の構造を検討するうえでも示唆的であると考え，筆者はこの概念をアラル海災害の事例に援用することにした。ただし，アラル海流域での受益と受苦の構図は，ここでは論旨を平易にするため極めて単純化して論じたが，現実の構図はずっと複雑である。たとえば，灌漑地域の農民について，ソ連という国家全体の利益のために綿作・稲作モノカルチャーを押し付けられた存在ととらえれば，彼らも「受苦圏」にいることになる。また，ロシアのイヴァノヴォ州など中央アジア産綿花を加工して商品化するソ連の繊維工業の中心地を「受益圏」ととらえることも可能だ。また，梶田（1988, 11）に従えば，ソ連および共和国の首都にある土地改良・水利省が灌漑農民の「受益の集約的代弁者」だったわけだが，実際の灌漑農業地域とは地理的に隔絶しており，灌漑農業の現実を必ずしも直視していたわけではない（地田 2012, 67-68）。
(4) 本章は，アジア経済研究所のプロジェクトのほか，北海道大学グローバルCOEプログラム「境界研究の拠点形成：スラブ・ユーラシアと世界」，JSPS科研費「戦後ソ連のアラル海流域環境史─人間活動と生態危機」（研究課題番号：25870003），財団法人東洋文庫現代イスラーム研究班の支援を受け，2013年1～2月，2014年9月に行ったフィールド調査（カザフスタン），ならびに2013年3月，同年11月，2014年9月に行った公文書資料調査（カザフスタン，

⑸　ソ連では，著名人の名前や重要な歴史上の出来事・行事などの顕彰を目的として，農場・企業・学校・研究機関などにこれらの名前を冠する習慣が存在した。これは，自然な日本語では「記念」に相当するものだが，ロシア語から和訳する際は имени の直訳である「名称」という語が定訳になっている。

⑹　カザフ漁業研究所は，1976年12月にソ連漁業省からカザフ共和国漁業省に所掌替えされた（ЦГА РК 1130/1/1602/139）。

⑺　筆者によるアイトバイ・コシェルバエフ（クズルオルダ州天然資源・自然利用調整局長）からの聞き取り（2013年2月4日，クズルオルダ）。

⑻　ただし，どの程度の収入が補われたのかについては，さらに調べてみる必要がある。

⑼　別文書によると，当時，シルダリヤ川からブグニ村にタンク車で「人びとの健康に極めて有害な」「汚い」水が輸送されていたという。よって，ブグニ村には別の水源からのパイプラインの敷設が提案された（ЦГА РК 1130/1/1484/63）。シルダリヤ川の水には，中・下流域からの農薬や化学肥料などを含んだ農業排水が混じっており，デルタ地帯の住民はこれを直接飲用に供していたのだが，浄水設備の建設に関する記述はない。

⑽　以下，引用文中での［］は，文意を明確にするための筆者による文言の挿入を示す。

⑾　これは，シルダリヤ川下流域のアマノトケリ（Аманоткель）村のことと思われる。

⑿　この組織はいわゆる「省庁間会議」であり，関連省庁の代表が参画のうえで自然保護について協議していたものと思われる。エフレーモフはソ連国家科学技術委員会の副議長でもあった。

⒀　このビイクタウという村はシルダリヤ川の河口付近に新たに新設されることになっており，ジャンブル名称コルホーズの受け入れ先として検討されていた。筆者による聞き取りによると，結局，ビイクタウ村は建設されず，デルタ地域のアマノトケリ村にコルホーズを拡大し，そこにもともとのコルホーズの拠点だったジャラナシ村の住民が多く移住したのだという。筆者によるカズ・セイイトフ（メルゲンサイ村管区役場主任専門家）からの聞き取り（2014年9月16日，ジャラナシ村）。

⒁　筆者によるベテラン漁師A氏（元船長），E氏からの聞き取り（2013年1月30日，アクバストゥ村）。

⒂　アラリスクとアラル海周辺の漁村とを結ぶ船舶交通網の崩壊後，自動車道路が整備されていく。さらに，アラリスク市郊外の軍事基地には空港があり，ソ連の解体時まで廉価で遠隔地の漁村とのあいだを空路で結び，人と物資の輸送が行われていた。

⒃　ウズベク共和国では省よりも組織として格下の「漁業局」が，共和国内部の内水面漁業を所掌していた。
⒄　ソ連は領域的民族自治を標榜し，入れ子型の民族自治単位を抱えていた。ウズベク共和国がソ連を構成する民族共和国だったのに対し，カラカルパク自治共和国は，ウズベク共和国内部の民族自治単位である。
⒅　筆者によるベテラン漁師 A 氏，E 氏からの聞き取り（注14参照）。
⒆　筆者の手元にある2009年の国勢調査の結果でしか判断できないが，アラリスク地区の人口の42.2％を0歳から19歳までが占め，それに29歳までの人口を加えると58.5％にまで上昇する。つまり，極めて若い人口構成ということになる。
⒇　筆者による漁業協同組合議長 Ku 氏，中学校長 Ka 氏からの聞き取り（2013年1月30日，アクバストゥ村）。
㉑　村レベルでの人口動態を正確に把握することは，村の行政区画の変更による人口の増減を知ることができないため現実には難しい。ここで挙げた村々は，行政区画の大きな変化を経ていないと推測される。しかし，これらの数字はあくまでも参考情報であることを断っておく。
㉒　人口統計については，АРА УиД КО（154/1/89/8-13），ЦГА РК（698/21/429/28; 698/21/494/4, 6-7об），Казинформцентр（1994），Смаилова（2011）の各資料を参照した。
㉓　矢守（2013, 11）は，このベイトソンの議論を受けて，「メッセージとメタ・メッセージとのあいだに生じる矛盾・葛藤によって，メッセージの受け手が――（中略）メッセージの送り手も――股裂き状態に」なってしまうことを「ダブルバインド」だとした。山下・市村・佐藤（2013）は，ベイトソンを直接引用はしておらず，一般向け書籍ということで単純化したかたちでこの用語を定義しているが，それでも，ベイトソンのいう「論理階型」の問題も意識したうえで「ダブルバインド」についての議論を展開していると思われる。
㉔　筆者によるベテラン漁師 A 氏からの聞き取り（注13参照）。
㉕　同上。
㉖　逆に，アラル海周辺地域が「祖先の地」ではないロシア人や朝鮮人といった非カザフ人漁民は，最終的にそのほとんどが棄業してアラリスク地区から去ってしまった。
㉗　筆者によるベテラン漁師 A 氏からの聞き取り（注13参照）。
㉘　ただし，旧漁村にどの程度の数の牧畜専業者が元から住んでおり，どの程度の規模で漁業から牧畜への転業が起きたのかについて公文書資料からの確認はとれていない。
㉙　しかし，2014年9月のフィールド調査結果によると，コクアラルダムの建設による漁業の復興よりも，カザフスタンの国民経済発展の結果として，牧

畜業の復興と産業化が先行していたとの印象をもった。とくに，魚の市場や加工施設から遠く，輸送インフラが整備されていないアケスペ村やアクバストゥ村では，いまだに漁業から得られる収入よりも牧畜から得られる収入のほうが大きいとの言辞を得た。大アラル海に近い旧漁村クランドゥ村は今では完全に牧畜専業の村として生まれ変わっている。コミュニティ維持とレジリエンスにおける牧畜業の役割については今後詳しく検討していく必要がある。筆者によるアケスペ村のベテラン漁師U氏，アクバストゥ村の元漁師I氏からの聞き取り（それぞれ，2014年9月18日，アケスペ村；同9月20日，アクバストゥ村）。

〔参考文献〕

<日本語文献>

伊藤美和 1993.「旧ソ連におけるエコロジーと政治——河川転流計画争点化の一考察——」ソビエト史研究会編『旧ソ連の民族問題』木鐸社 191-213.

稲垣文昭 2012.「電力をめぐる中央アジアの国際関係——ロシア，アフガニスタンと水資源対立の相互作用——」『海外事情』60(9) 9月 61-79.

大西健夫・地田徹朗 2012.「乾燥・半乾燥地域の水資源開発と環境ガバナンス」渡邊三津子編・窪田順平監修『中央ユーラシア環境史 3 激動の近現代』臨川書店 267-297.

小野菊雄 1993.「アラル海流域の灌漑による環境変化についての予測——S. Yu. Geller, L. V. Dunin-Barkovskiy の見解を中心に——」『歴史学・地理学年報』(17) 3月 1-29.

オリヴァー゠スミス，アンソニー 2006.「災害の理論的考察——自然，力，文化——」スザンナ・M・ホフマン／アンソニー・オリヴァー゠スミス編，若林佳史訳『災害の人類学——カタストロフィと文化——』明石書店 29-55.

梶田孝道 1988.『テクノクラシーと社会運動』東京大学出版会.

グランツ，マイケル・H./中山幹康 1996.「アラル海流域における『しのびよる環境問題』への国際協力」『農業土木学会誌』64(10) 10月 999-1002.

杉野晋介 2010.「ヨルダン川水系の水資源をめぐる国家間紛争の歴史」『国際開発学研究』9 (2) 3月 49-70.

地田徹朗 2012.「社会主義体制下での開発政策とその理念——『近代化』の視角から——」渡邊三津子編・窪田順平監修『中央ユーラシア環境史 3 激動の近現代』臨川書店 23-76.

——— 2013a.「アラル海救済策の現代史——『20世紀最大の環境破壊』の教訓——」（大塚健司編「長期化する生態危機への社会対応とガバナンス」調査

研究報告書　アジア経済研究所 23-48　http://www.ide.go.jp/Japanese/Publish/Download/Report/2012/2012_C36.html）．
―――2013b．「小アラル海漁業の現在――湖水位の回復とその後――」『アジ研ワールド・トレンド』（214）7月 23-27．
ド・ヴィリエ，マルク 2002．（鈴木主税・佐々木ナンシー・秀岡尚子訳）『ウォーター 世界水戦争』共同通信社．
野村政修 1998．「シルダリヤ下流域の自然環境保全と灌漑農業――クズルオルダ州を中心に――」『スラヴ研究』（45）3月 305-318．
―――2002．「環境劣化を改善するための開発計画――アラル海・シルダリア下流域の再開発計画――」『九州国際大学教養研究』9(1) 7月 102-81．
野村政修・石田紀郎 2001．「アラル海の環境問題と中央アジアの安定」『ロシア研究』（33）10月 100-117．
ベイトソン，グレゴリー 2000．（佐藤良明訳）『精神の生態学 改訂第 2 版』新思索社．
ペイン，ロバート 2006．「危険とリスク否定論」スザンナ・M・ホフマン／アンソニー・オリヴァー＝スミス編，若林佳史訳『災害の人類学――カタストロフィと文化――』明石書店 77-103．
松本三和夫 2012．『構造災――科学技術社会に潜む危機――』岩波書店．
山下祐介・市村高志・佐藤彰彦 2013．『人間なき復興――原発避難と国民の「不理解」をめぐって――』明石書店．
矢守克也 2013．『巨大災害のリスク・コミュニケーション――災害情報の新しいかたち――』ミネルヴァ書房．
ヤング，オラン 2008．（錦真理・小野田勝美・新澤秀則訳）「持続可能性への移行」『公共政策研究』(8) 12月 19-28．
渡邊三津子・中村知子・アブデショフ，オルジャス 2012．「社会主義的近代化の担い手たちの記憶――アラル海流域クズルオルダ州の人々――」『オアシス地域研究会報』9(1) 141-145．

＜英語文献＞
Aladin, N. V., I. S. Plotnikov, and W. T. W. Potts 1995. "The Aral Sea Desiccation and Possible Ways of Rehabilitating and Conserving Its Northern Part," *Environmetrics* 6(1): 17-29.
Elpiner, Leonid I. 1999. "Public health in the Aral Sea coastal region and the dynamics of changes in the ecological situation," In *Creeping Environmental Problems and Sustainable Development in the Aral Sea Basin*. ed. Michael H. Glantz, Cambridge: Cambridge University Press 128-156.
Ermakhanov, Z. K., I. S. Plotnikov, N. V. Aladin, and P. Micklin 2012. "Changes in the

Aral Sea ichthyofauna and fishery during the period of ecological crisis," *Lakes & Reservoirs: Research and Management* 17 (17) March: 3-9.

Glantz, Michael H. 1999. "Sustainable development and creeping environmental problems in the Aral Sea region," In *Creeping Environmental Problems and Sustainable Development in the Aral Sea Basin*. ed. Michael H. Glantz, Cambridge: Cambridge University Press 1-25.

Micklin, Philip P. 1992. "Water management in Soviet Central Asia: problems and prospects," In *The Soviet Environment: Problems, Policies and Politics*. ed. John Massey Stewart, Cambridge: Cambridge University Press 88-114.

―――― 2007. "The Aral Sea Disaster," *Annual Review of Earth Planetary Sciences* 35 May: 47-72.

Wegerich, Kai 2008. "Hydro-hegemony in the Amu Darya Basin," *Water Policy* 10 (Supplement 2): 71-88.

Weinthal, Erika 2002. *State Making and Environmental Cooperation: Linking Domestic and International Politics in Central Asia*. Cambridge: MIT Press.

White, Kristopher D. 2014. "Nature and Economy in the Aral Sea Basin," In *The Aral Sea: The Devastation and Partial Rehabilitation of a Great Lake*. eds. Philip Micklin, N. V. Aladin and Igor Plotnikov, Berlin-Heidelberg: Springer-Verlag 301-335.

Young, Oran R. 2002. *The Institutional Dimensions of Environmental Change: Fit, Interplay, and Scale*. Cambridge: MIT Press.

＜ロシア語文献＞

АРА УАиД КО. Аральский районный архив Управления архивов и документации Кызылординской области ［クズルオルダ州公文書局アラリスク地区公文書館］（番号は，フォンド／オーピシ／ヂェーロ／リストの順）．

―――Ф. 4. Аральский государственный рыбопромышленный трест Министерства рыбной промышленности Казахской ССР ［フォンド4：カザフ共和国漁業省アラリスク国営漁業トラスト（アラリスク漁業コンビナート）］．

――― Ф. 154. Аральская районная информационно-вычислительная станция ［フォンド154：アラリスク地区情報・計算センター（アラリスク地区統計局）］．

Бурнакова, Е. В. 2002. Приаралье: экологический кризис-социально-экономический кризис-миграция-угрозы политической стабильности? ［「アラル海沿岸地域：生態危機，社会・経済危機，移民，政治的安定への脅威か？」］ // *Вестник Евразии* ［『ユーラシア通報』誌］. No. 3: 150-173.

Геллер, Ю. А. 1969а. Предисловие ［ゲレル「まえがき」］ // Геллер, Ю. А. отв. ред. *Проблема Аральского моря* ［ゲレル編『アラル海問題』］. М.: Наука.

1969b. Некоторые аспекты проблемы Аральского моря［ゲレル「アラル海問題のいくつかの側面」］// Геллер, Ю. А. отв. ред. *Проблема Аральского моря*. М.: Наука.

Глазовский, Н. Ф. 1990. Аральский кризис［グラゾフスキー「アラル海危機」］// *Природа*［『自然』誌］. No. 11: 91-98.

Казинформцентр 1994. *Итоги Всесоюзной переписи населения 1989 года по Казахской ССР. Численность и размещения населения. Раздел 1. Часть I.*［カザフスタン情報センター『1989年全ソ国勢調査結果 カザフ共和国 第1部第1巻』］Алматы: Казинформцентр.

Корниров, Б. А. и Тимошкина, В. А. 1974. Влияние Каракумского канала на окружающую среду［コルニロフ，チモシキナ「カラクーム運河の環境への影響」］// *Водные ресурсы*［『水資源』誌］. No. 3: 47-53.

Координатор проектов ОБСЕ в Узбекистане 2011. *Международный фонд спасения Арала*［OSCE駐ウズベキスタン・プロジェクト・コーディネーター『アラル海救済基金』］. Ташкент: Координатор проектов ОБСЕ в Узбекистане.

Нургалиев, Р. Н. ред. 1984. *Казахская ССР: Краткая энциклопедия в 4-х т. Т. 2: Природа и естественные ресурсы. Население. Экономика. Народное благосостояние*［ヌルガリエフ編『カザフ共和国小事典 第2巻 自然，天然資源，住民，経済，国民福祉』］. Алма-Ата: Главная редакция Казахской Советской энциклопедии.

РГАЭ. Российский государственный архив экономики［ロシア国立経済文書館］（番号は，フォンド／オーピシ／チェーロ／リストの順）.

　　　　Ф. 8202. Министерство рыбного хозяйства СССР［フォンド8202：ソ連漁業省］.

Смаилова А. А. ред. 2011. *Кызылординская область. Итоги Национальной перепись населения Республики Казахстан 2009 года. Том 1. Статистический сборник*［スマイロヴァ編『クズルオルダ州 2009年カザフスタン共和国国勢調査結果統計集 第1巻』］. Астана.

ЦГА РК. Центральный государственный архив Республики Казахстан［カザフスタン共和国中央国立文書館］（番号は，フォンド／オーピシ／チェーロ／リストの順）.

　　　　Ф. 698. Центральное статистическое управление Казахской ССР［フォンド698：カザフ共和国中央統計局］.

　　　　Ф. 1130. Министерство рыбного хозяйства Казахской ССР［フォンド1130：カザフ共和国漁業省］.

付表　アラル海災害への初期対応策とその後：年表

1959	カラクーム運河第一期区間竣工
1960	アラル海の水位低下が始まる
1965	漁獲量の減少が始まる
1969	シルダリヤ川の余剰水，アルナサイ盆地への放水開始 漁民からの魚の調達価格値上げ
1970	アラリスク漁業コンビナート，加工用に海洋魚の受入開始
1973	カザフ共和国閣僚会議，小アラル海漁村の振興策，島嶼部住民の移住策を決定
1974	アラル海漁業の維持をめぐってソ連中央とカザフ共和国とが意見対立
1975	被災地住民移住の開始
1976	アラリスク地区振興策についてカザフ共和国党・政府決定，シルダリヤ川デルタ地域の湖沼を漁場として整備，元漁民への就業対策など 第25回ソ連共産党大会，シベリア河川転流構想の「科学的調査研究の実現に着手する」ことを宣言 小アラル海での漁獲量制限の撤廃，アラル海漁業の危機 アラリスク漁業コンビナートが生産合同「アラルルィブプロム」に改組
1978	小アラル海漁民への出稼ぎ漁の斡旋開始（バルハシ湖）
1979	アゾフ海産カレイのアラル海への順化実験開始
1980	アラル海周辺住民の健康被害深刻化
1981	灌漑地での節水策の本格導入開始
1984	ソ連閣僚会議，シベリア河川転流構想へのゴーサイン アラル海での漁獲量ゼロに
1985	ゴルバチョフ書記長就任，ペレストロイカ開始，環境世論の高まり
1986	チェルノブイリ原子力発電所事故 シベリア河川転流計画を撤回するソ連党・政府決定
1989	小アラル海と大アラル海の分離
1990	ソ連政府，アラル海救済のために国連環境計画（UNEP）との協力開始
1991	ソ連解体，カザフスタン共和国の独立

（出所）筆者作成。

第6章

中国の水汚染被害地域における政策と実践

――淮河流域の「生態災難」をめぐって――

大塚　健司

はじめに

　中国では共産党による建国以降，改革開放を経て現代に至るまで，工業化が進行するなかで環境汚染が拡大してきた。それに対して1970年代から国際的な環境政策の潮流も取り入れながら対策を進めてきたものの，長期かつ広範囲にわたって深刻な汚染にさらされてきた地域において健康被害が顕在化しており，中国の環境汚染問題は時間的，空間的，社会的にも日本の経験を超える広がりをみせている。

　とりわけ黄河と長江のあいだに位置する七大河川流域のひとつである淮河流域では，干ばつと洪水に加えて1970年代から水汚染が深刻化し，流域の広範囲に被害をもたらす水汚染事故が頻発するようになった。1990年代には健康被害を含めた同流域の深刻な水汚染状況が中央メディアによって報道されたことなどを受けて，国は同流域を水汚染対策の重点流域に指定し，工場排水対策を強化してきた。しかしながら2000年代に入っても汚染事故が絶えず，10年にわたる国の水汚染対策の実効性が厳しく問われるなか，癌をはじめとするさまざまな疾病が流行するいわゆる「癌の村」（癌症村）に関する調査報道などをとおして，長期にわたって深刻な水汚染被害が放置されてきたことが改めて広く知られるところとなった[1]。2005年になって国は同流域にお

ける複数の県を対象にした疫学調査を実施し，それから8年を経てようやく調査研究チームによって，長期にわたり水汚染が深刻な状況に置かれてきた支流域を中心に水汚染と消化器系癌のあいだに相関関係があることが明らかにされた。

中国の環境汚染問題に関する研究はすでに多く発表されているものの，とりわけ問題解決に向けたガバナンス指向の研究としては，政策過程や制度設計のあり方，NGOや社会運動の役割などに焦点を当ててなされてきた[2]。しかしながら実際の問題解決の過程は，政府主導の政策と政府以外の関係主体によるさまざまな実践過程からなる重層的かつ複合的なプロセスであり，それらのプロセスを解きほぐすなかで問題解決の促進・阻害要因が初めて明らかになるであろう。また，中国を含む東アジアの環境汚染問題に関する先行研究において，日本の高度経済成長下における激甚な公害問題の経験に照らし，圧縮型工業化・都市化による負の代価という実態論とともに，情報公開，地方分権，公衆参加という環境民主主義的なガバナンス論による政策論が展開されてきた。しかしながら，中国で進行している「生態環境災害」ともいうべき状況[3]に対しては，このような従来の環境ガバナンスのアプローチではとらえきれない側面がある。むしろ，汚染物質の暴露が長期的な蓄積性と持続性をもつこと，被害が国土の広範囲にわたること，成長の果実だけではなく被害のリスクの受容においても地域間・階層間格差がみられることなどをふまえながら，地域社会が生態環境災害の状況からいかに脱却し，環境再生を図っていくかという観点から問題の構図を解き明かしていくことが必要であろう[4]。

本章では，長期にわたり生態危機にさらされてきた淮河流域を対象にして，政府主導の「政策」だけではなく政府以外の関係主体による「実践」がいかなる問題解決をめざして展開しており，またそれらが長期化する生態危機のなかで流域の地域社会の持続可能性および発展可能性を回復するうえでいかなる役割と意義を持ち得るのかを明らかにすることを目的としている。とりわけ「実践」については，現地NGOが淮河流域の危機的状況を「生態災難」

(霍 2005)ととらえ,そこからの脱却に向けて展開しているさまざまな活動に着目する。そして,政府主導の政策展開に関する公式文書やNGOなどの実践を含めた公表論文や新聞報道に加えて,NGOの実践に対する参与観察もふまえ,政策と実践の相互作用を明らかにする[5]。

　本章の構成は以下のとおりである。第1節では,淮河流域における水汚染被害が拡大する過程について,自然・地理・歴史および社会経済的要因等を含めた多角的な観点(社会生態史的観点)から概観する。第2節では,同流域の水汚染問題に対する政府の対応について,汚染物質の排出規制に加えて,健康被害対応に関する諸政策の展開を明らかにするとともに,それらの政策展開の特徴と問題点を指摘する。第3節では,癌多発村を抱える地域における現地NGOの活動に注目し,「生態災難」からの脱却に向けた実践過程について,政府主導の政策過程との相互作用に留意しつつ明らかにする。第4節では,前2節での検討をとおして明らかになった政策と実践の相互作用の特質について改めて検討するとともに,最後に,残された課題を提示する。

第1節　淮河流域における水汚染被害の拡大

1．淮河流域の社会生態史

　淮河は,黄河と長江に挟まれ,中国東部平原(黄淮海平原)を流れる中国七大河川のひとつである(図1)。西から東へ流れる本流は,河南省の桐柏山で源を発し,同省南部,安徽省,江蘇省北部を流れ,洪沢湖に入る。その後,本流は同湖南部の水門から京杭運河を経て長江とつながり,残り一部分が東の水門から黄海に流れ出ている。その全長は約1000キロメートルに及ぶ。淮河はまた多くの支流を有している。山東省沂蒙山に源を発する沂,沭,泗河水系を含めて淮河流域は,総面積が約27万平方キロメートル,総人口が1億4200万人(2011年時点)と一大流域をなしている。七大河川流域のなかで

図1　中国の七大河川流域

（出所）大塚（2012c）図5を一部修正。
（注）『中国水文信息網』「流域及地方水文信息」(http://www.hydroinfo.gov.cn/lysw/lysw/) の図をもとに作成。太湖流域は長江流域の一部。

淮河流域は，面積こそ長江流域や黄河流域に及ばないものの，人口密度は同程度の面積を有する首都圏の海河流域をしのぎ最も高くなっている（表1）[6]。

　淮河流域は，農業に適した土壌や気候，水運を生かした交通条件などによって古代から社会経済および文化の発達がみられた。しかしながら北方と南方の気候遷移地域に位置することから古代より干害と水害が頻発してきたことに加えて，12世紀から19世紀の約700年にわたって黄河の氾濫地域となってきた。また，近代に至るまで多くの戦乱の場となってきたことや，政治権力の中心地域の移動や災害に対する政府の無策などの自然的，人為的諸要因が相まって，淮河流域（とりわけ本流北方の平原地域を指す広義の「淮北」地域）は中国中東部地域における「欠発達地区」（発展を欠いている地域）や経済の「谷地」（窪地）といわれる状況に陥ってきた（呉 2005）。清から民国期における淮北地域の社会生態史的研究をまとめた馬（2011）は，同地域につ

表1　中国の七大河川流域

	流域面積	年平均流量	人口	耕地面積	人口密度	1人当たり流量	耕地面積当たり流量
	(km^2)	(億m^3)	(億人)	(千ha)	(人/km^2)	(m^3/人)	(m^3/ha)
松花江	557,180	733	0.51	10,467	91.5	1,437.3	700.3
遼河	228,960	126	0.34	4,400	148.5	370.6	286.4
海河	263,631	288	1.10	11,333	417.2	261.8	254.1
黄河	752,443	628	0.92	12,133	122.3	682.6	517.6
淮河	269,283	611	1.42	12,333	527.3	430.3	495.4
長江	1,808,500	9,280	3.79	23,467	209.6	2,448.5	3,954.5
珠江	453,690	3,360	0.82	4,667	180.7	4,097.6	7,199.5

(出所)『中国水利統計年鑑2012』より筆者作成。
(注) 年平均流量以下，データは50年間の多年平均値。

いて，時の政治権力が一部の地域の利益を守るために「犠牲になった一部地域」となり，社会経済発展から取り残されたと結論づけている。

　1949年に毛沢東率いる共産党が中華人民共和国を成立させて以降は，洪水防止を中心とする水利事業が推進されてきたものの，同じ中東部地域に位置しながらめざましい経済発展を遂げる江南地域に比べると，水害や干害が依然多発する地理的条件のもと「欠発展」状況からの脱却には至っていない。たとえば1994年から2003年までの10年間における1人当たりGDPでみても流域の平均値は全国平均値の7割に満たず，その伸び率も全国平均に及ばない（宋・譚等 2007, 75）。また，内陸の河南省東南部および安徽省を中心に多くの国家貧困対策重点県（「国家扶貧工作重点県」）を抱えている[7]。さらに次にみるように1970年代以降は，水汚染問題の深刻化が新たに社会経済発展における負の要因となっている。

2．水汚染事故の多発と水質悪化の長期化

　淮河流域では1970年代から工業化，都市化，農業の近代化などにともない水汚染問題が深刻化してきた[8]。淮河水利委員会がまとめた『淮河誌』第6

巻（水利部淮河水利委員会・《淮河誌》編纂委員会 2007, 452-458）によれば，1970年代に淮河水利委員会水資源保護弁公室が観測した流域141河川断面の400以上の地点において，揮発性フェノール，シアン，砒素，六価クロムといった有毒物質が当時の工業企業の設計基準を5～35％超えて排出されていたとされている[9]。また1970年には，信陽化学工場からの有機燐廃水が河川に流れ，耕作牛28頭が中毒，10頭が死亡するという事故が発生したとされている。それ以降，工場廃水や都市汚水を原因とする水汚染事故が各地で発生し，家畜や農作物の被害だけではなく，飲用水の汚染や人の健康被害が起きている。

淮河流域における水汚染問題の深刻な様相としては，1970年代から2000年代にかけて，流域規模の水汚染事故が頻発してきたことが挙げられる。記録の残る最も古い大規模な水汚染事故とされているのが，1979年に本流で発生したものである。1978年から1979年の春にかけて本流域では大干ばつとなり，その間，247日間にわたって蚌埠市の水門を閉めていたあいだに汚水が滞留し，加えて干ばつ対策のために下流から上流に揚水したことも相まって，40キロメートルにわたって河川が黒濁化して異臭を放った。同時に，同市の上水管からも黒くて臭い水が出るようになり，飲用水供給を42日間にわたって停止せざるを得なくなった。水質検査では，揮発性フェノール，シアン化物，亜硝酸塩，水銀，アンモニア窒素などが高濃度で検出された。水道水を飲用した住民にはめまい，下痢，腹部膨張，唇や舌のしびれなどの症状が現れた。それ以降，1979年から1992年までの14年間に淮河本流だけで160回以上もの水汚染事故が発生しており，そのうち比較的大規模な汚染事故が6回，飲用水危機や人畜中毒を伴う事故が30回，死魚事件が63回，農作物の壊滅的被害が42回，油による汚染で水面が着火する事故が11回もあったとされている（水利部淮河水利委員会・《淮河誌》編纂委員会 2007, 455）。

それ以降も流域規模の汚染事故が絶えなかった。国内外の注目を集めた1994年の大規模な水汚染事故は，同年に淮河上中流で干ばつが続いていたところ突然の暴雨に見舞われ，河南省を流れる支流の沙穎河の流量が急増した

のを受けて，洪水防止のために穎河の水門を次々と開けたところ，干ばつ期に濃縮蓄積された大量の汚水が下流に流出し，本流に70キロメートルにわたる汚水の帯がのびたほどであった。それによって，150万人に上る流域住民の生活飲用水が確保できなくなったばかりか，本流が流れ込む洪沢湖を抱える淮陰市では住民22万人が1カ月余りにわたり人民解放軍の給水車から生活飲用水の供給を受けたものの，3万5000人に腸疾患などの健康被害がみられた（『治淮匯刊』1995年版, 142-150）。以降，1996年から2005年のあいだに流域4省では延べ961回もの水汚染事故が発生しており，2000年には年間170回もの頻度を記録している。他方，水汚染事故が最も少なくなった2005年においても年間52回発生している（李・王・張 2007, 1）。

　水汚染の発生源として，おもに工場廃水，生活汚水，農地から流出する肥料や農薬などが考えられる。もともと淮河流域は小麦を主作物としながら，水稲栽培，綿花，搾油用作物の栽培などが盛んな農業地域であったのが，1970年代末から本格化する経済体制改革以降，都市だけではなく農村地域においても各種工業（郷鎮工業）が発達してきた。とりわけ，麦藁などを原料とした製紙パルプ工場をはじめ，多くの工場が簡易な生産施設で十分な廃水処理をせずに操業してきたことが水汚染を激化させた[10]。その後，工業汚染源対策が強化されるにつれ，発生源構成は変化し，最近行われた全国汚染源センサスでは，農村面源（生活汚水，農地起源の排水をともに含む）の寄与が最も高くなっている（第一次全国汚染源普査資料編纂委員会 2011）。

3．水汚染の激化と癌等の多発

　繰り返される水汚染事故，水質悪化の長期化は，流域の人びとの健康を蝕んできた。淮河流域では，1990年代から2000年代にかけて中国中央テレビ局（中国中央電視台，CCTV）が放映した癌等の疾病が多発している村落，いわゆる「癌の村」に関する調査報道がきっかけとなり，同流域における水汚染に起因すると疑われる健康被害が国内外で注目を集めるようになった[11]。

CCTVは1993年に中央関係機関の主導で開始された環境保護キャンペーン「中華環境保護世紀行」の一環として，淮河のふたつの支流，河南省の黒河と洪河の流域村落の深刻な水汚染の状況を「新聞聯播」という定番ニュース番組で2日にわたって取り上げた。そこでは，上流の工業都市，漯河市で1970年代から操業を行っている麦藁パルプの製紙工場から廃水が垂れ流されており，河川流水が黒濁して異臭を放ち，魚類が死に絶えてしまったこと，流域住民のあいだで癌による死亡や奇形児が多いこと，そして流域住民らは地方や中央の政府機関に対して問題解決を訴えているにもかかわらず，実効性のある対策がとられていないことなどが明らかにされた（大塚2002）。

　2004年には，同年に発生した大規模な水汚染事故を契機に政府によるこれまでの水汚染対策の実効性が厳しく問われるなか（後述），CCTVは同年8月9日に「新聞調査：河流与村庄」を放映し，癌などの疾病が多発する「癌の村」の実態を明るみにした。淮河最大の支流，沙潁河流域に位置する人口2000人余りの河南省周口市沈丘県黄孟栄村にて，10数年来癌による死者が続出しており，1990年から2004年までのあいだに死亡した204人のうち，癌を死因とする人は105人と半数以上に上った。また，2004年には7月時点で新たに17人の癌の発症が明らかになり，すでに8人が死亡した。さらに，癌だけではなく，重度の視聴覚障害や手足の障害者も多くみられた。同村は水路に囲まれた村であり，とりわけ癌による死亡は水路沿いの住民に集中していた。また村民は10メートル程度の井戸水をくみ上げて飲用しており，その井戸水は沙潁河から引いた溜め池などから浸透して汚染され，くみ上げた水は濁りや悪臭を帯びていた。CCTVの調査チームが地方政府機関に委託した水質検査によって，消化器系癌の要因とされる硝酸塩や中枢神経に悪影響を及ぼすマンガンの濃度などが極めて高いことなどが明らかにされた。

　こうした調査報道で示された健康被害の実態と水汚染との関係については，それら報道と前後して専門家チームによる疫学調査によっても一定の裏づけがなされている。

　1993年のCCTVの報道の元になったのは，河南医科大学の劉華蓮教授ら

が同年に黒河流域で行った一連の疫学調査である。劉教授らは黒河流域沿岸に位置する上蔡県のなかの18村落（自然村）と，その対照地域として同河川から10キロメートル離れた和店郷のいくつかの自然村において，両地域あわせて計3万人余りを対象にした過去3年間の死因調査を行うとともに，過去5年間の49歳以下の既婚女性および両地域から抽出した1200人余りに対する健康調査を実施した。その結果，汚染地域における全体の死亡率，癌による死亡率，胎児の奇形率，肝腫瘍の発症率いずれも対象地域より高いことから，流域住民の健康被害が黒河の汚染による影響であることが示された（劉等1995）。さらに劉教授らは1999年に，同県にて河川水と住民の飲用水源となっている井戸水に含まれている有機物質が同様に発癌性と毒性があることを明らかにしている（王等1999）[12]。

第2節　政府による汚染対策と被害対応

1970年代に顕在化した淮河流域の水汚染問題に対して，水利行政部門を中心に流域水環境保全の取り組みが開始されたものの，水環境の悪化を止めることができず，1990年代に中央の地方に対する環境政策実施状況の監督検査活動が展開するなかで淮河流域は国の最重点対策水域とされた（大塚 2012a）。前節で述べたように，淮河流域の水汚染問題は癌による死者の増加という深刻な健康被害を伴っていることから，本節では水汚染対策のみならず，健康被害対応をあわせてみながら，政策対応の特徴と問題点を明らかにする。

1．中央主導の流域水汚染対策の展開

1993年にCCTVが黒河・洪河流域における深刻な水汚染と健康被害の実態を放送した翌年5月に，国務院環境保護委員会は安徽省蚌埠市で第1回淮河流域環境保護法執行検査現場会を開催し，流域水汚染対策の強化を求める

意見をまとめた。その背景として，李鵬総理（以下役職および機構名は特段明記のないかぎりその時点での呼称とする）がCCTVの放送をみて，関係者に迅速な汚染処理を指示したとされている（哲 1998, 70-76）[13]。このなかで既存の工業汚染源に対する段階的な規制内容が具体的に挙げられ，第1段階として1994年末までに191企業について閉鎖・生産停止・合併・生産転換を行い，第2段階として，すべての汚染企業について汚染物質排出基準を達成するために，1995年末までに29の汚染負荷の大きな企業，1997年末までに173企業について，閉鎖・生産停止・合併・生産転換などの措置をとり，第3段階として1999年末までに企業の基準超過排水を禁止するとした（『治淮匯刊』1995年版, 122-124）。

こうして流域水汚染対策の基本方針を固めた矢先に大規模な水汚染事故が発生した。1994年7月に発生した流域住民150万人の生活飲用水に影響を及ぼす大規模な水汚染事故については，共産党中央系統の主力新聞である『中国青年報』や同機関誌『人民日報』においても報じられた[14]。この大事故を受けて李総理は，5月にまとめられた意見において2000年末までに水質浄化を図るとされていた目標を前倒しして，1997年末までに，流域すべての企業は汚染物質の排出基準を達成して水汚染防止対策の飛躍的進展（原語は「突破性進展」）を遂げなければならないとした（『治淮匯刊』1995年版, 146）。そして1995年8月には中国で初めて大流域を単位としたCOD排出量の総量抑制規定を盛り込んだ「淮河流域水汚染防治暫行条例」が国務院から公布・施行され，そこで1997年までに流域すべての企業の排水基準を達成すること，2000年までに流域すべての河川・湖沼の水質改善を実現することが定められた（『中国環境年鑑』1996年版, 49-51）。また，同条例の施行を受けて国務院環境保護委員会は1995年9月に江蘇省連雲港市での第2回現場会を経て，1996年6月30日を期限に，汚染が甚大で排水処理対策の見込みの薄い年産5000万トン以下の製紙工場における化学パルプ製造設備を，すべて閉鎖または生産停止することを決定した（『治淮匯刊』1996年版, 12, 31）。さらに流域全体のCOD排出量の総量抑制プログラムである「淮河流域水汚染防治規劃及び第

9次5カ年計画」が策定され，流域4省において303項目，計166億人民元の重点プロジェクトが決定された（国家環境保護局弁公庁 1998, 1-2）。その後，5年ごとに計画が更新され，農村面源対策など新たなプロジェクトも加えられ，第11次5カ年計画（2006～2010年）までに総額728億5500万元のプロジェクトが計画されてきた[15]。

このように1994年から始動した中央主導の流域水汚染対策は，小規模工場の強制閉鎖などを含む工業汚染源規制の強化が柱となり，中央の地方に対する監督検査活動とともに，各種報道機関によるキャンペーンも行われた。しかしながら，検査団が来る際に排水を止め，検査団が帰ると排水を再開したり，隠しパイプを設置したり夜間にこっそり廃液を垂れ流したりなど，企業の違法行為が絶えなかった。1996年には国務院が「環境保護の若干問題に関する決定」を発布し，淮河流域同様に全国各地方政府および企業に対して小規模工業汚染源の淘汰とすべての工業汚染源の排出基準の遵守を求めた。しかしながら基準遵守の期限とされた2000年を過ぎても，国務院決定に反して汚染物質を排出しながら操業する企業が跡を絶たないことから，2001年から国家環境保護総局は，監察部など他部門と合同で違法行為を取り締まる合同行動を実施するとともに，全国の報道・宣伝教育活動を統制する中共中央宣伝部は全国の報道機関に対して典型的な違法事件などの報道を奨励した。そして，地方レベルでの環境政策の実施状況に対する世論による監視圧力を高めるべく，環境問題に対する人びとの「憂患意識」（憂い苦しむ意識）を喚起するような「環境警示教育」を推進した[16]。さらに2003年以降，「大衆の健康を保障する」ことがスローガンに掲げられ総局を中心に国務院関係部門合同による汚染物質の違法排出企業の取り締まり活動が強化された（大塚 2008）。そのなかで沙潁河上流の項城市（県級市）に立地する化学調味料を製造する蓮花味精集団が，複数の隠し排水口をとおして同河川に廃水を垂れ流しており，CODおよびアンモニア窒素濃度の基準超過排水量が最大となっている汚染源であることが発覚し，行政処分を受けた。しかし，その翌年に同流域を発端として10年前と同規模の水汚染事故の発生を招いており，水汚

染対策の実効性がメディアの報道で厳しく問われた(大塚 2005a)。

　2005年4月に国家環境保護総局の潘岳副局長は,水質や水量の状況から再び前年同様の事故が起きる危険性があるとして,事故時の飲用水保障などの緊急対策を発表した(≪緑葉≫編輯部 2005)。その際に,潘副局長は,淮河の水質が根本的に改善されておらず,温家宝総理が提起した「人民にきれいな水を飲ませよう」という要求とは現状は大きな差があることを認め,その6つの原因として,①地方保護主義の蔓延,②産業構造調整の遅れ,③環境法が賦与した法執行権限に限界があり,違法コストより法執行コストのほうが高いこと,④水環境監督管理職能が多部門にわたるために環境行政部門が水汚染対策に対して統一的監督管理機能を発揮するのが困難であること,⑤汚染処理資金の調達ができていないこと,⑥流域の水資源開発利用度が高く,水門が乱立し水質自浄能力が弱体化しており,水門で留め置いた河川流水の水位が上がると水汚染事故が起きやすいこと,を挙げた[17]。2004年の大事故を経て中央の地方に対する監督管理の限界を中央環境行政部門の指導幹部も認めざるを得なくなったのである[18]。

　2007年7月に国家環境保護総局は,長江・黄河・淮河・海河流域において事前に環境行政部門の環境影響評価を行わずに違法に工業開発を行っている地域に対して開発許可制限措置を発動した。これによって当該地域の地方政府および企業の実名を挙げ,水汚染対策を含む環境汚染対策を督促した。1カ月余りのあいだに1062の違法企業および開発プロジェクトが対象となった[19]。また2008年に改正された水汚染防治法では,この開発許可制限措置の制度化に加えて,水汚染事故に対する過料(罰款)の上限撤廃,訴訟における被害者の負担軽減のために因果関係の立証責任は汚染排出者が負わなければならないとする挙証責任の転換などの新たな措置が盛り込まれた(片岡 2008; 2010)。

　以上のような一連の取り組みによって淮河流域の水環境は一定の改善がなされてきた。しかしながら,COD等の有機汚染物質指標でみるかぎり,本流域の水質悪化は抑制されつつあるものの,支流域を中心に水質改善がまま

ならない状況である。中国人民大学の宋教授らの研究チームが2011年に実施した流域住民に対する質問票調査によると，回答者の42％が水質に対して「不満」としている。また企業の排水行為について，回答者の53.2％が排水口からの放流水の水質が時々悪化しているとしており，また34.1％が水質が悪く着色して悪臭がするとしているなど，なお多くの流域住民が企業の排水に対して問題視している（宋・朱2013)[20]。

2．飲用水源の改善

1990年代以降，流域水汚染対策を進めるなかで，流域村落における健康被害について国や地方の指導層が一定の認識をもっていたことは，公式文書において確認できる。たとえば1994年5月に開かれた第1回淮河流域環境保護法執行検査現場会において講話を行った宋健国務委員は，「癌発症率が全国平均より10倍以上となっており，とくに児童の被害が最も大きい」「奎河だけでも18の郷鎮，250の行政村，780の自然村の50万人近い人が心身健康と100万ムー（1ムーは6.667アール）の農地の正常な耕作が影響を受け，農民からの陳情（上訪）が絶えない。国務院弁公庁もこれについて文書を出したものの，いまだ解決に至っていない」とひとつの河川流域の事例を挙げ被害の広がりを認めている。また，淮河水利委員会の張菊生氏は，「汚染の深刻な河川両岸の地下水が汚染され，郷村住民が長期にわたり汚染された浅層地下水を飲用したために，胃腸病や難病の発病率が高く，たとえば白馬河沿岸の江蘇省邳州市合溝郷彭庄村の癌発病率は10万分の500，奎河沿岸の安徽省宿県地区の癌発病率は10万分の1024となっている」と癌発症率の具体的なデータを提示し，健康被害の深刻さを認めている。さらに地方政府の指導幹部も深刻な健康被害を訴えており，河南省の張洪華副省長は「浅層地下水が汚染され，汚染水源を飲用する人びとの発病率，死亡率および新生児の奇形率が増加しており，流域の人びとの心身健康が深刻な脅威にさらされている」とし，また安徽省の王秀智副省長は「（奎河）沿岸住民の癌発病率は10万分の

1024と高く，他方で世界保健機構が公表している平均値は10万分の8〜10である。河川沿いの多くの郷鎮では，人口が減少しており，村からの徴兵隊の合格者はひとりもおらず，人体への危害は恐るべきものがある」と発言している（『治淮匯刊』1995年版, 125, 133, 135, 137）。ここで語られている健康被害の状況はいずれも断片的な情報ではあるものの，一定のデータに基づき被害の深刻さに対する認識が示されていることが注目される。

　こうした健康被害に対して政府主導で行われた対策が，飲用水源の改善事業である。1994年5月の第1回現場会において，流域水汚染対策の基本方針として，重度汚染地域における住民の飲用水問題の解決が掲げられた。ここでは，「汚染の甚大な地域の人びとの飲用水問題を解決するために，4省人民政府は迅速に甚大な汚染によって人びとの飲用水確保が困難になっている地域の調査を行い，人びとの飲用水問題を解決するための具体的な措置と方案を制定する。必要な経費は4省人民政府の責任により調達し，国家が適宜補助を行う」とされた。とりわけ，農村地域では汚染された河川の表流水が浸透しやすい浅い井戸水を直接飲用しているところが多く，飲用水の汚染源を絶つことで健康被害を防ぐことが図られたのである。費用については，2004年7月の汚染事故の際には国務院は水汚染の深刻な地域における飲用水問題を解決するために1000万元の補助金を支出しているものの，飲用水改善事業では原則として地方政府の負担によるとされた[21]。

　2000年代に入り，2004年に再び淮河流域における大規模な水汚染事故が発生したほか，同年には四川省・沱江にて高濃度アンモニア窒素廃水の垂れ流しによる100万人近い沿岸住民の上水供給が停止に追い込まれた事件が発生するなど，各地での水汚染事故の頻発を受けて，国は飲用水源保護を重視せざるを得なくなった（大塚 2006; 大塚編 2010）。2006年8月には，2004年11月から2005年6月にかけて水利部，国家発展改革委員会および衛生部が実施した全国の県級政府を対象とした農村飲用水安全現状調査をふまえて，「全国農村飲水安全工程"十一五"規劃」が国務院常務会議で決定された。同調査によると，全国の農村地域で3億2000万人を超える人びとが飲用水の利用が

困難となっており，そのうち地質などの自然的要因や工業汚染などの人為的要因により飲用水質基準を満たさない飲用水を利用している人びとが2億2000万人以上と7割を占めていることが明らかになった[22]。そして2006〜2010年の第11次5カ年計画期間に農村飲用水源改善事業に1053億元が投じられ，2億1208万人の飲用水源が改善されたという。事業投資額における中央：地方および自己調達の比率はおよそ6：4の割合であるが，地域別にみると東部が3：7，中部が6：4，西部が7：3というように，地域の財政力を考慮して中央の負担割合が決められていることがうかがえる。さらに2011年から始まった第12次5カ年計画ではさらに2億9810万人の飲用水源改善目標が掲げられている。こうしたなか，淮河流域においても表流水の汚染浸透がみられない深層地下水を水源とした簡易水道事業が進められている。

3．環境汚染と健康被害をめぐる政策

　以上のように，健康被害への対応として淮河流域を含め全国の農村地域において飲用水源の改善事業が行われているものの，水汚染に起因するとみられる疾病を有する患者への行政による直接的な支援や救済に関する制度整備はまだ行われていない。中国では40年間の環境政策の歴史のなかで，健康被害問題は先述した飲用水源改善事業のような対策を進める要因となることはあっても，政策課題として正面から取り上げられることはなかった（大塚2013a）。たとえば2004年に現地取材をした記者は，被害農村幹部から被害救済が放置されているとして，賠償制度の確立や健康調査を求める声があることを指摘している（徐 2004, 27-31）。また，2005年8月に報道された番組で黄孟栄村党支部書記は，CCTVのインタビューに答えるなかで，以下のような心情を涙ながらに吐露した。

「本当にどうしようもない。言っても仕方がない。慣れてしまった。・・・癌になったり，汚水を飲んだりするのは，毎日起きて顔を洗うのと同じでもう慣れてしまった。死人を埋葬し，葬式するのも慣れてしまった。もうこんな

事を言っても仕方がない・・・」。

このように，長年にわたって被害者は置き去りにされていたのであった。

環境汚染による健康被害に対する政策が始動したのは2005年になってからである。2005年に国家環境保護総局科技標準司のもとに環境健康・モニタリング処が設置された（現在は環境保護部科技標準司環境健康管理処）。そして2007年11月に環境と健康に関する初の政府計画として「国家環境・健康行動計画」（2005～2015年）が定められ，2008年11月に中国の環境問題に関する国際諮問委員会であるチャイナカウンシル（CCICED）が研究報告「中国環境・健康管理体系政策枠組」を中国政府に対して提出，そして2011年8月に国民経済・社会発展第12次5カ年規劃（2011～2015年）のもとで「国家環境保護"十二五"環境・健康工作規劃」が公布された。

「工作規劃」では，中国における環境汚染による健康被害の特徴として，①複合型汚染が深刻で，汚染の範囲が広く，暴露人口が多いこと，②暴露時間が長く，汚染物質の暴露水準が高く，歴史的に累積した汚染による健康影響を短時間で解消することは困難であること，③都市地域では大気汚染が，農村地域では水汚染と土壌汚染が環境と健康に関する主たる問題となっていること，④基礎的衛生施設の不足による伝統的な環境・健康問題が適切に解決されていないとともに，工業化と都市化の進行に伴う環境汚染と健康リスクが徐々に増えてきていること，が挙げられている。そして今後，環境汚染による健康リスクがますます高くなることが予想されるなか，環境と健康に関する全国規模の詳細な実態調査が行われておらず，被害実態が不明であることが関連政策の形成と展開を困難にしているとの認識が示されている。

そのうえで「工作規劃」では今後5年間で必要とされる事業予算25億3200万元のうち，環境・健康調査に18億5000万元と7割が当てられており，実態把握に重点が置かれている。その先行例が淮河流域における疫学調査である。

2004年のCCTVの報道および他地域における癌多発村に関する報道を受けて，温家宝総理は衛生部と国家環境保護総局に対して淮河流域における水汚染と癌多発との関係に関する調査を指示し，衛生部疾病予防管理センター

(CCDC) が中心となって大規模な疫学調査を開始した。2005年にまず上・中・下流から各1県が選ばれ，3県計268万人が対象となった。上・中流の対象となったのは癌多発村の存在が報道された河南省周口市沈丘県と安徽省宿州市埇橋県であった（下流の1県は洪沢湖沿岸の盱眙県）。過去30年間の人口統計と各戸訪問調査により，以前は癌の低発生地域であった同2県が現在は多発地域となっていること，癌死亡率については河川沿岸住民のほうが対照地域住民に比べて高いことを突き止めた。これは水汚染と癌多発の相関関係に関する国による初の実態調査であったが，当時は公表されなかった[23]。

　この調査報告を受けて，衛生部と国家環境保護総局（現在の環境保護部）は同流域における癌予防対策方案を策定した。CCDC は対策方案に基づき流域14県に対象を広げ，水汚染と癌多発との関係に関するより詳細な疫学調査を実施し，2009年に報告書をとりまとめた。さらに，第11次5カ年計画期（2006～2010年）の科学研究プロジェクトとして淮河流域における過去30年間にわたるアンモニア窒素，BOD（生物学的酸素要求量），COD といった代表的な水環境質指標と消化器系癌による死亡率の変化について相関関係の分析を行い，その成果を2013年に電子版地図集として出版した（楊・庄 2013）[24]。それよると，この30年間で沙潁河をはじめ長期にわたって激甚な水汚染状況に置かれてきた複数の地域において，消化器系癌（とくに肝臓癌と胃癌）の低発生地域が多発地域に転じ，その死亡率も全国平均のペースよりも急上昇したことが実証された。

　このように，淮河流域における水汚染の深刻化に伴う健康被害についてはその実態が徐々に明らかにされてきているものの，未解明な点も少なくない。たとえば流域の水汚染と癌多発との関係については，重金属の影響や生物学的・病理学的メカニズムの解明が待たれるところである。

第3節　水汚染被害の現場における NGO の実践

　前節では淮河流域における水汚染の深刻化とそれによる健康被害の拡大に対する政府の対応過程をみてきた。以下本節では，水汚染被害の現場での社会対応を明らかにするため，政府主導ガバナンスとの相互作用に留意しつつ，現場で継続的に活動を行ってきた NGO のひとつである「淮河衛士」[25]の実践過程を明らかにしていく。

1.「生態災難」の社会的認知の醸成

　「淮河衛士」は河南省周口市沈丘県にて地元のフォトジャーナリストが立ち上げた団体の通称名であり，2003年には同県科技局および民政局に民間非営利組織「淮河水系生態環境科学研究中心」として正式に団体登記を行っている[26]。同団体は代表とその子2人の父子3人を中心にした中核的活動者9人に加えて，設立以来10年のあいだに同団体の活動への参加の際に登録したボランティア延べ1083人が重要な人的資本となっている。また活動資金には特定のプロジェクトに対する国内外の助成金のほか，NGO 代表が獲得した賞金や個人・団体からの寄付を当てている[27]。

　淮河衛士の活動は，淮河流域における水汚染被害の実態を写真として記録するとともに，写真をとおして被害の実態を国の指導層並びに広く人びとに知らしめることから始まった。そのきっかけとされているのが，淮河流域水汚染防治暫行条例に基づき1997年末には「流域すべての企業の排水基準を達成」したはずの沙潁河にて，岸辺に打ち上げられたおびただしい死魚の帯など深刻な水汚染の状況を同団体代表が目の当たりにしたことである。その際に，政府の対策の実効性に疑問をもち，流域の水汚染問題の真相について写真をとおして解明したいと考えたという[28]。そして1999年から同代表はフリーのフォトジャーナリストとして，中央環境行政の機関誌である『中国環境

報』の支持を得て，沙潁河の上流から淮河本流の下流までの20数県を踏破し，1万点余りの流域水汚染状況の写真を撮影した。そのなかで，1999年に沙潁河から100メートルも離れていない中学校の教室で整然と授業を聴いている子どもたちが，河川からの「猛烈な耐え難い臭気」（霍 2005）を防ぐためにマスクやサングラスをしている様子を写真に収め，「花々の汚染への抵抗」と題名をつけた。これは2000年6月5日の世界環境の日にCCTVが放送した特別番組「水汚染，私たちがともに向き合う」で紹介され一躍有名になった。番組放送後，中学校が所在するW村は省政府の計らいで39万元の予算を得て，600メートルの深井戸を掘ることができたという（徐 2004）。

　また，同代表は，流域の村落を訪問するなかで，以下のように癌を含むさまざまな疾病が多発している，いわゆる「癌の村」が少なくないことに気づく。

「黄孟営村には16の溜め池があり，黒く汚れ悪臭を放つ淮河の水を，幹線用水をとおして溜め池に引いている。ある一家は溜め池のそばに住み，最も早くから汚れた水を飲み，また汚れた溜め池の水で毒死した魚をよく食べた。ついに一家4人が3年のうちに癌で亡くなった。村人はこの家を『絶戸』と呼んでいる。・・・たったひとつの小さな村，黄孟営村で，近年すでに116人の村民が癌で亡くなり，84％の村民が毎年下痢を起こし，多くの妊娠適齢期の夫婦が不妊症となり，ある婦人は子どもを生んだものの，健康ではない。35人の児童が先天性の疾病，知的障害，奇形に侵されている。その後数年の調査でわかったことは，黄孟営のような村は少なくとも100はあるということだ」（霍 2005）。

　そして，「現地でこれまで起こったいかなる時期の災難をも越えており，戦争，伝染病，飢饉すべて比べものにならない」としてこのような状況を「生態災難」と呼んだ（霍 2005）。

　同団体代表は2001年に中共宣伝部，国家環境保護総局，国家広電総局が北京で挙行した「環境警示教育図片展」にて20数点の作品を出し，そのうち「汚染がもたらした腫瘍村（癌の村）」が3等賞を獲得した（趙 2002）。また，

2003年にはその写真が，国家環境保護総局が主催する第6回杜邦杯環境好新聞（撮影類）の1等賞を受賞した[29]。これら同団体代表が記録した写真は，新聞やテレビなどの既存メディアだけではなく，同団体が当時開設していたウェブサイト（現在は閉鎖しテキスト中心のブログに移行）にて国内外から多くアクセスされた。また，北京の15校の大学で写真展を行ったのに続き，安徽省をはじめ他都市でも写真展を開催し，多くの人びとが訪れ写真をとおして淮河流域の「生態災難」の実態を知るところとなった。このように同団体の撮影活動は，個別の報道・出版機関だけではなく国の環境警示教育活動（第2節1参照）に呼応するかたちで国の宣伝部門からも公認されるようになった。こうして淮河流域における「生態災難」の実態は広く社会的認知を得ることができたのである[30]。

2．排水モニタリング活動の展開

淮河衛士代表は，政府の水汚染対策の実効性に疑問をもって始めた撮影活動のなかで，企業の排水行為をめぐるずさんな実態についても知るところとなった。1993年から強化されてきたはずの中央の地方に対する監督検査活動の現場では，ある工場は地下水をくみ上げて処理汚水にみせかけたり，ある地方では市場で活魚を買ってきて川に放流したうえで再び網ですくい上げて水質が改善されたことを示したり，またある地方では上流のダムからきれいな水を購入して沙穎河に流すなどの虚偽隠蔽工作がなされてきたことを耳にしたという。1998年に中央8部門の合同検査団を迎えたある村の党支部書記によると，村人は船に乗り込み上流で検査団を待ち受け，検査団が来るのにあわせて船をこぎ出し，「1997年の基準達成は嘘だ，汚染に反対し生存を求める，沈丘の100万人を救ってください。きれい水が放流されると，それが合図だ，上級指導幹部がまもなくやってくる（放清水，是信号，上面検査快来到）」という横断幕を掲げ，検査団に水汚染問題が隠蔽されていることを訴えたという（徐 2004, 30)[31]。そして2000年に同代表はCCTVの取材を受けた

際に，淮河流域の水汚染状況を初めて表に出て訴えた。しかし同年は「最もつらい時期であった。誰かに殴打されたことも，カメラを壊されたこともあり，何度も匿名の脅迫電話を受けたり，公安局から事情聴取されたりした」（霍 2010a）という。しかし，淮河流域における政府による水汚染対策の実効性が上がらない理由には，「おもに高層と基層のあいだで環境情報に対する把握や環境保護に対する態度が一致しないこと」にあり，「誰かが表に出て発言することが必要」であると考えたのである（霍 2010a）。

第2節1で述べたように上からの監督検査活動が強化されるなか，2003年に沙穎河で最大の汚染源とされた蓮花味精集団が，未処理の廃水を隠しパイプをとおして河川に垂れ流しているとして国家環境保護総局から行政処罰を受け，項城市環境保護局局長は免職処分となった[32]。しかし，その後も同集団の工場から廃水が垂れ流されていた（金 2010)[33]。そして，2004年7月に大規模な水汚染事故が起きた際に，同団体代表はメディアの取材に対して「10年で汚染を処理するのは夢にすぎなかった」と無念な想いを語った（立 2005）。

2004年に淮河流域において大規模な水汚染事故が発生し，メディアから政府の水汚染対策の実効性に疑問が呈されるなか，2007年に国家環境保護総局は淮河流域を含めて環境アセスメントを経ずに操業している工場が立地する地域に対して開発許可制限措置を発動し（第2節1参照），沙穎河流域都市の周口市もその対象となった。こうした国の姿勢に呼応するかたちで，淮河衛士は企業排水モニタリング活動について国との連携を図るようになった。2008年7月に同団体は沙穎河で死魚や泡沫がみられることから，流域のいくつかの地点に配置した排水モニタリングの監督員をとおして沙穎河から汚水団が流下して下流に影響を与える危険性を察知し，淮河水利委員会に通報し情報提供を行った（霍 2010a）。また同団体は，2010年2月の春節期間に，監督員をとおして上流の企業の排水垂れ流しを突き止め，追跡調査を行うとともに，環境保護部に通報し，違法排水を制止したという（金 2010）。淮河衛士の環境保護監督員によるモニタリングは，あくまで目や鼻など人間の五感

に頼るものであるが，同団体が淮河流域に配置したモニタリング地点は計8カ所あり，流域延べ800キロメートルをカバーしているという（肖 2012）。

　また，2003年に国家環境保護総局から行政処罰を受けた蓮花味精集団は，2005年に日本資本が撤退し，経営陣が交代した機会に，淮河衛士は，以前敵対関係にあった同集団との対話を進めながら，廃水処理基準の遵守を求めていったという[34]。その後，2007年に同集団が立地する項城市が環境保護部による流域開発許可制限措置を受けるなど，企業廃水処理への国からの圧力が高まるなか，同集団は廃水処理方法を高度化するとともに処理後の汚泥を肥料として再利用する取り組みを始めた[35]。さらに2007年4月に「環境信息公開弁法（環境情報公開弁法）（試行）」が公布（翌年5月に施行）されたことによって，企業の環境情報公開に対してメディアの注目を集めるようになった（大塚 2008）。

　こうした国の政策変化のなか，同集団は淮河衛士の求めに応じて，同団体の監督員による工場内への立ち入りを認めるとともに，廃水処理場の門前に同団体の名前を入れた廃水基準値の達成目標を明記したプレートを掲げるようになった。このような淮河衛士と蓮花味精集団との対話は「蓮花モデル」と呼ばれる。2009年には項城市にて同団体と北京環境友好公益協会との共催により開催されたワークショップ「公衆参加，（協働）モデル刷新」において，全国からNGOや専門家が参加するなか，双方からこれまでの取り組みが紹介され，この対話と協働の試みは多くのメディアから注目されるところとなった。その後，淮河衛士は同市の皮革製造企業とも同様の紳士協定を結んでいる[36]。

　同団体代表は，「『政治問題』『不安定分子』『良好な形勢を否定する』などのレッテルをはられる」など抑圧される状況下では「環境権の維持・保護」（環境維権）を図ることは容易ではないとして，「私たちは裁判で負けてはそのあと何もできなくなる」「環境権の維持・保護をバランスよくすることは成功とはいえない。いくら賠償金を勝ち取るかではなく，最終的に環境質が改善されるかどうかをみるべきだ」（霍 2010b）と考え，訴訟ではなく対話を

とおして企業の環境改善を求めている。

 3．被害救済への取り組み

　淮河衛士は，流域村落に足を運び撮影活動で訪れるなかで，村々で癌による死亡，奇形児，先天性の神経障害など深刻な健康被害があること，そしてどの村にも下痢や消化器系癌など水との関係が疑われる疾病が共通してみられることから，健康被害が流域の水汚染問題に原因があるとの確信をもつようになった。しかもその広がりは，「地図を広げて任意の村を指すと『癌の村』である」（同代表）という状況であり，同団体が所在する県だけでも100以上はあると考えられた[37]。実際に足を運んで癌が多発する村であることを確認できたところを地図上に赤い点でプロットしていくと，河川・用水路上に赤い帯が何本も並ぶ状態であった。
　このような面的な被害について一民間非営利団体だけで全貌を実態解明することには自ずと限界がある。2004年にCCTVなどで「癌の村」の実態が続々と報道されるなか，温家宝総理は衛生部と国家環境保護総局に対して，水汚染と癌との関係を明らかにするよう指示をしたことで，2005年から同県においても国による疫学調査が行われるようになった（第2節3）。この時，疫学調査を指揮した当時CCDC副主任であった楊功煥教授によると，調査の設計にあたりメディアで積極的に発言していた淮河衛士代表から現地でヒアリングを行い，その時，同代表が把握している情報を得たことで適切な調査設計が可能となったという。楊教授がその際に重視したのは，単に現地の地理感覚や，どの村で癌が多発しているかという情報だけではなく，同代表が実践をとおして体得した環境と健康をめぐる諸条件やその具体的な地理的分布に関する情報であった[38]。その時から開始された一連の調査の一部は2013年6月に楊教授らによって淮河流域における水汚染と消化器系癌死亡率との相関関係についての電子地図集として公表された（楊・庄2013）。
　また淮河衛士は，被害者に対する「救助」活動として，内外の資金を集め

て患者に対する治療費の援助や健康診断も行っている。同団体は設立以来，100万元余りの寄付を集め，200人余りの癌患者に対する医療費の援助や39人の先天性心臓病児童の手術に対する援助を行ってきたという（2013年8月時点）。健康診断については，衛生部が「淮河流域癌症綜合防治工作項目」（淮河流域癌綜合防止対策プロジェクト）において，癌の早期発見・早期治療のための診断事業を行うようになった（貝 2007; 霍 2010a）[39]。しかしながら，患者に対する政府の直接的な救済措置はいまだ行われていない。第2節3で述べた「国家環境保護"十二五"環境・健康工作規劃」においても，救済制度については「環境汚染による健康被害に対する補償制度の研究を行う」という段階である[40]。

4．飲用水源の改善

他方で，健康被害の原因と考えられる飲用水源の改善については，政府もNGOもともに力を入れている取り組みである。しかし，政府が淮河流域の農村地域で進めている飲用水源の改善は，深さ100メートルを超える深層地下水を水源とする深井戸の掘削と簡易水道施設の設置であるのに対して，NGOは既存の地下水源を利用した「生物浄化装置」の設置を独自に進めているという相違がある。

淮河衛士は2004年から癌多発村の各家庭に小型の簡易濾過装置の配布を行いながら，汚染水源の浄化法の試験開発を行ってきた。2008年には癌多発村のひとつにて，国の生活飲用水基準を満たす「生物浄化装置」の導入に成功した。「生物浄化法」は日本のNPO法人・地域水道支援センター理事長の中本信忠氏らが推進する微生物による自然浄化機能を重視した緩速濾過法である（中本 2005; 保屋野・瀬野 2005）。これは19世紀に下水が流入してどぶ川と化したテムズ川からの給水を可能にした技術である。日本においては歴史的・制度的要因から必ずしも主流の浄水技術とみなされてこなかったものの，日本の一部浄水場，小規模集落水道，途上国への技術援助等において実績が

表2　生物浄化装置の設置状況

	村落	水系	人口規模（人）	戸数規模（戸）	設置年	水源水深（m）	給水能力（t/日）	装置世代	建設費用（万元）	資金源	管理小組（人）
1	XW	泥河	500	100	2008	15	6	第一	1.5	自費	5
2	HZ	泥河	700	130	2009	40	7～9	第二	2	国内寄付	4～5
3	ZG	汾泉河	1,600	286	2009	30	7	第二	1.5	海外基金	5
4	XZ	汾河	670	100	2009	30	7	第四	1.5	世界銀行	5
5	DS	穎河	1,650	350	2009	30	7～9	第四	2.5	海外基金	4
6	MT(1)	穎河	1,000	160	2010	30	12	第四	2.5	国内寄付	5
7	MT(2)	穎河	1,000	160	2012	30	17	第五	4	国内寄付	5～6
8	ZZ	穎河	1,500	350	2012	40	17～18	第五	3.8	国内寄付	再編成中
9	DW	西蔡河	1,100	250	建設中	40	15	第五	4.2	国内寄付	-

（出所）2013年3月および同年10月調査に基づき筆者作成。
（注）人口，戸数はおよその規模である。装置世代については，最初に開発したものを「第一世代」，その後改良するごとに「第二世代」「第三世代」…と呼ばれている。

ある「成熟技術」である。淮河衛士は，CCTVの放送をみて現地を訪ねてきた日本在住の中国人エンジニアを介してこの技術を知り，癌多発村のひとつにて共同で技術開発を行った。そして，各地域で地下水源の状況が異なることから，多様な水源の状況に対して試行錯誤による改良を重ね，内外の資金を集めて安価で小規模な浄化装置の自主開発に成功したのである[41]。2013年8月の段階で県内に27村27基の装置を設置している。

表2は，筆者が淮河衛士と共同で行った生物浄化装置の設置状況調査を整理したものである。給水能力からみると1日当たり6～18トンであり，ひとつの村落の飲用水を十分賄うことができる。また，政府の飲用水事業による深井戸を水源とする簡易水道と異なり，蛇口は共用でひとつしかないが，街路沿いなど村民がアクセスしやすいところに設置されているために，いつでも無料で飲用水を使うことが可能である[42]。さらに建設コストが小さく分散型であることも深井戸の簡易水道とは異なるメリットである。また，水源の持続可能性についてみると，深層地下水は浅層地下水に比べて水の補給は緩慢であり，枯渇するリスクがある。さらに同県では深層地下水にフッ素が多く含まれている地層にあることから，長期飲用によるフッ素中毒の危険性も

指摘されており[43]、そうした観点からも生物浄化装置による飲用水供給のほうがより安全であると考えられている。

　他方で生物浄化装置については、小規模分散型施設であることから集中的かつ効率的な維持管理がしにくいという問題がある。これに対して淮河衛士は、各村で4～5人の村民による「管理小組」を組織し、研修や相互交流を行いながら、管理小組による自主管理システムを構築することを試みている。ただ、多くの村落では働き盛りの青年・壮年層が出稼ぎに出ており、管理小組の高齢化や人手不足の問題に直面している。淮河衛士は将来的には生物浄化装置の維持管理をとおして管理小組を中心とした村民が地域の環境保全活動に自主的に取り組むようなメカニズムをつくることを展望しているが、乗り越えなければならない課題は多い。

　また生物浄化装置の建設コストが比較的小さいとはいえ、やはり一定の資金が必要となる。同県だけでも100以上あると考えられる癌多発村にすべて行き渡るにはそれ相応の資金と人力が必要となる[44]。しかしながら、政府の飲用水源改善技術を指導する水利行政部門は生物浄化法を採用していない。飲用水改善においてはNGOと政府の取り組みは相互補完的ではあるものの、連携・協働関係はまだ構築されるまでに至っていない。

第4節　政策と実践の相互作用

　以上2節にわたって、政府主導の政策とNGOによる実践についてそれぞれみてきたが、ここで改めて政策と実践のあいだの相互作用にみられる特徴を検討しておきたい。

　淮河流域における水汚染問題の解決に向けた政府主導のガバナンスは、地方環境政策の実施状況の改善のために行われた上からの宣伝活動（キャンペーン）が中央指導層の注目を得ることで、中央主導のさらなる対応を促すとともに、当該流域で始められた対策が全国レベルでの政策に発展し、その

ことで当該流域の対策が促進されるという再帰的な展開のなかで強化されてきた。しかしながら，健康被害対応については，飲用水源改善事業と被害実態の把握が行われているものの，被害救済への取り組みは遅れている。被害救済は政府主導のガバナンスを強化していく再帰的プロセスから抜け落ちていたのである。しかも淮河流域における水汚染被害は，蓄積性，遅発性，複合性，不確実性，不均一性を特徴とする生態環境災害というべき様相を示しており，実態の全容を把握するのも容易ではない。

　他方で，水汚染被害の現場では，地元のフォトジャーナリストが設立したNGO「淮河衛士」が「生態災難」の社会的認知の獲得，排水モニタリングの活動，被害者の医療救済および独自の飲用水源改善事業を行ってきた。同団体代表は，淮河流域において政府による水汚染対策の実効性が上がらない理由として，「おもに高層と基層のあいだで環境情報に対する把握や環境保護に対する態度が一致しないこと」を挙げ，その不一致状況を解消するために「誰かが表に出て発言することが必要」であると考えた。その思想は，写真をとおして広く現場の実態を知らしめるとともに，積極的にメディアに露出して「発言」するという戦略として体現している。また，その活動がしばしば妨害される状況下では，訴訟ではなく対話をとおして，企業の環境改善を求めていくことが得策であると考えられている。

　このようなNGOの実践を政府主導の政策との相互過程からみていくと，国による「環境警示教育」，NGOの活動，メディアの報道が互いに「共鳴」することで，NGOが提起した「生態災難」というフレーミングが社会的に広く受容され，そのなかでNGOによる排水モニタリング活動が国による監督検査活動に呼応し，さらにメディアが報道するという好循環な政治的社会的圧力のもとで，企業がNGOに協力する関係が形成されているとみることができる。他方で，環境汚染に伴う健康被害に対する取り組みについては，むしろNGOの活動を政府の調査や対策が後追いしている状況にある。淮河流域の生態災難をめぐる政府主導の政策とNGOの実践は，このようにガバナンスにおける高層と基層の垂直的重層関係のなかで相互作用をみせながら

展開されているのである。

　ここで，周辺から中心への異議申し立てが困難な現代中国の政治社会体制のなかでも，地元 NGO の活動が一定の公的および社会的認知を得て展開が可能なのは，中国社会自体が，すでに「産業社会」から「リスク社会」（ベック 1998）へ移行する過程にあるからだと考えられる。産業社会がもたらすリスクを必要悪と考えるのではなく，そのリスクがもたらすさまざまな影響を回避・軽減するような作用が政府主導で行われるようになったことがまず重要である。また，そのことが，現場における社会生態的実態の観察とその克服に向けた実践を基軸とする NGO の活動可能な空間を生んでおり，さらに政府，メディア，NGO のあいだの共鳴によって「公共圏」（齋藤 2000; 竹沢 2010）が形成され，「リスク」を生産する側である企業から協力を取り付けることが可能になったと考えることができる。他方で，この「公共圏」は政府による警戒を呼び起こしている。外部からの現地への取材はとくに地方政府から依然として歓迎されておらず，地元 NGO 代表もまた慎重に対応せざるを得ない状況にある。ここに政治的社会的抑圧下で形成されてきた公共圏の現代中国的特質をうかがうことができる。

　また，淮河流域の水汚染被害をめぐるガバナンスの展開のなかで，基層における NGO の実践をとおした，いわば「社会生態的知」が，生態災難の社会的認知の形成，政府による疫学調査の実施などにおいて重要な役割を果たしていることが注目される。飲用水源改善については，政府は深井戸を水源とする簡易水道整備を全国的に進めているが，地下水源の持続可能性やフッ素中毒のリスクなどが懸念されている。それに対して，NGO は浅層地下水源を自然界に存在する微生物の作用を利用して浄化する小規模分散型の生物浄化施設を導入・普及している。これは地下水源の持続可能性に加えて，村民の飲水へのアクセス性を確保するという地域の社会生態的条件に適応した創発的なエンジニアリングである。

　ここで NGO の実践の基盤となっている社会生態的知は，日本における水俣病の教訓においてもその重要性が指摘されてきたことが思い起こされる。

水俣病の発見から公式認定までいたずらに長い年月を費やした背景にはその原因をめぐる科学論争があった。熊本・新潟の水俣病被害地域の第一線で問題究明に精力的に取り組んだ衛生工学者の宇井純は，人間と環境の相互関係を観察する生態学的方法から健康に影響を及ぼす原因を浮き上がらせる疫学的な探求が重要であることを指摘するとともに（宇井 1968, 31-35），ひとりの漁民が語った「ネコのたたり」が新潟の水俣病の地震説を退けるきっかけになったと回顧している（宇井 1983, 10-11）[45]。また，熊本で水俣病患者に寄り添ってきた医師である原田正純も，早い段階からネコの狂い死にが村民のあいだで目撃されてきたと指摘している（原田 1972）。このように，人間と自然との関係をめぐる危機的変化を把握するには，近代科学的方法だけではなく，自然と緊密な関係のなかで実践を積み重ねてきた人びとが獲得した「実践知」もまた重要であることは日本の経験からも示唆されてきたのである。

淮河流域における水汚染被害もまた，こうした社会生態的知が早くから政策のなかで生かされることができたならば，拡大をある程度防げた可能性がある。また飲用水源改善をめぐっては，NGOによる実践の基盤となっている「社会生態的知」と政府の対策・事業の基盤となっているいわば「工学的知」のあいだに溝があるのが現状である。

おわりに

淮河流域は，自然条件および社会経済的条件が東部地域のなかでも不利な立場に置かれてきた地域であるが，1970年代以降は水汚染問題の深刻化という新たな負の要因が重なり，「生態災難」と呼ばれるような状況に陥った。政府は1970年代に顕在化した淮河流域の水汚染問題に対して，水利行政部門を中心に流域水環境保全の取り組みを開始したものの，水環境の悪化を止めることができなかった。その後環境政策が発展する過程で，淮河流域は国の

最重点汚染対策水域となった。淮河流域の水汚染問題は癌による死者の増加という深刻な健康被害を伴っていることから，水汚染対策のみならず，健康被害への対応も求められる。このようななか，地元のフォトジャーナリストが設立したNGO「淮河衛士」により一被害地域で展開されている活動が，政府主導の政策と相互作用をみせながら，水汚染対策を促進しつつあることをうかがうことができる。しかしながら，健康被害への取り組みや飲用水源改善をめぐっては，NGOの実践と政府の対応がうまく接続していない状況である。

　淮河流域における水汚染問題の解決に向けた政府主導のガバナンスは，地方環境政策の実施状況の改善のために行われた上からの宣伝活動が中央指導層の注目を得ることで，中央主導のさらなる対応を促すととともに，当該流域で始められた対策が全国レベルでの政策に発展し，そのことで当該流域の対策が促進されるという再帰的な展開のなかで強化されてきた。他方で水汚染被害の現場では，地元NGOが「生態災難」の社会的認知の獲得，排水モニタリングの活動，被害者の医療救済および独自の飲用水源改善事業などを行っており，こうしたNGOの活動と国による環境宣伝教育活動やメディアの報道とが互いに共鳴することで「公共圏」が形成され，そのもとで一部企業の協力も得られつつある。

　ここで残された課題として以下の2点が挙げられる。ひとつは，淮河流域の生態災難をめぐってNGOの実践を可能にしている「公共圏」は，欧米で想定されているような自由な空間ではなく「抑圧された公共圏」であるという点についてである。そのことが，生態災難の最も核心的問題である被害救済の問題に十分光が当てられていない要因となっている可能性がある。そこには本論において十分に扱うことのできなかった地方政府の役割を含めた構造的な問題が横たわっている。また，飲用水源改善において，NGOが社会生態的知を基盤として開発普及を進めている創発的なエンジニアリングは，水資源の量・質ともに持続可能な方法であり，かつ財政的負担も少ないにもかかわらず，政府事業では受け入れられておらず，量・質ともにリスクのあ

る深層地下水源の開発を進めているという問題である。ここには技術選択の経路依存性（ロックイン）を含めた「構造災」（松本 2012）の潜在的危機が見え隠れする[46]。これらの問題については，日本の関連する経験とも交差させながら引き続き検討を行っていきたい。

〔注〕

(1) 癌の村に関する先行研究としては，張（2006），陳・程・羅等（2013）などがある。
(2) たとえば，環境政策過程については大塚（2002; 2008; 2012a）や大塚編（2010; 2012），環境NGOや環境運動については，Economy（2004），相川（2012），大塚（2012b）を参照。
(3) 「生態災難」（霍 2005），「生態環境災難」「累積性災難」（張 2012, 223-238）など，中国において生態環境問題の深層化によって広範囲にわたって環境破壊や健康被害が生じているような状況を本章では「生態環境災害」と呼ぶ。ただし，淮河流域における特定の文脈を示す場合にはローカル・タームとして「生態災難」と原語をそのまま用いている。
(4) これは社会—生態システム（Social-Ecological System: SES）論における「resilience」（レジリエンス，回復力）に着目した研究と通底する。従来の環境ガバナンス論によるアプローチとSES論によるアプローチの相違については本書序章を参照。
(5) 筆者はNGOに協力する一研究者として，2004年8月，2005年7月，同年11月，2012年8月，2013年3月，同年10月にそれぞれ短期間の現地訪問を行い，NGOに随行しながら聞き取りおよび参与観察を行った。2011年までの調査経緯については大塚（2005b），大塚ほか（2006）を，2013年3月までの現地状況については大塚（2013b）を参照。なお，2013年3月調査は，人間文化研究機構連携研究「自然と文化」分担課題「中国の環境政策の変遷とガバナンス」の野外調査として実施した。
(6) 淮河流域の概況については，水利部淮河水利委員会・《淮河誌》編纂委員会（2000），淮河水利委員会（1996）などを参照。
(7) 国家統計局住戸調査弁公室（2012）によると，河南省の国家貧困重点対策県31県のうち11県が，安徽省の同対象県17県のうち11県が淮河流域に位置している。淮河流域の行政区域については李・王・張（2007）を，全国における国家貧困対策重点県の状況については厳（2011）を参照。
(8) 以下本項は，大塚（2012a）の一部を加筆修正した。
(9) それぞれの基準超過率は揮発性フェノール35.21％，シアン26.2％，砒素21.7

％，六価クロム５％である（なお水銀については項目が挙げられているものの，数値欄は空欄となっており，評価は不明である）。

⑽　郷鎮工業汚染源の取り締まりが本格化した1990年代のデータでは，COD（化学的酸素要求量）排出負荷量が最も多い郷鎮工業として，製紙，澱粉・酒造，染色，皮革，化学などが挙げられている。さらに電気メッキ産業からは六価クロムが排出されていた（『中国環境年鑑』1995年版, 146）。

⑾　以下本項は，大塚（2013b）の一部を加筆修正した。

⑿　黒河流域については地下水汚染と癌等の疾病との相関関係に関する調査研究報告も程等（2011）にまとめられている。しかし一部のデータの調査年次が明記されていないなど，調査研究報告書として不完全な所が散見される。

⒀　以下，1996年までの政策展開については大塚（2002, 39-41）を参照。

⒁　『中国青年報』1994年８月４日付け写真記事（題名なし），『人民日報（華東版）』同８月13日付け「読者来信」面記事。

⒂　第９次５カ年計画166億元，第10次５カ年計画255億9000万元，第11次５カ年計画306億6500万元。「淮河流域水汚染防治規劃及"九五"計劃」「淮河流域水汚染防治"十五"計劃」「淮河流域水汚染防治規劃（2006-2010年）」「淮河流域水汚染防治"十二五"規劃編制大綱」を参照。

⒃　2001年４月19日に，中共中央宣伝部，国家環境保護総局，国家ラジオ・テレビ・映画局が合同で「全国環境警示教育活動に関する通知」を各地方の党宣伝部門，環境行政部門，報道行政部門に対して下達した。これは2001年に朱鎔基総理が日中友好環境保全センターを視察した際の指示が発端になっているとされている（『中国環境年鑑』2002年版, 321）。

⒄　新華網ウェブサイト「新聞中心─時政最新播報」2005年５月１日付け記事（http://news.xinhuanet.com/newscenter/2005-05/01/content_2902101.htm, 2014年１月23日アクセス）。

⒅　新華網ウェブサイト2007年９月23日付け記事（http://news.xinhuanet.com/environment/2007-09/23/content_6780355.htm, 2014年２月14日アクセス）。

⒆　国家環境保護総局ウェブサイト（http://www.sepa.gov.cn/）「新聞発布」2007年７月３日～９月30日関連記事。

⒇　質問票調査は2011年１月に，平頂市，漯河市，周口市，蚌埠市，阜陽市，徐州市，宿州市，宿遷市，淮安市の９つの地区級市において水質に関して665通，汚染排出状況について230通の調査票が配布され，それぞれ645通，220通の有効回答が得られている。

㉑　『治淮匯刊』（1995年版, 124, 145）。その後，飲用水源改善のために第９次５カ年計画で２億4000万元，第10次５カ年計画で3億9000万元投じられたとされる（「淮河流域水汚染防治"十五"計劃」「淮河流域水汚染防治規劃［2006-2010年］」）。

⑵ 同規劃および周英（2006）を参照。
⑶ 『中国衛生年鑑』（2006年版, 181-182）および楊功煥教授（元 CCDC 副主任，現中国医学科学院基礎医学研究所教授）へのヒアリング（2013年1月）。
⑷ 癌死亡率のデータは1973～1975年のデータと2004～2006年のデータしか得られなかったとされる（同上ヒアリング）。
⑸ ほかに安徽省合肥市に本拠地を置くNGO「緑満江淮」が活動しているが，活動対象地域は淮河流域だけではなく，同省の巣湖流域も対象にしている。また「淮河衛士」が水汚染被害が激甚な県内に拠点を置いているのに対して，「緑満江淮」は被害地域から離れた省都に拠点を置いている。
⑹ 中国ではさまざまな制約があるものの，NGO／NPOは，地方あるいは中央において「社会団体」または「民弁非企業単位」として団体登記が可能である（中国のNGO／NPOの登記制度，民間非営利組織については大塚2012bなどを参照）。中国でのNGOは，日本では国際協力を行う民間組織を想起するNGOよりも，国内でさまざまな公益活動を担うNPOに近いが，国外からの資金援助を受けている団体が多いという特徴がある。中国における民間非営利団体については，中国では「NGO」と表記されることが多いことから，本章でも原則として「NGO」と表記する。
⑺ 淮河衛士2013年8月作成資料。なお同資料では，「正式職員労働者（正式員工）人数9名」とあるが，同代表によると，すべて固定したオフィスでの常勤者とは異なるとのことであるから，本章では「中核的活動者」と表記した。
⑻ 以下，霍（2007; 2008; 2010a; 2010b）を参照。
⑼ 環境保護部ウェブサイト「第六届"杜邦杯"環境好新聞（撮影類）」2004年2月26日付け記事（http://xjs.mep.gov.cn/shbz/duban/200402/t20040226_88568.htm, 2014年1月20日アクセス）を参照。
⑽ 淮河流域の水汚染被害に関する淮河衛士の活動とジャーナリストの協働関係については胡（2008）も参照。
⑾ なお，2004年8月に筆者は沙潁河流域のある村にて大きめの和紙に墨で書かれたデモ幕が保管されているのをみた。そこには，「官僚がきれいではないので水もきれいでない，官僚もきれいになれば水もきれいになる，願わくば官僚もきれいになり，水もきれいになってほしい」（官不清水不清　官也清水也清　盼官清盼水清）と書かれていた。
⑿ 『新華毎日電訊』2004年10月27日付け記事。
⒀ 筆者もまた2005年7月および11月に現地にて，農業用水路の下に隠された排水口をとおして生暖かく黄色く濁った廃水が用水路に流れており，また工場の隣地には大量の汚泥が野ざらしのまま広がっているのを目撃した。
⒁ 同社は日本の味の素が51％の株を有するうまみ調味料を製造する子会社であったが，同年に資本撤退している。現在味の素は独資によるアミノ酸製造

工場のみを経営している（福島 2013）。
(35) 2012年8月現地ヒアリング。
(36) 2012年8月現地ヒアリング。
(37) 2005年11月現地ヒアリング。
(38) 2013年1月北京でのヒアリング。なお，その際に地方政府担当者は同代表との面会は不要であると消極的であったが，楊教授は調査を完遂するためにどうしても必要であるという立場を貫いたという。
(39) 『中国衛生年鑑』（2009年版，160；2010年版，238）にも短い記事が掲載されている。
(40) 確かに農村医療合作制度や，「大病治病」という難病治療費補助制度が全国的に導入されているが，現地での聞き取りではその恩恵が救済の必要とする患者に行き渡っていないようであった。これについては今後の推移に注目する必要があろう。
(41) 癌多発村で最初に生物浄化装置を導入したXW村の装置に対する水源および浄水の検査結果によると，発癌性物質を生成するとされている硝酸塩の濃度が20分の1近くまで削減されている（淮河衛士資料）。しかしながら，当該地域におけるおもな発癌性物質も同定されておらず，生物学的・病理学的因果関係は明らかにされていない。
(42) その他の生活用水は浅層地下水をそのままくみ上げて利用しているところが多いが，施設の設置場所を無償で貸している村民のなかには生活用水も同じ生物浄化装置から供給される水を使っているケースもあった。その場合，無償の管理労務の対価と解釈されているようである。
(43) 「重訪東孫村：掘井400米背後」『第一財経日報』2012年12月19日付け記事。
(44) 2014年3月には駐中国日本国大使館の草の根無償協力資金を獲得し，新たに7基を設置中である（2014年11月時点）。
(45) 「ネコのたたり」とは，ネコが二代続けて死んだことを指している。そして「先代」が地震前，「二代目」が地震後に，同じような症状で死んだことから，宇井は当時いわれていた新潟水俣病の地震説は間違っていることに気づいたという。
(46) あるいは，「公共圏」もまた，迅速かつ明快な「工学的知」による解決（すなわち，深井戸を水源とした簡易水道の敷設）を求める社会的圧力を形成しているため，「社会生態的知」を生かした解決策（生物浄化装置の設置・普及）を「抑圧」しているとも考えられる。

〔参考文献〕

<日本語文献>
相川泰 2012.「中国の環境汚染抑制に寄与するNGO活動の発展」北川秀樹編『中国の環境法政策とガバナンス——執行の現状と課題——』晃洋書房 127-141.
宇井純 1968.『公害の政治学——水俣病を追って——』三省堂.
——— 1983.『検証ふるさとの水』亜紀書房.
大塚健司 2002.「中国の環境政策実施過程における監督検査体制の形成とその展開——政府，人民代表大会，マスメディアの協調——」『アジア経済』43(10) 10月 26-57.
——— 2005a.「再評価を迫られる中国淮河流域の水汚染対策」『アジ研ワールド・トレンド』(112) 1月 36-39.
——— 2005b.「中国淮河流域再訪——水汚染被害の現場からの問い——」『現代社会の構想と分析』(3) 93-107.
——— 2006.「環境政策の実施状況と今後の課題」大西康雄編『中国 胡錦濤政権の挑戦——第11次5カ年長期計画と持続可能な発展——』アジア経済研究所 137-165.
——— 2008.「中国の環境政策における公衆参加の促進——上からの『宣伝と動員』と新たな動向——」北川秀樹編『中国の環境問題と法・政策——東アジアの持続可能な発展に向けて——』法律文化社 259-281.
——— 2012a.「中国淮河流域における水環境行政の形成と発展」『アジア経済』53(1) 1月 35-58.
——— 2012b.「移行期中国における環境運動——断片的な機会と限られた資源に対する戦略——」柳澤悠・栗田禎子編『持続可能な福祉社会へ4　アジア・中東——共同体・環境・現代の貧困——』勁草書房 125-154.
——— 2012c.「中国の水環境問題」『地理・地図資料』2012年度2学期②号 帝国書院 7-10.
——— 2013a.「中国における環境汚染と健康被害に関する政策課題——淮河流域の現状を踏まえて——」『環境経済・政策研究』6(1) 3月 101-105.
——— 2013b.「生態災難からの脱却に向けて——中国淮河流域『癌の村』からの報告——」『アジ研ワールド・トレンド』(214) 7月 4-7.
大塚健司編 2010.『中国の水環境保全とガバナンス——太湖流域における制度構築に向けて——』アジア経済研究所.
——— 編 2012.『中国太湖流域の水環境ガバナンス——対話と協働による再生に

向けて——』アジア経済研究所.
大塚健司・寺西俊一・原田正純・山下英俊・礒野弥生 2006.「座談会　中国の公害被害解決をめぐる状況と日本の協力」『環境と公害』36(1)　7月 36-44.
片岡直樹 2008.「『中華人民共和国水汚染防治法』の改正過程と法案の変遷」『現代法学』(16) 12月 39-61.
——— 2010.「中国の『水汚染防治法』2008年改正の意義と課題」角田猛之編『中国の人権と市場経済をめぐる諸問題』関西大学出版部 205-239.
齋藤純一 2000.『公共性』岩波書店.
竹沢尚一郎 2010.『社会とは何か——システムからプロセスへ——』中央公論新社.
張玉林 2006.「中国農村の社会変動と環境被害」『環境と公害』36 (1)　7月 9-17.
中本信忠 2005.『おいしい水のつくり方——生物浄化法　飲んでおいしい水道水復活のキリフダ技術——』築地書館.
ベック, ウルリヒ 1998.（東廉・伊藤美登里訳）『危険社会——新しい近代への道——』法政大学出版局.
原田正純 1972.『水俣病』岩波書店.
胡勘平 2008.（大塚健司訳）「中国の流域管理と環境保全における公衆参加——NGOとマスメディアの役割——」大塚健司編『流域ガバナンス——中国・日本の課題と国際協力の展望——』アジア経済研究所 263-287.
福島香織 2013.『中国複合汚染の正体——現場を歩いて見えてきたこと——』扶桑社.
霍岱珊 2005.（大塚健司訳）「淮河『生態災難』の村々に焦点をあわせて」『アジ研ワールド・トレンド』(122) 11月 40-43.
保屋野初子・瀬野守史 2005.『水道はどうなるのか？——安くておいしい地域水道ビジネスのススメ——』築地書館.
松本三和夫 2012.『構造災——科学技術社会に潜む危機——』岩波書店.
厳善平 2011.「中国における農村貧困削減の取り組みと成果」竹歳一紀・藤田香編『貧困・環境と持続可能な発展——中国貴州省の社会経済学的研究——』晃洋書房 13-28.

＜中国語文献＞
貝斉 2007.（霍岱珊・霍敏杰 撮影）「守望淮河的新征程」『文明』2007年 第12期 80-85.
陳阿江・程鵬立・羅亜娟等 2013.『「癌症村」調査』北京 中国社会科学出版社.
程生平・趙雲章・張良等編 2011.『河南淮河平原地下水汚染研究』北京 中国地質大学出版社.
第一次全国汚染源普査資料編纂委員会編 2011.『第一次全国汚染源普査資料文集（之五）汚染源普査数据集』北京 中国環境科学出版社.

国家環境保護局弁公庁編 1998．『環境保護文件選編1996』北京 中国環境科学出版社．
国家統計局住戸調査弁公室編 2012．『2011中国農村貧困監測報告』北京 中国統計出版社．
淮河水利委員会編 1996．『中国江河防洪叢書 淮河巻』北京 中国水利水電出版社．
霍岱珊 2007．「在深度参与中感受環境信息公開」『緑葉』2007年 第10期 64-65．
―― 2008．「郷村環保――求証求解求助求変――」『緑葉』2008年 第11期 104-109．
―― 2010a．「淮河守望――一生的事業――」『緑葉』2010年 第4期 75-80．
―― 2010b．「環境維権的困境及出路」『緑葉』2010年 第9期 63-68．
金立達 2010．（淮河衛士撮影）「守衛淮河十二載――霍岱珊和淮河衛士――」『社会与公益』2010年 第2期 48-51．
立山 2005．（霍岱珊・霍敏杰 撮影）「守望淮河」『文明』2005年 第8期 81-97．
李雲生・王東・張晶主編 2007．『淮河流域"十一五"水汚染防治規劃研究報告』北京 中国環境科学出版社．
劉華蓮・王暁・楊建勛・韋俊萍・呂鳳臣・李高昇・曹広華 1995．「黒河汚染及其対人群健康効応影響的研究」『河南医学研究』4（2）133-135．
≪緑葉≫編輯部 2005．「環保総局啓動応急預案確保沿淮居民飲水安全」『緑葉』2005年 第5期 5-9．
馬俊亜 2011．『被犠牲的"局部"――淮北社会生態変遷研究――』北京 北京大学出版社．
宋国君・朱璇 2013．「淮河治汚二十年 生態仍在悪化中」自然之友編・劉鑑強主編『中国環境発展報告（2013）』北京 社会科学文献出版社 67-79．
宋国君・譚炳卿等編 2007．『中国淮河流域水環境保護政策評估』北京 中国人民大学出版社．
水利部淮河水利委員会編印 各年版．『治淮匯刊（年鑑）』．
水利部淮河水利委員会・《淮河誌》編纂委員会編 2000．『淮河誌 第二巻 淮河綜述誌』北京 科学出版社．
―― 編 2007．『淮河誌 第六巻 淮河水利管理誌』北京 科学出版社．
王暁・呂文戈・巴月・李高生・竇桂栄・付淑麗・劉華蓮 1999．「黒河上蔡段河水及飲用水的致突変正性」『河南医科大学学報』第4期 36-38．
呉海涛 2005．『淮北的盛衰――盛因的歴史考察――』北京 社会科学文献出版社．
徐楽俊 2004．（霍岱珊 撮影）「関注汚水岸的生存――河南省沈丘県沙穎河水汚染調査――」『農村工作通訊』2004年 第1期 27-31．
楊功煥・庄大方主編 2013．『淮河流域水環境与消化道腫瘤死亡図集』北京 中国地図出版社．
肖君 2012．「霍岱珊――那深情注視淮河的眼睛――」『環境』第9期 41-44．
張玉林 2012．『流動与瓦解――中国農村的演変乃其動力――』北京 中国社会科学

出版社.
趙華 2002.「一個政協委員的環保情結」『協商論壇』第 2 期 30-31.
哲夫 1998.『中国档案　上巻――高層決策写真――』北京 公明日報社.
周英主編 2006.『2006中国水利発展報告』北京 中国水利水電出版社.
中華人民共和国水利部編 2012.『中国水利統計年鑑2012』北京 中国水利水電出版社.
中国環境年鑑編輯委員会編 各年版.『中国環境年鑑』北京 中国環境科学出版社
　　（1994年版からは中国環境年鑑社より刊行）.
《中国衛生年鑑》編輯委員会編 各年版.『中国衛生年鑑』北京 人民衛生出版社.

＜英語文献＞

Economy, Elizabeth C. 2004. *The River Runs Black: The Environmental Challenge to China's Future*. Itchaca and London: Cornell University Press（片岡夏実訳『中国環境リポート』築地書館 2005年）.

終章

サステイナビリティ論の展開に向けて
――知見の総合と今後の課題――

大塚 健司

第1節 本書の問題意識

　本書では，われわれ人類は21世紀に入った今日においてもなお，長期化する生態危機に直面している，という認識から出発している（序章第1節）。ここで「生態危機」とは，1980年代に世界的な生態危機への対処に向けて組織された「環境と開発に関する世界委員会」（ブルントラント委員会）での国際的議論（環境と開発に関する世界委員会1987）をふまえて，「ローカルからグローバルなレベルにまで『網目のない織物』のように広がった経済的かつ生態学的相互依存関係のなかで，世代内および世代間における持続可能性が脅かされた状況」であるとした。また，同委員会での議論を経て編み出された「サステイナブル・ディベロップメント」（Sustainable Development: SD）の根源には，「人間の経済社会の持続可能性が環境の持続可能性に大きく規定されていることを前提としつつ，そのなかで地域環境と地球環境を現世代が保全・利用しながら将来世代にいかに引き継いでいけるのか」という「サステイナビリティ」（sustainability）についての問いが含意されていることを改めて確認した。本書は，このように生態危機と持続可能性のあいだにある表裏一体の関係をふまえて，われわれは生態危機をいかに乗り越えてきたのか，あるいは乗り越えていけるのか，現実の生態危機への人間社会の対応可能性

という観点から，サステイナビリティのあり方を探求することをめざしたものである。

本書ではこの探求を具体的に進めていくにあたり，「現実の生態危機への対応に関する経験知の総合の試み」を「サステイナビリティ論」と位置づけ，アジアにおける多くの環境ガバナンス論が注目してきた経済成長の「中心」ではなく，長期化する生態危機による脆弱性が顕著にみられる「周辺」のフィールドに注目している。その事例研究の成果が第1章～第6章である。

本書の終章として以下では，序章で提起したサステイナビリティ論の視座をふまえ，第1章以下各章で展開された論点を串刺しにしながら，知見の総合を試みるとともに，サステイナビリティ論の展開に向けた今後の課題を提示しておきたい。

第2節　知見の総合の試み

1．基層社会と高次・広域システム

本書は，これまで別々の学問領域で扱われてきたサステイナビリティという課題について，共通の枠組みで議論することを試みたものであり，またアジアの経済成長の「中心」から「周辺」に視点を移し，周辺のフィールドからのサステイナビリティ論の展開を意図したものである。これまでおもに経済成長の「中心」における開発と環境をめぐる諸問題を解決していくための政策論として展開されてきた環境ガバナンス論では，ガバナンスの中核をなす統治の仕組みやそれに対抗する社会運動が中心的課題とされてきた。それに対して周辺のフィールドから長期化する生態危機による脆弱性をふまえた環境・経済・社会の持続可能性（サステイナビリティ）をめぐるガバナンスを検討するにあたっては，①「中心周辺関係」といった空間・社会軸，②長期的な「変化」をとらえる時間軸，③人間社会システムと自然生態系の相互

作用（社会―生態システム）(Berkes, Colding, and Folke 2003) という3つの視角が重要になることを指摘した（序章第2節）。

また事例研究にあたっては，そうした視角を意識しつつ，（力点の置き方は各事例研究によって異なるものの）基層の地域社会・集団における経験や過程に着目するとともに，それをより高次かつ広域システムにおけるガバナンスの枠組みのなかで検討するという共通の方法をとっている（序章第3節）。そして各事例のあいだにみられる3つの共通要素として，主体（生業集団，農山漁村，流域社会），環境の変化（社会・環境変動，気象災害，開発災害），サステイナビリティの課題（適応・順応，維持・発展，脱却・回復）が挙げられ，それらの組み合わせは事例ごとに特徴がみられる（序章第3節図1）。

このように本書における事例研究の分析枠組みは，多角的な視点と多様な要素の組み合わせから構成されており，すべての知見を網羅的に体系化することは容易ではない。ここでは各事例研究の知見の総合の試みとして，各事例研究で共通して注目している基層の地域社会・集団（以下，基層社会）における社会過程と高次・広域システムにおけるガバナンスとのあいだのクロス・スケールな相互作用を縦糸にしながら，各事例研究で展開されたサステイナビリティの課題を整理・検討する。基層社会と高次・広域システムの関係にはサステイナビリティ論に求められる3つの視角が内包されており，それゆえ基層社会と高次・広域システムの関係のなかには複雑化した現代社会のサステイナビリティをめぐる諸問題が顕在化していると考えられる。

ここで基層社会と高次・広域システムの関係のなかで，周辺のフィールドからのサステイナビリティ論に求められる3つの視角（中心周辺関係，長期的・円環的な変化，社会―生態システム）が各事例研究においてどのように組み込まれているのかを改めて確認しておきたい。まず，基層社会（生業集団や村落）と高次・広域システム（市場，地方政府，国家）のあいだのクロス・スケールの関係には，自ずと中心周辺関係の視角が内包されている。各事例のフィールドは，経済成長の「周辺」に位置し，サステイナビリティの脆弱性が顕著であると同時に，そのなかでも分析の視点は基層の地域社会や生業

集団におかれている。また、各事例研究で視野に入れている高次・広域システムの中核にある市場、地方政府、国家については、いずれも経済成長を牽引する役割（の一端）を担う「中心」としての性格を見て取ることができる。つぎに、そのような中心周辺関係のなかで共通して論じられているのが、基層社会が、自らが立脚する自然生態系や高次・広域システムの環境の変化（災害、市場経済化、制度・政策の変更など）に対してどのように対応してきたのか、あるいは対応できるのかという課題である。ここには、本書におけるサステイナビリティ論の「変化」や「（社会—生態）システム」に関する視角が含まれていることを確認することができる。

　以下ではこのような考え方のもとで、各章の議論を横断するかたちで、主たる共通の知見を検討しておきたい。

2．実践知の多様な展開

　序章でもふれたように、基層社会における環境・経済・社会の持続可能性に着目した事例研究は、文化人類学、ポリティカル・エコロジー論、コモンズ論などにおいて行われてきており、そのなかで基層社会に対する外的インパクトの影響についても関心を集めてきた。また基層社会の外的インパクトに対する適応—非適応については、「在来知」「ローカル知」（indigenous knowledge, local knowledge）といった自然生態系のなかで育まれてきた実践知が重要な役割を果たしてきたことも指摘されてきた。

　本書の第1章（モンゴルの牧畜）および第2章（エヴェンキ族のトナカイ飼養）においても基層社会による環境変化に対する適応が論じられている。ただし、ここでいう適応は自然環境のみならず、制度や政策などを含めた社会環境を含む「多義的な環境」に順応したものであることに留意したい。また、これまで民族誌的研究やコモンズ研究で指摘されてきたように在来知やローカル知など、いわば在来の実践知が重要な役割を果たしていることが確認できる。しかも、そうした実践知は、国や地方の政策による介入（社会主義的

近代化，生態移民，銃の没収など）にもかかわらず，継承されてきた。

　ただし，このような在来の実践知は「伝統の継承」という過去から現在への時間軸上を単線的に展開しているわけではない。モンゴルでは社会主義崩壊後にみられる現代の寒雪害への対応としての移動は，それぞれの状況への「対処」として，あるときは一世帯で，あるときは人と人のつながりをとおして行われており，伝統的なオトルに多様な選択肢が加えられていることで柔軟な対応が可能となっている。さらに近年では国家が非常時草地利用制度を整備するなかで，牧畜民によるオトルを支援しようとしている。

　また，中国大興安嶺森林地帯におけるエヴェンキ族の生業環境変化への対応には，トナカイの角を市場に出すという新たな生業戦略のために，伝統的な生業技術を創発的に進化させた「内在的展開」をみることができる。

　この生業技術の内在的展開が成立するにあたって「接続性」が重要な鍵を握っている。「北方の三位一体」のうち「二位」を失うという生業存続の危機に陥ったエヴェンキ族がトナカイ飼養を持続できるのは，角を全国の中薬市場に販売することで可能となっている。すなわち市場システムと自律的に接続することで，生業技術の「内在的展開」がなされていると考えられている。そして市場システムとの接続を可能にしているのは，郷政府によるインフラ支援策などである。そこには観光市場における地方政府間の競争という現代中国の政治経済システムのなかでのインセンティブ・メカニズムが働いていることもまた示唆されている。

　このように，ふたつの事例では，自然生態系のなかで生業を営む民族集団が在来の実践知を継承しながら生業を維持していくために，自然環境の変化（気象や生態系の周期的な変化）に対してのみならず，基層社会を包摂する高次・広域システムである国家，地方政府による制度の変更や市場の意向を含めた意図せざる社会環境の変化に対して適応・順応し，接続していくことが求められていると考えられる。

　さらに実践知は，自然生態系のなかで生きる民族集団に固有のものではなく，現代の複雑社会におけるローカルなエンジニアリングにおいても重要な

役割を果たし得ることが第6章の事例から示唆される。中国淮河流域の水汚染被害地域で飲用水源改善を独自に行っているNGOは，枯渇性資源と考えられる深層地下水ではなく，絶えず補給され流動している浅層地下水を水源としながら，自然界にある微生物の自浄能力を緩速濾過装置のなかで生かす生態技術を導入し，水源の多様な地理的・水質的状況に応じて改良しながら普及を進めている。

他方で政府は，深層地下水を掘削して水源にするような工学的技術を選択している。深層地下水については枯渇リスクだけではなく，地層に含まれるフッ素による中毒リスクが指摘されているものの，NGOの実践知に基づくエンジニアリングは政策レベルではまだ受け入れられていない。ここでは技術選択の経路依存を意味する「ロックイン」（城山2007）がガバナンスの障害になっていると考えられる。自然生態系の作用を重視する実践とそれを人間が管理しようとする政策との「ミスフィット」（ヤング2008）がガバナンスの課題として指摘できる。

3．コミュニティの自律的接続性

経済成長の「中心」となる地域に比べて自然・社会経済的条件が不利な内陸地域あるいは山間地域における農村の維持・発展可能性を論じた第3章（中国）と第4章（日本）でも，厳しい自然・社会環境への適応・順応がキーワードのひとつとなっている。そのなかで基層社会としては村落コミュニティの役割とその存続・発展のための条件が論点であり，高次・広域システムとしては国家と地方の政治経済システムが視野に入っている。そして基層社会への国家の政治経済システムの浸透が進行するなかで，基層社会による「内発的な発展」や「維持可能な発展」の可能性が論じられていることが，第1章や第2章とは異なる点である。

中国内陸の張掖オアシス農村の事例（第3章）では，繰り返される干害などの厳しい自然環境条件に適応・順応するために，個人の自助努力（出稼ぎ）

や個人に対する公的援助に加えて，地域の共有資源の管理運営主体であると同時に農村基層社会の自治単位でもある「村」が重要な役割を果たしている。また厳しい自然環境条件に適応・順応しながら長期にわたり生態危機に向き合って維持・発展してきた日本の山間地域における集落は（第4章），戦後の資本主義経済の浸透のなかで，限界集落という新たな危機に直面している。全国のなかでも限界集落化が先行している高知県では，地方行政だけではなく，コミュニティもまた独自の対応が迫られている。そのなかで，従来からの集落（地区）における人と人のつながりや合意形成という基層の社会的メカニズムにも留意する必要があることが指摘されている。

　ここで共通のキーワードとなる「コミュニティ」は学術界だけではなく行政用語としても広く用いられてきたが，近年においてもその定義をめぐってさまざまな議論がなされている[1]。上記ふたつの事例ではコミュニティは実存する地域共同体としての「村」や「集落」に相当する。そこには一定の「社会的共同」（宮本 1982）が成立している。しかしながら，中国内陸農村における村では出稼ぎで一定期間不在の村民が地域への富の還元に重要な役割を果たしていたり，高知県の集落では転出した住民（他出子）や外部からの支援者（ボランティア）が行き来しながら集落維持・活性化のためのさまざまな活動が行われていたりするなど，コミュニティの社会的共同性は必ずしも自己完結しているわけではないことが示されている。震災の人類学的フィールドワークを行っている木村は「コミュニティ」という既存の概念に替えて広く人びとの「集まり」（木村 2013）という分析概念を提案しているが，上記事例では内外の人びとの集まりは，あくまで一定の地域共同性を核にした外とのつながりやかかわりという点が重要な意味をもっていることが示されている。すなわち，従来のコミュニティと外の世界とのあいだでの内外の構成員の行き来をとおした「自律的接続性」がコミュニティのサステイナビリティにとって重要であることが示唆される。

　中国内陸農村や日本山間農村における上記ふたつの事例では，基層社会のなかの伝統的主体である村落コミュニティが厳しい自然環境条件に適応・順

応しながら維持・発展を遂げてきたが，基層社会への国家の政治経済システムによる浸透が進行するなかで，コミュニティによる内発的な取り組みとともに，国家や地方によるリスク軽減のための支援策が重要な役割を果たし得ることはもちろんのこと（第3，4章），両者のあいだに「ミスフィット」（ミスマッチ）が生まれることも示されている（第4章）。そして市場システムに対して外に開かれたコミュニティが，外の世界とのあいだで構成員の行き来をとおしてコミュニティの維持可能な発展を図っているというように，基層社会の高次・広域システムへの「自律的接続性」がサステイナビリティの重要な要素となっていることが確認できる。さらに，日本の山間農村においては，限界集落という新たな危機（生産・生活リスク）に直面するなかで，地域の「再生」というコミュニティの「レジリエンス」(resilience) もまた問われている[2]。

4．言説と公共圏の役割

第5章と第6章では，基層社会と高次・広域システムの関係はさらに複雑な構図のなかで理解することが求められる。いずれも，対象とする基層社会は，水資源開発（第5章）や工業開発（第6章）により長期かつ広範にわたる被害（これらをまとめて序章では「開発災害」と表した）を受けた沿岸・流域の農漁村コミュニティであり，いかに災害状態から脱却・回復・再生するかというレジリエンスがサステイナビリティの中心的課題である。そして高次・広域システムには，国家や地方政府が開発促進を行うとともに災害対策や環境政策も担うという両義的な主体が，サステイナビリティの構図のなかで中心的な位置を占めている。さらには，学界（第5章），マスメディアやNGO（第6章）という現代的アクターもまた重要な役割を果たしている。

アラル海災害の事例では（第5章），災害の初期対応のなかで，漁業を継続するか，放棄するかをめぐって，二律背反的で，ともに「不確実」だが，どちらも科学的・技術的に「正しい」言説が同時進行で流布した結果，「ダ

ブルバインド」状態（ベイトソン 2000; 山下・市村・佐藤 2013）に陥っていた。そのうえに、アラル海の水位回復を期待させるようなシベリア河川転流構想が持ち上がったが、その構想が実現することもなくアラル海災害は進行した。そのあいだ、政府も住民も根拠のない期待のなかで危機対応を先送りするなか、健康被害の拡大を招いてしまった。この背景には、何らの悪意や搾取が働いたというよりは、「構造災」（松本 2012）で指摘されるような、科学、政治、社会のあいだにおける長期にわたる膠着状態がガバナンスの機能不全をもたらしたのである。

　他方で淮河流域における水汚染被害の事例では（第6章）、「癌の村」と呼ばれている「被害コミュニティ」が隠れた主体となっている。隠れてしまった要因には被害コミュニティへのアプローチが困難であるというフィールドワーク上の制約のためでもあるものの、被害コミュニティが問題解決過程に直接参加することができていないという点も重要である。この事例では被害コミュニティを代弁する地元NGOが政府やメディアに対して実情を伝え、政府、メディア、NGOの共鳴によってできた「公共圏」のもとで、被害コミュニティにおいて問題解決に向けた政府主導の政策やNGOによる実践が行われている。しかしながら、抑圧された公共圏のもとでガバナンスの中核的な問題であるはずの被害救済問題への政策対応は遅れがちである。

　また淮河流域の事例では、被害コミュニティは均一に分布するのではなく、流域の社会・生態・地理的特徴に沿って分布していることが指摘されている。ここでは不均等な発展が流域の社会—生態システムに作用することによって、被害がその特徴に沿って「分配」されているかのようである（よって疫学調査が意味をもつ）。このことは日本における水俣病の経験を想起させる（宇井 1968; 原田 1972）。今後、問題解決のためのガバナンスを検討するにあたってはこのような被害の分配による「社会生態的不平等」（socio-ecological inequity）関係にも留意していかなければならない。

　すなわち、以上のふたつの事例では、高次・広域システムの「中心」となる主体（国家および地方政府）が開発促進とともに開発によりもたらされた

災害対応や環境政策を行うという両義的な主体であること，さらに問題解決にあたっては，被害コミュニティによるレジリエンスが自動的に作動するのではなく，学界，マスメディア，NGOなどの現代的アクターが織り成す「言説」や「公共圏」が重要な鍵を握っているとみることができる。アラル海災害の初期対応においてはその「言説」はガバナンスの硬直を招き，淮河流域の水汚染被害への対応においては「公共圏」が創造されたものの，抑圧的な作用を抱えていることが示されている。

5．変化とリスクの舵取りに向けて

　知見の総合の試みとして最後に，生態危機をめぐる「変化」や「リスク」への対応について検討しておきたい。長期化する生態危機への対応にあたっては，自然環境やそれと密接にかかわる制度的環境の変化について，過去・現在・未来という単線的変化だけではなく，突発的，周期的，漸進的変化にも目を向けていく必要がある（序章第2節）。またそうした変化による人間社会に及ぼす影響が懸念されるようになれば「リスク」となる。それでは人間社会と自然生態系を含む社会—生態システム全体のサステイナビリティを考えた場合，そうした変化やリスクを舵取りすることはいかにして可能なのか。

　各事例において基層社会がどのように変化やリスクをとらえ，舵取りしようとしているかをみていくと，以下の4つのパターンを確認できるであろう。第1に，在来的な実践知には，気象災害へのモンゴル牧畜民によるオトル（第1章）やエヴェンキ族のトナカイ飼養民による生業技術（第2章）のように，自然や生命の周期的変化を織り込んだ適応の仕組みを内在していると考えられる（内在的対応）。第2に，出稼ぎ（第3章），他出子（第4章），NGO（第6章）などコミュニティの内外をつなぐ構成員や主体による「連携的対応」がみられる。第3に，山間地域の厳しい自然環境条件のなかで存立してきた集落の縮小に対するコミュニティからのさまざまな実践（第4章）や，汚染された浅井戸の水源を生物浄化技術によって飲用水供給を可能に（第6

章）するような「創造的対応」もまた重要である。そして第4に，頻発する干害リスクの軽減のための灌漑開発（第3章）や水汚染被害軽減のための深井戸を水源とした簡易水道建設（第6章）などのように，近代工学的技術によって自然環境を媒介するリスクを軽減する方法（工学的対応），または，政府主導の農業保険（第3章）や集落活動支援（第4章）のような「制度的対応」などの「外来的対応の受容」である。

　以上のような対応様式のひとつひとつは，従来の学問領域でも指摘され，また議論されてきたことであるが[3]，現代の複雑化した社会—生態システムにおけるサステイナビリティの知のあり方として，こうした多様な対応を視野に入れていくことが重要であろう。

　さらに，本書の事例では，制度的対応と創造的対応のミスフィット（第4章），ある工学的対応と別の工学的対応のあいだでのガバナンスの硬直化（第5章），工学的対応が優勢のなかでの創造的対応の周縁化（第6章）など，複数存立する知のあいだでの相互矛盾についても留意しなければなるまい。まずは，漸進的な変化やリスクに対してわれわれは往々にしてうまく対応できていない，ということを自覚したうえで，社会—生態システムの変化に十分に注意しながら決定しかつ行動しなければならないという教訓をしっかりと確認していくこと，その要因や構図を理解し広く社会的に共有しながら舵取りをしていくことが，よりよいサステイナブル社会の構築に向けた重要な一歩となるであろう。

第3節　今後の展開に向けた課題

　本書ではアジアにおける経済成長の周辺のフィールドに着目して，長期化する生態危機による脆弱性をふまえたサステイナビリティ論の展開に向けた事例研究を積み上げたものであるが，アジアは気候風土にしても，社会経済発展の状況にしても実に多様であり，6つの限られた事例だけから知見を総

合するのには自ずと限界があり、さらなる事例研究の積み重ねが求められる。また事例研究の方法についても、本書のような国・地域横断的な相互比較だけではなく、それぞれの対象国・地域においてさまざまな要素の共通性と差異性に着目しながら事例の相互比較を積み重ね、対象国・地域におけるサステイナビリティ論を深化させていくことも可能であろう。さらには、社会主義化というアジアのいくつかの国における政治的実験をめぐる共通性と差異性が、環境・経済・社会のサステイナビリティに及ぼした影響などに着目して、社会主義的近代化についての複数国での比較研究を深めていくことも有意義であろう。

　本書の基本視角である基層社会と高次・広域システムのあいだのクロス・スケールの関係についても、今回はあくまで各国内での相互作用を視野に入れただけであり、国境を越えたリージョナルな、あるいはグローバルなヒト、モノ、情報、金融の流れが加速するなかでのリスクの拡散という「世界リスク社会」（ベック 2014）を正面からとらえることはできていない。世界リスク社会におけるサステイナビリティを、アジアにおける経済成長の中心周辺関係をふまえていかにとらえていくかというのは挑戦的な研究課題であろう。またリスク社会論を提起したベックがドイツの現状から出発したように、また近年ベック自身もまた、欧米と非欧米地域とのあいだの多元的な近代化に注目していたように、アジアにおけるリスク社会のもとでのサステイナビリティが欧米のそれと比べてどのような共通性と差異性があるのかもまた、重要な研究課題となるであろう[4]。

　最後に、本書で試みたサステイナビリティ論の意義と今後の展望について述べておきたい。本書で得られた知見のひとつひとつについては個々の学問領域で議論されてきた範囲であり、それらの知見の総合の試みからも必ずしも飛躍的に新たな理論的展望が打ち出されたわけではないとの批判があり得るだろう。しかしながら本書の研究プロジェクトは必ずしも既存の関連学問領域を束ねた学融合的な新たな統合理論の構築を意図したものではない。むしろ、われわれ人類は長期化する生態危機に直面しているという認識のも

と[5]，環境・経済・社会のサステイナビリティを追究すること，そのために学問領域を超えたコミュニケーションを促進すること，そうして究極的にはサステイナビリティという課題に関心をもつ人びとに共通する言語と概念の構築を行っていくことにこそ意義があると考えている。ここで「共通する言語と概念」は，さまざまな専門分野を包括する「アンブレラ」(傘)ではなく，むしろさまざまな専門分野の「ベース」(基礎・土台)となるべきものである。すなわち，サステイナビリティ学という新たな学問領域(学融合的な新たな統合理論)を大々的に打ち上げることよりも，サステイナビリティの基本的考え方(基礎理論)を広く共有していくことに重きを置いているのである[6]。そのためには，本書の分析枠組みの批判的検討とともに事例研究を何重にも積み重ねていくこと，それら事例研究の比較検討から得られた知見を各地域・各領域における研究と実践のなかに埋め込んでいくことが求められている。

〔注〕
(1) たとえば，山下(2008)は共同体やコミュニティに関する学説史をふまえて現代社会における「リスク・コミュニティ論」のあり方を論じている。田辺(2008)は「想像するコミュニティ論」においてコミュニティをマクロな社会とミクロな個人をつなぐ統治のメカニズムから深化させようとしている。竹沢(2010)は，田辺のコミュニティ論を援用して「コミュニティを人びとの生活実践の行われる具体的な場」としてとらえたうえで，「それへの権力の介入と外部社会の圧力を考慮し，なおかつそれらを跳ね返そうとするコミュニティ内部からの反発力を，特異性と歴史的な観点から記述していくこと」が重要であると指摘している。最近ではコミュニティが学術用語のみならず行政においても広く使われていることが問題解決の現場での実践にあたって誤解や混乱を招いている危険性について，2011年の東日本大震災による津波被災地域をフィールドにする木村(2013)や原発避難問題の構図を当事者と研究者との対話により解明しようとしている山下・市村・佐藤(2013)などが論じている。
(2) もっとも，都市・農村問題については，日本にしても，中国にしても，農村における内発的発展の視点だけでは解けないであろう。佐無田(2014)は，日本の農村危機を考えるにあたって，「内発的発展をベースに，地域単位の発

展論にとどまらず，都市─農村関係を再構築し，地域的連携によって垂直的国土構造を改革する『地方からの国土政策』のアプローチが必要とされる」と指摘しており，中央周辺関係を捉え直す政策論的視座として，日本のみならず，都市化が不可避的に進行している中国においても示唆に富む。

(3) たとえばMitsumata (2013) は，地域共有資源の制度的メカニズムを探求するコモンズの日本における事例研究の蓄積をふまえて，ローカル・コモンズの外的インパクトへの対応様式を，①コミュニティを基礎とした調整，②協働的調整，③抵抗の3つの類型があると指摘している。本書の整理では，①は第1や第3の様式，②は第2の様式にほぼ対応しているが，③の「抵抗」に対応する様式は含まれていない。それは本書の事例から意図して排除したわけではない。むしろ長期化する生態危機という観点から環境の変化をとらえるなかで，基層社会と高次・広域システムを対立関係でとらえるのではなく，社会─生態システムのなかの相互浸透的な入れ子関係でとらえている。もっとも第6章の事例のように，NGOによる対抗的活動は見受けられるが，本書では，外的インパクトへの抵抗というよりも，企業や政府による行為への対抗措置と考えられる。

(4) さらに，本書の視角を，先進諸国におけるポスト経済成長社会，すなわち「成熟社会」のサステイナビリティ論に敷延していくことも可能であろう。これについても今後の課題である。

(5) これに対して，われわれ人類はこれまでも生態危機を少しずつ克服してきたし，いまは過渡的状況にあるだけで，今後の技術革新，社会革新によって必ず克服できるという楽観的な立場もあり得るであろう。それに対して本書が「長期化する生態危機」という認識をあえて提起したのは，確定的な事実であることを主張しているというよりも，「それらの存在を仮説的に想定し，それらについての知識を仮説的に提示する」(盛山 2013, 74) ことによって，地域研究者がフィールド調査の対象としている社会から新たな知見を見出し，それによってわれわれの社会のあり方を省察し，「よりよい共同性のための知的探求」(盛山 2013, 331) を行うことを意図している。筆者がこのような視点の重要性に気づくきっかけになったのは2011年の東日本大震災であった。

(6) これは大橋 (1989) が指摘した「パラダイム」という考え方に近い。大橋 (1989, 70-74) は，一般的発想や用語からなる「共通概念」と特殊な発想や用語からなる「専門概念」を分けたうえで，この共通概念と専門概念が重なる部分が「パラダイム」であると論じている。そして，「すべてのパラダイム，つまりあるディシプリンの根本的発想の枠組みは一般概念でなければ表現することができず，原則的に一般概念のみで記述される」特徴をもっているとしている。必ずしもこの大橋の議論を参照しているわけではないが，同様の思考法で作成されたテキストの良書として石 (2002) が，また環境政策史と

いう構想の体系化を試みる興味深い論稿として喜多川（2013）などがある。

〔参考文献〕

<日本語文献>
石弘之編 2002.『環境学の技法』東京大学出版会.
宇井純 1968.『公害の政治学——水俣病を追って——』三省堂.
大橋力 1989.『情報環境学』朝倉書店.
環境と開発に関する世界委員会編・大来佐武郎監修 1987.『地球の未来を守るために』福武書店（World Commission on Environment and Development, *Our Common Future*, Oxford: Oxford Univ. Press, 1987）.
喜多川進 2013.「環境政策史研究の動向と可能性」『環境経済・政策研究』6(1) 3月 75-97.
木村周平 2013.「津波災害復興における社会秩序の再編——ある高所移転を事例に——」『文化人類学』78(1) 6月 57-80.
佐無田光 2014.「現代日本における農村の危機と再生——求められる地域連携アプローチ——」寺西俊一・井上真・山下英俊編／岡本雅美監修『自立と連携の農村再生論』東京大学出版会 7-43.
城山英明編 2007.『科学技術ガバナンス』東信堂.
竹沢尚一郎 2010.『社会とは何か——システムからプロセスへ——』中央公論新社.
田辺繁治 2008.「コミュニティを想像する——人類学的省察——」『文化人類学』73(3) 12月 289-308.
原田正純 1972.『水俣病』岩波書店.
ベイトソン, グレゴリー 2000.（佐藤良明訳）『精神の生態学 改訂第2版』新思索社.
ベック, ウルリッヒ 2014.（山本啓訳）『世界リスク社会』法政大学出版局.
松本三和夫 2012.『構造災——科学技術社会に潜む危機——』岩波書店.
宮本憲一 1982.『現代の都市と農村』日本放送出版協会.
盛山和夫 2013.『社会学の方法的立場——客観性とはなにか——』東京大学出版会.
山下祐介 2008.『リスク・コミュニティ論——環境社会史序説——』弘文堂.
山下祐介・市村高志・佐藤彰彦 2013.『人間なき復興——原発避難と国民の「不理解」をめぐって——』明石書店.
ヤング, オラン 2008.（錦真理・小野田勝美・新澤秀則訳）「持続可能性への移行」『公共政策研究』(8) 12月 19-28.

<英語文献>

Berkes, Fikret, Johan Colding, and Carl Folke, eds. 2003. *Navigating Social-Ecological Systems: Building Resilience for Complexity and Change*, Cambridge: Cambridge University Press.

Mitsumata, Gaku 2013. "Complementary environmental resource polices in the public, commons and private spheres: An analysis of external impacts on the commons." In *Local Commons and Democratic Environmental Governance*, eds. Takeshi Murota and Ken Takeshita, New York: United Nations University Press, 40-65.

索引

【略称・アルファベット】

CCDC →衛生部疾病予防管理センター
CCTV →中国中央テレビ局（中国中央電視台）
MEA（Millennium Ecosystem Assessment）
　→ミレニアム生態系評価
NGO　11, 12, 29, 123, 238, 239, 254, 258, 260, 262-266, 269, 280, 282-284
Our Common Future　→われら共有の未来
PIM（Participatory Irrigation Management）→参加型灌漑管理
SD（Sustainable Development）→サステイナブル・ディベロップメント
SES（Social-Ecological System）→社会—生態システム

【あ行】

アムダリヤ川　191, 198-201, 204, 205, 212, 213, 216, 217
アラリスク漁業コンビナート　196, 204, 214, 216-218
アラル海　24, 29, 46, 67, 191-228, 282-284
　小——　191, 195, 196-199, 202, 204-209, 211-218, 220, 221, 223, 226-228
　大——　191, 197, 198, 202, 206, 207, 216, 228, 232
以工哺農　110
維持可能性　→サステイナビリティ
維持可能な開発（発展）　→サステイナブル・ディベロップメント
移住・定住政策　27, 74, 80, 82
イスラエル　225
一事一議　110, 137
移動［家畜］　26, 40-42, 44, 45, 52, 54-64, 66, 67, 80, 87-91, 93, 97, 100, 103, 279
ウズベキスタン　191, 200, 201, 216
　ウズベク共和国　191, 194, 198, 209, 216, 219, 231
衛生部疾病予防管理センター（CCDC）　252, 253, 259, 269
疫学調査　238, 244, 245, 252, 253, 259, 264, 283
エコロジー経済学　21
円環的な時間　18, 23

オアシス　24, 125
オトル　26, 44-46, 52, 54-68, 279, 284

【か行】

開発許可制限措置　248, 257, 258
開発災害　→災害
回復力　→レジリエンス
外来的対応　285
カザフスタン　191, 195, 198, 201, 208, 211, 213-217, 223
　カザフ共和国　191, 194-198, 205-219, 224, 227, 228
河西回廊　125, 129
過疎地域　16, 28, 149, 151-154, 156, 157, 160, 161, 170, 173, 174, 181, 183-185
ガバナンス（論）　5, 9, 11, 12, 14, 15, 17, 21, 22-24, 29, 142, 229, 238, 254, 262-264, 266, 276, 277, 280, 283-285
　環境——（論）　5, 10, 11, 14, 23, 31, 32, 238, 276
　順応的——　22
　トップダウン型——　12, 31
　流域——　11, 185
　流域・水環境——論　11, 31
カラクーム運河　199, 200
灌漑開発　29, 191, 193, 201, 213, 226, 285
灌漑農業　109, 193, 201, 205, 207, 211, 215, 219
環境ガバナンス（論）　→ガバナンス
環境警示教育　247, 255, 256, 263
環境災害　→災害
環境信息公開弁法（環境情報公開弁法）　258
環境と開発に関する国連会議（地球サミット）　6
環境と開発に関する世界委員会（ブルントラント委員会）　6-8, 275
環境民主主義　11, 12, 32, 238
観光資源　104
寒雪害　→ゾド
乾燥地域　7, 27, 54, 109, 114, 115, 124
癌の村（癌症村）　237, 243, 244, 255, 259, 283
干ばつ　27, 28, 44, 109, 111, 114, 115, 135, 136, 237, 242, 243
気象災害　→災害

基層社会　276-282, 284, 286, 288
基層自治組織　110
機能的ミスフィット　→フィット
行政村　111, 118, 119, 122, 129, 130, 132-134, 137, 139, 142, 143, 249
草資源　41, 54
グローバリゼーションの人類学→人類学
クロス・スケール　23, 24, 277, 286
経験知　10, 15, 24, 32, 276
限界集落　16, 28, 150, 154-157, 172, 181, 183, 184, 281, 282
健康被害　3, 4, 13, 29, 191, 225, 228, 237, 239, 242-245, 249-254, 259, 260, 263, 266, 267, 283
言説　16, 29, 47, 194, 211, 221, 282, 284
広域システム　16
　　高次・──　23, 24, 276-280, 282, 283, 286, 288
工学的知　265, 270
公共圏　29, 31, 264, 266, 270, 282-284
耕作放棄地　153, 162, 173, 179, 180
構造災　226, 267, 283
郷政府　27, 82, 86, 87, 90, 91, 102-104, 279
高知県　28, 150, 151, 157-161, 163-169, 170-173, 175-178, 181, 183, 281
高知ふるさと応援隊　163, 167, 169, 177
郷鎮政府　118, 119
高齢化率　155, 160, 161, 170, 173
コクアラルダム　228, 231
黒河［甘粛省］　20, 27, 125, 128-130, 132, 133
　　──調水　127, 129, 139
黒河［河南省］　244, 245
国連人間環境会議　5, 6
国家環境保護"十二五"環境・健康工作規劃　252, 260
国家貧困対策重点県（国家扶貧工作重点県）　241
コミュニティ　4, 12, 22, 28, 124, 150, 151, 174-176, 181-184, 222, 228, 280-284, 287
コモンズ（論）　12, 22, 278, 288
根絶　26, 40, 42, 54, 56, 57, 66-68, 225

【さ行】

災害　13, 14, 18, 19, 21, 23, 24, 26, 28, 29, 39, 40-42, 44-47, 56, 57, 66-68, 123, 124, 136, 142, 152, 180-182, 193, 195, 221, 222, 225-228, 240, 278, 282
開発──　25, 28, 193, 277, 282
環境──　7, 13
気象──　25, 28, 277, 284
自然──　3, 4, 13, 16, 26, 39, 43, 66-68, 109, 123, 124, 141, 142
生態環境──　238, 263
災害と環境経済学　13
災害の人類学　→人類学
災害リスク　→リスク
災間期　19
再帰的プロセス　263
サステイナビリティ（論）　3, 5, 7-10, 14, 18-24, 26, 275-278, 281, 282, 284-287
　　維持可能性　3, 18, 28, 150, 175, 181, 185, 221
　　　地域の──　150, 181, 185
　　持続可能性　3-5, 8, 9, 11, 13, 14, 17, 24, 193, 238, 261, 264, 275, 276, 278
サステイナブル・コミュニティ　181, 184
サステイナブル・ディベロップメント（SD）　6-8, 14, 18, 275
　　維持可能な開発（発展）　6, 150, 280, 282
　　持続可能な開発（発展）　6, 124, 141
沙漠湖　125
沙漠地域　40-42, 46, 52, 54, 64, 67
参加型灌漑管理（PIM）　121, 122
三農問題　110, 143
時間軸　17, 19, 23, 276, 279
時間的ミスフィット　→フィット
市場リスク　→リスク
自然改造　28, 46, 47, 67, 194
自然災害　→災害
持続可能性　→サステイナビリティ
持続可能な開発（発展）　→サステイナブル・ディベロップメント
実践知　26, 265, 278-280, 284
しのびよる環境問題　199
シベリア　73-75, 85, 105
シベリア河川転流構想（計画）　29, 194, 195, 210, 223-228, 283
下知地域［高知市］　180
社会─生態システム（SES）（論）　19-23, 31, 267, 277, 278, 283-285, 288
社会運動　24, 238, 276
社会主義（化）　26, 41, 44, 46-50, 286
　　──的近代化　278, 279, 286
社会生態史　239, 240

社会生態的知　264-266, 270
社会生態的不平等　283
社会的共同　155, 281
社会保障制度　110, 123, 141, 142
集団化　44, 49, 50
　　──政策　80, 82, 83
集団所有資産　119, 132, 137, 139
集落アンケート　163
集落活動センター　28, 163, 166-170, 175-178, 182, 183
集落機能の脆弱化　150, 154
集落支援員　167
受益圏と受苦圏　193, 194, 224, 225, 228
種子用トウモロコシ　28, 126, 129, 130, 134-136, 140
馴化　27, 102, 105
　　──個体　75, 93, 94, 99-101, 104
　　未──個体　93, 95, 96, 100-102, 104
順応的ガバナンス　→ガバナンス
少子高齢化　3, 16, 25, 28, 154
将来世代　8, 275
食糧備蓄　136, 141, 142
自律的接続性　→接続性と自律性
シルダリヤ川　191, 194, 198, 199, 201-207, 212-214, 216-218, 220, 223, 224, 227
人民公社　82, 83, 118
人類学　22, 39, 73, 278, 281
　　災害の──　13, 39
　　グローバリゼーションの──　15, 17
親和性　75, 76, 94-96, 100
水票　129, 133
生業環境　25, 75, 76, 279
生業集団　24, 26, 61, 277, 278
生業の手段　93, 104
生業の対象　93, 104
生産隊　82-84, 118
生産大隊　44, 118
生産の対象　105
生産リスク　→リスク
政治生態学　→ポリティカル・エコロジー
脆弱性　13, 16, 21-23, 32, 109, 124, 151, 173, 181, 183, 184, 276, 277, 285
生態移民　20, 83, 84, 279
生態環境災害　→災害
生態危機　5, 7-10, 14, 17, 19, 22-24, 26, 28, 41-43, 68, 150, 151, 154, 155, 157, 160, 173, 181-184, 193, 225, 226, 238, 275, 276, 281, 284-286

生態系サービス　8, 9, 30
生態災難　29, 238, 239, 255, 256, 263-266
生物浄化装置　260-262
世界リスク社会　→リスク社会
接続性と自律性　17, 23
　　自律的接続性　280-282
全国農村飲水安全工程"十一五"規劃　250
創造的対応　285
ソーリ　44, 50, 53, 60
疎開保険　180, 183
ゾド（寒雪害）　24, 26, 28, 39, 40, 42-45, 47, 52, 54-58, 63, 65-68, 279
（旧）ソ連　44, 46-48, 67, 80, 81, 91, 191, 193, 195, 196, 198, 201-206, 208-214, 216-219, 221, 223-225, 227, 228
村民小組　111, 118, 119, 132, 133

【た行】

タイガ　73
大興安嶺　27, 73-77, 80-85, 87, 90, 91, 99-105, 279
対処　26, 42, 45, 50, 58, 60, 61, 65-68, 279
ダブルバインド　221, 223, 225, 227, 282, 283
だんだんの里　175, 176
地域おこし協力隊　167
地域の維持可能性　→サステイナビリティ
地球サミット　→環境と開発に関する国連会議
チャルダラ貯水湖　201, 202, 211, 216
中華環境保護世紀行　244
中国中央テレビ局（中国中央電視台, CCTV）　243-246, 251, 252, 255, 256, 259, 261
中心周辺関係　15, 16, 20, 23, 276-278, 286
中草薬　92
中薬　27, 75, 91, 105, 279
張掖オアシス　27, 125, 280
角の商品価値　88, 93, 97, 99
角の専売制　91, 92, 104
ツンドラ　73, 74
出稼ぎ漁　217, 218, 227, 228
適応［生業］　76
適応・順応　21, 23, 24, 26, 277, 279-282
特異な非日常　13
トップダウン型ガバナンス　→ガバナンス
トルクメニスタン　199, 200

【な行】

内在的対応　284
内在的（な）展開　27, 99, 279
内発的発展　15, 170, 287
内陸河川　125
仁淀川町　28, 159-161, 170-183
人間の福祉　8, 9
ネグデル　44, 47, 50, 53-55, 60, 64, 67
農業産業化政策　120
農業節水　128
農村金融　110, 124, 128, 130, 135
農民専業合作経済組織　110, 120
農民用水者（戸）協会　110, 121, 122, 129, 132, 133

【は行】

半乾燥地域　27, 110, 141
被害救済　29, 251, 259, 263, 266, 283
東日本大震災　3, 13, 39, 40, 68, 152, 165
百業　179
フィット　11, 229
　ミスフィット　229, 280, 282, 285
　　機能的──　11, 18
　　時間的──　18
福島第一原子力発電所　3, 13, 178, 221
二葉町［高知市］　180, 188
ブリガード　44, 55, 56
ブルントラント委員会　→環境と開発に関する世界委員会
フレーミング　263
文化生態系　19, 20
放射性物質　3, 5, 31
牧畜　26, 40, 41, 43, 44, 48, 50, 52, 60, 65, 73, 83, 194, 195, 216, 218, 223, 228, 232, 278
乾草　26, 41, 42, 44-50, 52-57, 66, 67
北方の三位一体　27, 74, 75, 80, 85, 93, 99, 104, 279
ホトアイル　61, 62
ポリティカル・エコロジー（論）（政治生態学）　22, 278

【ま行】

マイクロクレジット　110, 123, 129, 130, 135, 136, 140, 142

未去勢オス　93, 96-99
未馴化個体　→馴化
水汚染事故　237, 241-244, 246-248, 250, 257
ミスフィット　→フィット
水俣病　3, 264, 265, 283
ミレニアム生態系評価（MEA）　8, 17, 30
村［中国］　27, 111, 119, 124, 137, 139, 141, 142, 281
群れ管理　97
モンゴル　26, 40-51, 54-58, 66-68, 85, 278, 279, 284
問題解決　12, 29, 175, 182, 226, 238, 244, 283, 284

【や行】

薬効　75, 91
結プロジェクト　168
有効灌漑率　115, 126
予防行政　156

【ら行】

リスク　9, 26, 29, 31, 109, 124, 195, 219, 220, 222-227, 238, 264, 282, 284, 285
　災害──　27, 110, 111, 115, 120, 124, 130, 135, 139-141
　市場──　109
　生産──　109, 140
リスク社会（論）　9, 29, 264, 286
　世界──　286
流域ガバナンス　→ガバナンス
流域・水環境ガバナンス論　→ガバナンス
龍頭企業　120, 129
糧食　109, 114, 120, 126, 136, 142
レジリエンス（回復力）　21, 23, 26, 124, 228, 282, 284
蓮花モデル　258
連携的対応　284
ロックイン　267, 280

【わ行】

淮河流域癌症綜合防治工作項目　260
淮河流域水汚染防治暫行条例　246, 254
われら共有の未来（Our Common Future）　6

複製許可および PDF 版の提供について

　点訳データ，音読データ，拡大写本データなど，視覚障害者のための利用に限り，非営利目的を条件として，本書の内容を複製することを認めます。その際は，出版企画編集課転載許可担当に書面でお申し込みください。

〒261-8545　千葉県千葉市美浜区若葉3丁目2番2
日本貿易振興機構 アジア経済研究所
研究支援部出版企画編集課　転載許可担当宛
http://www.ide.go.jp/Japanese/Publish/reproduction.html

　また，視覚障害，肢体不自由などを理由として必要とされる方に，本書のPDFファイルを提供します。下記のPDF版申込書（コピー不可）を切りとり，必要事項をご記入のうえ，出版企画編集課 販売担当宛，ご郵送ください。折り返しPDFファイルを電子メールに添付してお送りします。

　ご連絡頂いた個人情報は，アジア経済研究所出版企画編集課（個人情報保護管理者－出版企画編集課長 043-299-9534）において厳重に管理し，本用途以外には使用いたしません。また，ご本人の承諾なく第三者に開示することはありません。

　　　　　　　　　　　アジア経済研究所研究支援部 出版企画編集課長

PDF版の提供を申し込みます。他の用途には利用しません。

大塚健司編『アジアの生態危機と持続可能性』
【研究双書616】　2015年

住所 〒

氏名：　　　　　　　　　年齢：

職業：

電話番号：

電子メールアドレス：

執筆者一覧

大塚　健司（おおつか　けんじ）

　アジア経済研究所新領域研究センター環境・資源研究グループ主任研究員。筑波大学大学院修士課程環境科学研究科修了，修士（環境科学）。専門は，流域・環境ガバナンス論，中国の環境問題と社会変動に関する研究。著作に，『流域ガバナンス――中国・日本の課題と国際協力の展望――』（編著，アジア経済研究所，2008年），『中国太湖流域の水環境ガバナンス――対話と協働による再生に向けて――』（編著，アジア経済研究所，2012年）など。

中村　知子（なかむら　ともこ）

　茨城キリスト教大学兼任講師。東北大学大学院環境科学研究科博士後期課程修了，博士（学術）。専門は地域研究，社会人類学。中国，モンゴル国等の乾燥域にて，社会環境・自然環境変動に対する人々の対応実践に関し研究。著作に，「国境地域における社会主義崩壊とコミュニティ変容――中国・カザフスタン国境域を対象に――」（渡邊三津子編・窪田順平監修『中央ユーラシア環境史3 激動の近現代』臨川書店，2012年）など。

卯田　宗平（うだ　しゅうへい）

　東京大学日本・アジアに関する教育研究ネットワーク機構／東洋文化研究所汎アジア研究部門特任講師。総合研究大学院大学文化科学研究科博士課程修了，博士（文学）。専門は生態人類学，現代中国論，動物と人間のかかわりに関する研究。著作に，『鵜飼いと現代中国――人と動物，国家のエスノグラフィ――』（東京大学出版会，2014年），『アジアの環境研究入門――東京大学で学ぶ15講――』（編著，東京大学出版会，2014年）など。

山田　七絵（やまだ　ななえ）

　アジア経済研究所新領域研究センター環境・資源研究グループ副主任研究員。東京大学大学院農学生命科学研究科修士課程修了，修士（農学）。専門は中国の農業経済，農村資源管理制度に関する研究。著作に，"Communal resource-driven rural development: the salient feature of organizational activities in Chinese villages." In Shinichi Shigetomi and Ikuko Okamoto eds., *Local Societies and Rural Development: Self-organization and Participatory Development in Asia*, Edward Elgar, 2014など。

藤田　香
   近畿大学総合社会学部教授。神戸商科大学大学院経済学研究科博士後期課程修了，博士（経済学）。専門は，環境経済学，財政学，環境政策における費用負担問題についての研究。著作に，『環境税制改革の研究』（ミネルヴァ書房，2001年，第9回租税資料館賞），"Towards a sustainable society by local initiatives." In Hidenori Niizawa and Toru Morotomi eds. *Governing Low-Carbon Development and the Economy*. United Nations University Press, 2014など。

地田　徹朗
   北海道大学スラブ・ユーラシア研究センター助教。東京大学大学院総合文化研究科博士課程単位取得退学，修士（学術）。専門はソ連史，中央ユーラシアの開発と環境の問題に関する研究。論文に，"Science, Development and Modernization in the Brezhnev Time: The Water Development in the Lake Balkhash Basin," *Cahiers du monde russe*, 54 (1-2), 2013,「戦後スターリン期トルクメニスタンにおける運河建設計画とアラル海問題」『スラヴ研究』(56)，2009年など。

―執筆順―

		アジアの生態危機と持続可能性	
		―フィールドからのサステイナビリティ論―	研究双書No.616

2015年3月5日発行　　　　　　　　定価［本体3700円＋税］

編　者　　大塚健司

発行所　　アジア経済研究所
　　　　　独立行政法人日本貿易振興機構
　　　　　〒261-8545　千葉県千葉市美浜区若葉3丁目2番2
　　　　　研究支援部　　電話　043-299-9735
　　　　　　　　　　　　FAX　043-299-9736
　　　　　　　　　　　　E-mail syuppan@ide.go.jp
　　　　　　　　　　　　http://www.ide.go.jp

印刷所　　日本ハイコム株式会社

Ⓒ独立行政法人日本貿易振興機構アジア経済研究所　2015

落丁・乱丁本はお取り替えいたします　　　　無断転載を禁ず
　　　　　　　　　　　　　　　　　　ISBN　978-4-258-04616-4

「研究双書」シリーズ

(表示価格は本体価格です)

No.	タイトル	概要
615	**ココア共和国の近代** コートジボワールの結社史と統合的革命 佐藤章著　　　2015年　近刊	アフリカにはまれな「安定と発展の代名詞」と謳われたこの国が突如として不安定化の道をたどり、内戦にまで至ったのはなぜか。世界最大のココア生産国の1世紀にわたる政治史からこの問いに迫る、本邦初のコートジボワール通史の試み。
614	**「後発性」のポリティクス** 資源・環境政策の形成過程 寺尾忠能編　　2015年　223p.　2,700円	後発の公共政策である資源・環境政策の後発国での形成を「二つの後発性」と捉え、東・東南アジア諸国と先進国を事例に「後発性」が政策形成過程に与える影響を考察する。
613	**国際リユースと発展途上国** 越境する中古品取引 小島道一編　　2014年　286p.　3,600円	中古家電・中古自動車・中古農機・古着などさまざまな中古品が先進国から途上国に輸入され再使用されている。そのフローや担い手、規制のあり方などを検討する。
612	**「ポスト新自由主義期」ラテンアメリカにおける政治参加** 上谷直克編　　2014年　258p.　3,200円	本書は、「ポスト新自由主義期」と呼ばれる現在のラテンアメリカ諸国に焦点を合わせ、そこでの「政治参加」の意義、役割、実態や理由を経験的・実証的に論究する試みである。
611	**東アジアにおける移民労働者の法制度** 送出国と受入国の共通基盤の構築に向けて 山田美和編　　2014年　288p.　3,600円	東アジアがASEANを中心に自由貿易協定で繋がる現在、労働力の需要と供給における相互依存が高まっている。東アジア各国の移民労働者に関する法制度・政策を分析し、経済統合における労働市場のあり方を問う。
610	**途上国からみた「貿易と環境」** 新しいシステム構築への模索 箭内彰子・道田悦代編　2014年　324p.　4,200円	国際的な環境政策における途上国の重要性が増している。貿易を通じた途上国への環境影響とその視座を検討し、グローバル化のなか実効性のある貿易・環境政策を探る。
609	**国際産業連関分析論** 理論と応用 玉村千治・桑森啓編　2014年　251p.　3,100円	国際産業連関分析に特化した体系的研究書。アジア国際産業連関表を例に、国際産業連関表の理論的基礎や作成の歴史、作成方法、主要な分析方法を解説するとともに、さまざまな実証分析を行い、その応用可能性を探る。
608	**和解過程下の国家と政治** アフリカ・中東の事例から 佐藤章編　　2014年　290p.　3,700円	紛争勃発後の国々では和解の名のもとにいかなる動態的な政治が展開されているのか。そしてその動態が国家のあり方にどのように作用するのか。綿密な事例研究を通して紛争研究の新たな視座を探究する。
607	**高度経済成長下のベトナム農業・農村の発展** 坂田正三編　　2013年　236p.　2,900円	高度経済成長期を迎え、ベトナムの農村も急速に変容しつつある。しかしそれは工業化にともなう農村経済の衰退という単純な図式ではない。ベトナム農業・農村経済の構造的変化を明らかにする。
606	**ミャンマーとベトナムの移行戦略と経済政策** 久保公二編　　2013年　177p.　2,200円	1980年代末、同時期に経済改革・開放を始めたミャンマーとベトナム。両国の経済発展経路を大きく分けることになった移行戦略を金融、輸入代替・輸出志向工業、農業を例に比較・考察する。
605	**環境政策の形成過程** 「開発と環境」の視点から 寺尾忠能編　　2013年　204p.　2,500円	環境政策は、発展段階が異なる諸地域で、既存の経済開発政策の制約の下、いかにして形成されていったのか。中国、タイ、台湾、ドイツ、アメリカの事例を取り上げ考察する。
604	**南アフリカの経済社会変容** 牧野久美子・佐藤千鶴子編　2013年　323p.　4,100円	アパルトヘイト体制の終焉から20年近くを経て、南アフリカはどう変わったのか。アフリカ民族会議（ANC）政権の政策と国際関係に着目し、経済や社会の現状を読み解く。
603	**グローバル金融危機と途上国経済の政策対応** 国宗浩三編　　2013年　303p.　3,700円	激動する国際情勢の中で、開発途上国が抱えるミクロ・マクロの金融問題に焦点を当て、グローバル金融危機への政策対応のあり方を探る。